氢成键形态的
多样性及储氢材料模拟

马丽娟　著

中国原子能出版社

图书在版编目 (CIP) 数据

氢成键形态的多样性及储氢材料模拟 / 马丽娟著 .
—— 北京：中国原子能出版社，2021.8
ISBN 978-7-5221-1537-5

Ⅰ . ①氢… Ⅱ . ①马… Ⅲ . ①氢—化学键—研究②储
氢合金—研究 Ⅳ . ① O641.2 ② TG139

中国版本图书馆 CIP 数据核字（2021）第 176920 号

内 容 简 介

本书系统介绍了作者和国内外科学家近年来在储氢材料设计方面的相关研究成果。以金属修饰的碳材料出发，通过静电相互作用、Kubas 作用及其协同作用进行储氢材料的设计，并探索氢在轻过渡金属修饰的碳材料上吸附、解离、迁移、扩散四个过程中可能的成键位置和形态等。全书共 8 章，第 1 章对氢的物理化学性质、氢成键的类型及氢能源的优势和关键技术进行概述；第 2 章对理论基础进行介绍；第 3 至 6 章依次开展了硼笼—过渡金属配合体系、过渡金属乙炔配合物、金属苯配合物的储氢性能研究；第 7 至 8 章探索了新型的 Sc/Ti 修饰的 $B_{24}N_{24}$, $B_{24}C_{24}$, $C_{24}N_{24}$ 以及拓扑半金属 Li_2CrN_2 的结构及储氢性能。

本书可供从事储氢材料及氢分子作用机理研究与工程开发的科技工作者阅读，也可作为该领域本科生、研究生及大学教师的参考书。

氢成键形态的多样性及储氢材料模拟

出版发行 中国原子能出版社（北京市海淀区阜成路 43 号 100048）

责任编辑 张 琳

责任校对 冯莲凤

印 刷 三河市德贤弘印务有限公司

经 销 全国新华书店

开 本 710 mm × 1000 mm 1/16

印 张 16.875

字 数 302 千字

版 次 2022 年 3 月第 1 版 2022 年 3 月第 1 次印刷

书 号 ISBN 978-7-5221-1537-5 **定 价** 138.00 元

网 址： http://www.aep.com.cn **E-mail:** atomep123@126.com

发行电话： 010-68452845 版权所有 侵权必究

序

　　氢是宇宙中最古老的元素，它产生于130多亿年前的宇宙大爆炸，通过氢原子核（即质子）捕获电子而形成氢原子。氢占了整个宇宙原子数的88.6%，其质量占到太阳总质量的71%，并且在太阳内部高温高压的环境中，大量氢原子发生聚变反应，所产生的巨大能量以光和热的形式向地球辐射以催生和维系万物生长。因此，氢可称为万物之源。虽然地壳里的氢大约只占总质量的1%，大气里的氢也只占大气总体积的二百万分之一，然而在碳中和的国际大趋势之下，氢将为我们生活在地球上的人类带来一场深刻的能源革命。

　　目前我国的能源以煤炭为主力，2019全年能源消费总量48.6亿吨标准煤，煤炭消费量占能源消费总量的57.7%。为了国民经济的持续发展，解决我国 CO_2 的排放所引起的环境问题已迫在眉睫。2020年9月，习近平主席在第75届联合国大会明确提出了我国力争于2060年前实现碳中和的宏伟蓝图。基于这样的背景，作为零碳能源的氢能自然成为实现碳中和的终极方案。因此，氢能被纳入《中华人民共和国国民经济和社会发展第十四个五年规划和2035年远景目标纲要》中，并且2021年我国科技部拟安排国拨经费7.95亿元围绕氢能安全存储与快速输配体系技术支持18个氢能重点项目。氢能技术的瓶颈之一在于氢的储存，深刻认识氢与元素之间的成键特性、与材料之间相互作用的微观机理并对其进行有效调控便成为设计和制备储氢材料的基础。

　　这部题为《氢成键形态的多样性及储氢材料模拟》的著作，通过静电相互作用、Kubas作用及其协同作用阐述储氢材料的设计，研究氢在轻过渡金属修饰的碳材料上吸附、解离、迁移、扩散四个过程中可能的成键特性和形态。本书的出版具有重要的理论价值和现实意义，它将推动我国氢能的发展和碳中和目标的实现。

北京大学

2021年6月14日端午节于燕园

前　言

　　氢能具有清洁、单位质量能量密度高、可再生等特性,是21世纪主要的新能源之一,有望替代传统能源,以缓解日益加剧的全球能源危机和环境污染问题。实现氢能经济,寻找高效、安全的储氢材料是关键。理想的储氢材料应满足以下条件:储氢质量分数和体积分数高;储氢条件温和;反应动力学快;吸脱附过程可逆。当前,多种物理吸附材料(活性炭、金属有机骨架、分子筛等)和化学吸附材料(金属氢化物、配位氢化物、有机液体氢化物等)已经得到广泛发展。然而,它们的综合性能还不能满足应用的基本要求,远低于美国能源部设定的储氢质量分数目标7.5%。研究和开发新型储氢材料成为实现氢能源经济的一大瓶颈。

　　Purn Jena总结到:"从总体来看,所有的储氢材料可以通过三种不同的方式将氢分子吸附。第一种作用是物理吸附。在这种作用下,氢分子只束缚在吸附剂表面3 Å以外,吸附材料与氢分子之间作用微弱,结合能大约为一个电子伏特的千分之几,氢分子中的H—H键稍有拉长,因此可以在低温时将吸附的氢分子释放。第二种是化学吸附作用。这种情况下氢分子解离成两个氢原子并发生迁移,与吸附剂形成稳定配合物。化学吸附作用能在2~4 eV范围之内。金属与氢原子之间键能非常强烈,解吸附需要在更高的温度下进行。第三种作用为quasi-molecular bonding,这种作用大约在0.1~0.8 eV,介于物理吸附和化学吸附之间。在吸附氢分子时,H—H键虽拉长但不会断裂,H—H键长约为0.9 Å。第三种作用是在环境压力和温度下理想的储氢结合能。这种准分子形式的作用有两个不同的起源:Kubas作用和静电相互作用。Kubas作用包含两个方面,一方面是氢分子 σ 轨道上填充的 σ 电子向金属空d轨道的转移,另一方面是金属d轨道上的填充电子向氢分子上未占据的 σ* 轨道的反馈。"人们希望借助理论计算去设计基于Kubas相互作用的储氢材料,为此做了许多有益的尝试。

　　多孔碳材料质量轻且比表面积高,是潜在的储氢媒介。当前理论和实验证明金属修饰是提高碳材料室温储氢性能的最有效途径。值得注意的是,最终H—H键是否解离取决于 σ* 上反馈电子的多少。过渡金属的电子过度反馈,可使氢分子解离并通过氢溢流效应储氢。氢溢流即氢首先通过化学作用吸附到金属催化剂表面,然后从金属中心以氢原子或离子的形式迁移并扩散到载体上。目前,由于氢与过渡金属掺杂的碳材料之间成键作用复杂,储氢过程中氢存在的位置和形态迄今为止没有形成普遍共识,导致过渡金属掺杂石墨烯的储氢研究面临着亟须解决的问题。在分子水平对氢在过渡金属修饰的石墨烯上的成键形态进行理论研究,不但可以明确氢溢流发生的条件,还可以深入理解过渡金属修饰碳材料室温储氢性能与结构的内在关系,对突破现有储氢瓶颈有非常重要的作用。

本书的作者及其研究团队自 2009 年以来一直致力于高效储氢材料的设计与模拟工作。在参阅大量国内外科技文献的基础上,总结了国内外储氢材料的最新研究成果,以金属修饰的碳材料出发,通过静电相互作用、Kubas 作用及其协同作用进行储氢材料的设计,并探索氢在轻过渡金属修饰的碳材料上吸附、解离、迁移、扩散四个过程中可能的成键位置和形态等,经过归纳整理,撰写了这部关于氢成键形态的多样性及储氢材料模拟的著作。书中首先对氢的物理化学性质、氢成键的类型及氢能源的优势和关键技术进行概述(第1章);对理论基础进行介绍(第2章);然后依次开展了硼笼—过渡金属配合物结构及储氢性能研究(第3章),过渡金属乙炔配合物与氢分子之间的作用(第4章),氢分子的解离和迁移(第5章)。随后,研究了金属苯配合物的储氢性能(第6章),以缺陷零维 C_{60} 富勒烯为基,探索了新型的 Sc/Ti 修饰的 $B_{24}N_{24}$,$B_{24}C_{24}$,$C_{24}N_{24}$ 的结构和储氢性能(第7章)。最后,探索了拓扑半金属 Li_2CrN_2 的储氢性能(第8章)。本书中的内容和成果分别在国家自然科学基金青年项目(批准号:21805176)、山西省青年科技研究基金(批准号:201901D211394),2019 年度山西高等学校科技创新项目(批准号:2019L0461),山西省研究生创新项目(批准号:20133080)和山西省高等学校教学改革创新项目(批准号:J2019098)的资助下完成;本书的顺利出版离不开山西师范大学化学与材料科学学院和磁性分子与磁信息材料教育部重点实验室的支持,在此表示衷心感谢!

本书的介绍期望为储氢材料的设计提供思路。鉴于储氢材料的发展日新月异,文献资料浩瀚如海,而且作者水平有限,书中涉及的储氢材料及氢成键形态不能包含所有储氢材料与氢之间的结合情况。书中难免有不当之处,谨请专家和读者批评指正,给予提问和反馈。最后,衷心感谢本书文献资料中涉及的所有作者。

马丽娟

2021 年 5 月

目　录

第1章 绪 论

1.1 氢

1.1.1 氢的存在和物理性质

早在16世纪巴拉塞尔斯（Paracelsus）就发现硫酸与铁反应时，有一种能燃烧的气体产生。但因当时人们接触到的各种气体都笼统地称作"空气"，所以没有引起人们的注意。1766年英国科学家凯文迪西（H.Cavendish, 1731—1810）才确认这是与空气不同的一种易燃的新物质。但因"燃素说"，他曾称之为"易燃空气"，甚至误认为这种气体就是燃素。直到1787年拉瓦锡（A.L.Lavoisier）才命名这种气体为氢，希腊文原意为"水之素"。拉瓦锡明确提出：水不是一种元素而是氢和氧的化合物。

氢是宇宙中最丰富的元素，为一切元素之源。在地壳和海洋中，化合形式的氢若以质量计，氢在丰度序列中占第九位（0.9%）。含氢化合物的种类是极其丰富的，水、生命物质、化石燃料（煤、石油、天然气）等均含有化合态氢。

已知氢有三种同位素，它们是普通氢或气（用 ^1_1H 或 H 表示）、重氢或氘（^2_1H 或 D）和氚（^3_1H 或 T）。存在于自然界中99.98%的氢原子是 ^1_1H，大约0.02%是 ^2_1H，^3_1H。大约 10^7 个普通氢原子才有1个氚原子。氢的同位素之间由于电子结构相同，故化学性质基本相同，但是由于它们含有的中子数不同，从而引起物理性质如放射性等方面的差异。当H原子处于基态时，核外只有1s轨道，且这个轨道上只有1个电子。因此，H原子非常容易失去核外这个唯一的电子变成 H^+，这种特征与IA族元素类似。H原子也容易得到一个电子形成 H^-，这个特征又与VIIA族元素相似。H原子核外只有一个轨道一个电子,又可以看做是半充满状态,这又与IVA族元素相似。由于H原子的这些特殊性,通常会根据其所在的不同位置解释其不同性质。

双原子分子的熔点和沸点也因同位素不相同,H_2的沸点为20.4 K,熔点为14.0 K,而D_2的沸点为23.5 K,熔点为18.65 K。氘的重要性在于它与原子反应堆中的重水有关,并广泛地应用于反应机理的研究和光谱分析。氚的重要性在于和核聚变反应有关,也可用做示踪原子。

两个H原子以共价键形式结合形成H_2,其H—H键长74 pm。H_2是无色、无嗅、无味的可燃性气体,它比空气轻14.38倍,是已知的最轻气体,具有很大的扩散速度和很好的导热性,氢在水中的溶解度很小,273 K时1体积水仅能溶解0.02体积的氢。

H_2分子在常温下不太活泼,H_2中H—H键的解离能为436 kJ/mol,相当于一般双键的键能。氢分子虽然稳定,但在高温下、电弧中、低压放电,或在紫外线照射下,氢分子能解离得到氢原子。氢气容易被镍、钯、铂等金属吸附,以钯对氢的吸附最显著,室温下1体积粉状的钯大约吸附900体积的氢气。被吸附的氢气有很强的化学活性。例如,在此状态下的氢气同氧气能迅速化合。原子氢是比H_2还强的还原剂,它能与Ge、Sn、As、Sb等直接化合,还能把某些金属氧化物或氯化物还原为金属,并能使固体化合物中某些含氧的阴离子还原:

$$As + 3H = AsH_3$$
$$CuCl_2 + 2H = Cu + 2HCl$$
$$BaSO_4 + 8H = BaS + 4H_2O$$

即使在常压下,氢通过钨电极间的电弧时也有部分解离为原子。但所得的原子氢仅能存在半秒钟,随后重新结合成氢分子。利用原子氢化合生成氢分子时释放热能所产生的高温焊接金属,而且在焊接时起到防止焊接金属表面被氧化的作用。

1.1.2　氢的化学性质和氢化物

（1）氢参与的化学反应

氢原子失去1s电子成为H^+离子（即质子）。除了气态的质子流外,H^+总是与其他的原子或分子相结合。如酸类水溶液中的H^+是以H_3O^+形式存在。H_2可在常温下与氟在暗处迅速生成HF。H_2可以将高价金属氧化物还原为低价,将许多金属氧化物或者金属卤化物还原成金属。H_2能迅速还原$PdCl_2$水溶液:

$$PdCl_2(aq) + H_2 \longrightarrow Pd(S) + 2HCl(aq)$$

该反应可用做 H_2 的灵敏检验反应。

氢的活性也可以用多相催化剂（Raney 镍、Pd 或 Pt 等）或用均相加氢催化剂〔$RhCl(PPh_3)_3$ 等〕或光照得到诱发。氢的重要工业应用包括使许多有机化合物加氢还原，可将植物油液体变为固体，或由烯加氢酰化形成醛或醇，由氮和氢合成氨等等。

（2）氢化物

氢原子得到 1 个电子形成 H^- 离子，主要和 I A、II A（除 Be 外）的金属形成离子型氢化物。由于单个质子周围的电子对很容易变形，$H^-(1s^2)$ 的半径 γ 随金属的性质差异而明显的改变，典型数据如表 1-1 所示。

表 1-1　化合物典型数据

化合物	MgH_2	LiH	NaH	KH	RbH	CsH	自由H（计算值）
$\gamma(H^-)/$ pm	130	137	146	152	154	152	208

氢原子和其他电负性不大的非金属原子（p 区元素）通过共用电子对结合，形成共价型氢化物。根据共价型氢化物中电子数和键数的差异，可分为缺电子氢化物（B 和 Al）、满电子氢化物（C 和 Si）、富电子氢化物三种。

d 区元素或者过渡金属与氢结合生成二元氢化物，成为过渡型氢化物。这类氢化物具有金属光泽，导电性，还表现出如磁性等其他金属特性，所以也成为金属型氢化物。在金属型氢化物中，氢原子填充在金属的晶格间隙，其组成不固定，通常是非化学计量的。例如，在室温下用吸氢所制得的氢化钯中，氢的最大含量可用化学式 $PdH_{0.8}$ 表示。又如 $LaH_{2.76}$、$CeH_{2.69}$、$PrH_{2.85}$、$TiH_{1.73}$、$ZrH_{1.98}$、$TaH_{0.78}$ 等。这种特殊的方式仅表示氢化物中两种原子数的比值，如 $ZrH_{1.98}$ 表示锆和氢的原子数为 100:198。该类氢化物的一个显著特性是氢原子在稍高温度下能在固体中快速扩散。氢的高流动性和氢化物组成的可变性使得金属型氢化物成为潜在的储氢材料。

金属含氢配合物如 $NaBH_4$、$LiAlH_4$ 以及以氢做单齿或双齿配体的过渡金属配合物如 $[Fe(CO)_4H_2]$、$[Co(CO)_4H]$、$[ReH_9]^{2-}$ 和 $[Cr_2(CO)_{10}H]^-$ 等，这类配合物的数量正日益增多，结构类型多样，在均相催化中的作用引人瞩目。

需要指出的是，不同种类氢化物之间在性质和键型上没有明显的界限，存在着一种几乎连续渐变的情况。如钪族、钛族元素的氢化物，处于离子型氢化物和金属型氢化物的过渡状态。而铜族、锌族氢化物处于金属型氢化物和共价型氢化物的过渡状态。至于铍、镁、硼等元素的原子属于缺电子原子,它们的氢化物是通过氢桥形成的聚合分子,如$(BeH_4)_x$、$(AlH_3)_x$ 等,因而有人将这类氢化物称为聚合型氢化物。

1.1.3 氢键型的多样性

物质的多样性由物质内部原子的空间排布的多样性以及它们之间存在的各种类型的化学键所决定。

虽然氢原子只有1个1s价轨道和1个电子参加成键,但近30多年来,由于合成化学和结构化学的发展,已经阐明氢原子在不同的化合物中可以形成离子键、共价单键、金属键、氢键等多种类型的化学键。

1.1.3.1 离子键

H原子可获得1个电子形成H^-离子,由于H原子的电子亲和能(0.75 eV)很小,形成负离子的趋势低于卤素(卤素电子亲和能>3 eV),所以只有正电性高的金属才能形成盐型氢化物,如NaH,CaH_2,CuH等。在这些化合物中H^-以离子键和其他正离子结合,H^-的离子半径在130~150 pm。

H原子丢失1个电子形成H^+,H^+半径约为0.0015 pm,比一般原子小10^5倍。当H^+接近其他原子时,能使其他原子变形,形成共价键。所以除气态离子束外,H^+必定和其他原子或分子结合,形成H_3O^+,$H_5O_2^+$,NH_4^+等离子,再和其他异号离子通过离子键结合成化合物。

1.1.3.2 共价键

由H、C、O、N、S和卤素等元素组成的氢化物和各种有机化合物中,H原子以共价单键和另外一个原子结合,例如H_2、H_2O、NH_3、CH_4、CH_3CH_2OH、H_2S和HCl等分子。氢分子的共价半径为32 pm。在这些共价单键中,H_2分子中成键电子对处在两个原子的中心,是非极性共价键;而在HCl、H_2O等分子中,成键电子对靠近电负性高的原子,形成极性共价键。

1.1.3.3 金属键

H_2能被某些金属和合金,如Pd、Ni、La、$LaNi_5$等大量地吸附,以原子状态存在于金属或合金的空隙之中。即H_2的压力大于0.4 MPa时,它能被$LaNi_5$合金吸附;压力小于0.4 MPa时,吸附的H_2又被释放出来。$LaNi_5$合金是一种良好的储氢材料。

在非常高的压力和很低温度下(如250 GPa和77 K),H_2分子转变成线形氢原子链H_n，显现类金属导电性和不透明性。据猜测，一些行星中可能存在这种金属状态的氢。

1.1.3.4　氢键

与电负性极强的元素（如氟、氧等）相结合的氢原子易与电负性极强的其他原子形成氢键。氢键通常用X—H⋯Y表示，其中X和Y均为高电负性原子，例如，F、O、N、Cl等等。电负性越强，氢键的结合能越大，一般为0.08~0.35 eV；在氢键X—H⋯Y中，Y原子有一孤对电子，它作为质子的受体，而X—H作为质子的给体。氢键既可形成于分子之间，也可形成于分子之内，它对物质的性质起重要作用。例如，无机化合物中的水、酸、碱，有机化合物中的醇、醛、酸、胺以及全部生命物质都密切地和它们之中的氢键作用相关联。在分子间和分子内由H、O、N等原子形成的氢键网络，决定生物体的结构和功能。提供质子的基团作为质子给体（donor），接受质子的基团作为质子受体（acceptor）。这里需要注意的是，在大多数情况下，例如讨论酸碱性质时，以提供孤对电子的基团作为给体（donor），而接受孤对电子的基团作为受体（acceptor）。

近年来研究者又发现了一种新型诱导型氢键。朱海燕等人发现有机大分子环糊精中，羟基及羰基上的非金属原子氧可吸附大量氢分子[1]。Pan等[2,3]发现有机冠醚瓜环中非金属N原子也可以与氢分子作用。BeO纳米笼上的O原子也可以与氢分子作用。非金属原子（Y）与氢分子的结合作用中，H—H⋯Y三个原子几乎在一条直线上[4]。与传统的H—H⋯Y型氢键的结构形式相似，不同之处在于，在H—H⋯Y的结合方式中，Y是电负性较强的N、O或卤素原子等，而X位上的H原子电负性较弱，因此属于一种弱的氢键作用。氢分子与非金属原子之间的这种相互作用主要与Y和H_2之间的诱导偶极作用相关。因此被称作偶极诱导型氢键。研究[2,3]表明在H—H⋯Y中，Y可与多个H_2分子结合，储氢容量较高；但结合能较小（<0.1eV），通常需要在低温下完成。实验上已成功合成的含非金属O、F、N等的有机大分子材料及氟化、氧化的纳米多孔材料有很多，如果能有效提高H—H⋯Y键的结合能，该种结合作用将会在高效储氢分子研发中有广阔的应用前景。

1.1.3.5　H−配键

H^-能作为1个配体提供1对电子给1个（或多个）过渡金属原子形成金属氢化物，如Mg_2NiH_4、Mg_2FeH_6、K_2ReH_9等。还能以多种形式和过渡金属原子成键，如图1-1 所示，在这些化合物中，M-H键是配位共价键或多中心键。

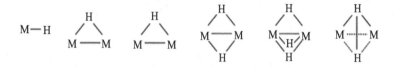

图 1-1　氢原子与 TM 原子的多种成键方式

1.1.3.6　抓氢键（C—H…M 桥键）

抓氢键，即 C—H…M 桥键，已被 X 射线和中子衍射实验所证实。其中虚线表示由 C—H 基提供 2 个电子给金属原子 M。这种键的英文名称为 agnostic bond，agnostic 来源于拉丁文，意思是"抓住使其靠在近旁"。

在若干有机金属化合物中，烃基上的 H 原子能和金属原子 M 形成 C—H…M 键。饱和碳氢化合物对金属原子 M 通常是没有化学作用的。然而近年来发现，在一些有机金属化合物中，C—H 键上的 H 原子能与 M 原子相互作用，改变烃基的几何构型。例如在图 1-2 所示的化合物 (a) 和 (b) 中，形成了 C—H…M 键（其结构参数示于图中）。由图可见，Ta 原子为了抓住 H 原子使其靠在近旁，∠TaCH 从理论值 120° 分别变为 84.8° 和 78.1°，使 Ta 和 H 间形成化学键。

C—H…M 键的形成，促使 C—H 键变长、减弱，活性增加，活化了惰性的烃基，对有机催化反应有重大作用。

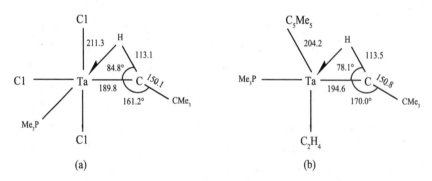

(a)　　　　　　　　　　　　　　(b)

图 1-2　和 C—H…M 键有关的一些结构参数 (a) [Ta (CHCMe₃) (PMe₃) Cl₃]₂ 的一部分，(b) Ta (CHCMe₃) (η^5-C₅Me₅) (η^2-C₂H₄)(PMe₃) (键长单位 : pm)

1.1.3.7　缺电子多中心氢桥键

多中心键是指由三个或三个以上的原子轨道互相叠加形成的化学键。在硼烷等化合物中，H 原子可和硼原子形成三中心二电子（3c-2e）缺电子多中心键。如BHB多中心键以及后面要讨论的配位键,其实质是多个原子间共用电子对的一种共价键。

氢在多中心键中扮演着非常重要的角色。由于H^+是一个裸露的质子,亲电性很强,因而很容易接受 σ 键、π 键中的电子形成多中心氢键,如H^+…H_2、NH_4^+…H_2、H_3O^+…H_2等[5]。Anderson Janotti 等研究表明[6],H原子可与ZnO、MgO等固体材料形成3中心和4中心键。P.Tarakeshwar等的从头算研究表明,H原子可与Ti或者Ti-Al二元纳米团簇形成牢固的多中心氢键,该种多中心氢键的键能可通过添加适当的合金元素或者改变H的加载量来调节。此外,与多中心键振动频率相关的特定模式的红外激发可促进H的释放[7]。

1.1.3.8 分子氢配位键(Kubas双氢键)

氢分子(H₂)能作为一个配位体,同时从垂直键轴方向配位给一个过渡金属原子而不裂解成2个H原子。H₂分子和过渡金属原子间的键包括两部分:一部分是H₂分子提供成键 σ 电子给空的金属原子的d轨道;另一部分是金属d轨道电子反馈给H₂分子的空的 σ* 反键轨道。这种氢分子配位键减弱分子中的H—H键,使它容易裂解成2个H原子。

Kubas双氢键又称分子氢的配位键(金属双氢键,Kubas interaction)。1950年,Deware首次揭示并建立了金属—烯烃之间以 π 键形式结合成配位化合物的模型(Dewar-Chat-Duncanson model)。33年后,Kubas等提出了金属与配体之间以 σ 键形式结合成配合物的模型,这一发现对于配位化合物的发展具有划时代的意义。配合物中所存在的不同键型如图1-3所示。

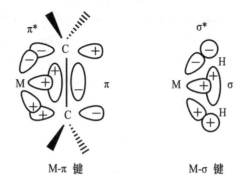

图1-3 配合物中的不同键型

在 20 K 下用中子衍射的方法,测定了反式 [Fe(H₂)(H)(PPh₂CH₂CH₂PPh₂)₂]BPh₄的结构,如图1-4所示。Fe—H键长为161.6 pm,H—H键长为81.6 pm。

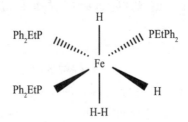

图 1-4 反式 [Fe(H₂) (H) (PPh₂CH₂CH₂PPh₂)₂]BPh₄ 的分子结构

H_2 从侧位与金属原子形成配位键,金属原子提供空的d轨道或者杂化形式的轨道,氢分子则提供一对 σ 成键电子,金属原子的 d 电子则反馈给 H_2 分子空的反键轨道 σ*。这种相互促进的、协同的成键方式,与 C_2H_4(乙烯)或 C=O(羰基)等分子和金属原子之间的 σ-π 成键作用类似。当配合物的中心金属原子富电子(如 Ni 原子)时,中心金属原子就会将两个电子反馈到 H_2 分子的反键轨道 σ*,H—H 键发生断裂,H_2 分子分解成 H 原子与中心金属原子发生配位作用。例如,LaNi₅ 型储氢材料就是采用 σ-π 键与 H_2 结合,氢分子分解成 H 原子,并以原子的形式进入合金晶体的金属原子之间的空隙中。

在金属双氢键中,H—H 键的键长 $d_{H—H}$ 虽然比自由的 H_2 分子(0.74 Å)拉长了约10%[8,9],但 H_2 分子与金属原子之间的结合仍然表现出可逆的行为。由于金属与氢气之间的双氢键是可逆的,这种模型用在储氢材料中,将可以达到常温常压下可逆的吸放氢气的要求。Kubas 作用[10]是目前在高效储氢分子设计中较常用的结合方式。在过去的十多年里[8,11],基于 Kubas 作用的含过渡金属储氢材料的研发是该领域的一个热点。

由上可见,在不同的成键环境中,一个结构最简单的氢原子能和其他原子形成多种类型的化学键。对于其他具有多个价层轨道和多个价电子的原子,所能形成的化学键类型将会更多。原子结构的复杂性增加,成键环境对形成键型的影响也会增加。

1.2 氢能源[12]

1.2.1 能源现状

从 18 世纪中叶产业革命开始,大都以煤作为主要的动力能源(图 1-5)。21 世纪以来,人类以化石燃料为主要能源的经济发展使未来的能源面临着四大挑战:不断增加的能源需求,有限的资源,气候变化,经济依赖。人类必须估计到,非再生矿物资源可能带来的危机,从而将注意力转移到新的能源上,尽早探索、研究开发、利用新能源。否则,就可能因为向大自然索取过多而造成严重的后果,使人类自身的生存受到威胁。

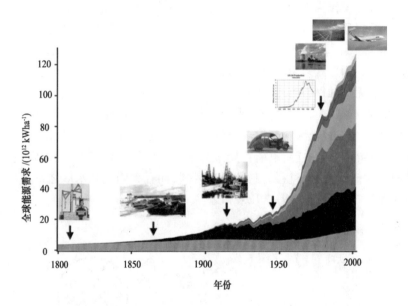

图 1-5 过去 200 年里(1800 年到 2000 年)能源需求与主要能源载体的变化,绿色代表生物;黑色代表煤炭;深灰色代表原油;灰色代表天然气;蓝色代表水电;红色代表核能;橙色代表可再生能源(此图源于文献 [13])

1.2.2 氢能源的优势

代替石油的其他能源,除了煤炭之外,能够大规模利用的还很少。解决能源问题最有效的办法是发展低碳能源。太阳能虽然用之不竭,但代价太高,并且在较短时间里不可能迅速发展和广泛使用。人们迫切需要寻找一种来源丰富、热效率高的环保型清洁能源。

氢气是世界上已知气体中最轻的气体,它的密度只有空气的 1/14,

即标准状况下,1 L氢气的质量是0.089 9 g。一个大气压下,氢气熔点为 –259.1 ℃,沸点为 –252.87 ℃。另外,常温下,氢气的化学性质很稳定,但当加热、点燃或者使用催化剂时,化学活性增强。当氢气占空气中的体积分数在4%~75%范围时,遇到火源,可引起爆炸。正是由于氢气具有这些独特的性质,才使得它作为能源具有很多优势:

（1）自然界普遍存在,原料来源于地球上储量丰富的水,因而资源不受限制。

（2）可燃范围广,燃烧速度快。热值高,约为汽油热值的3倍。作为一种动力燃料,氢气在许多方面比汽油或柴油更优越,用氢的发动机更易发动,特别是在寒冷的气候里。

（3）氢气作为燃料的最大优点是燃烧后的生成物是水,不会污染环境。

（4）轻质燃料,可降低运输成本,有可能实现能源的储存,也有可能实现经济、高效的输送。

（5）利用形式多,可以作为能源装置,还可用作结构材料。

（6）无腐蚀性,对设备无损。

氢能来源丰富,燃烧产物是水,具有无污染、能量密度高等特性,正是人们期待的二次能源。开发氢能源更为诱人之处如图1-6中的循环过程所示,太阳能转化为电能,电能再用来分解水得到氢气,氢气在燃烧后生成水又回到大气中,整个过程为封闭循环模式,而且太阳光和水取之不尽、用之不竭、清洁、无污染、不需要开采和运输。

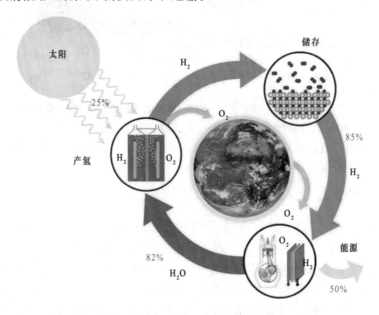

图 1-6 氢气作为能源的理想循环模式（此图源于文献 [14]）

氢气可以结合电化学反应制成燃料电池作为电源用于照明,制冷,通信,信息处理,和交通运输等方面。它将化学能转化为电能的效率高达60%,是燃料电池中效率最高的,其他以化石燃料为基础的燃料电池转化效率最高约34%。以氢气为燃料的汽车在低温下就很容易发动,而且产物干净,发动机使用寿命长。电动汽车中燃料电池使用功率达到90%,而通常的汽油发动机只有25%。氢能源显著的高利用率说明氢气不仅是广泛存在的室温气体,而且是特别好的能源载体。虽然氢气在工业界已使用多年,有了一定的经济规模,但全世界充氢站仅约70站。此外,氢能在汽车领域的应用还处于研究阶段,加气时间颇长,约需时5分钟,离实用要求还有很大差距。

1.2.3 氢能源能够广泛应用的关键技术

氢气作为能源替代化石燃料具有非常诱人的应用前景[13-17]。然而,地球上独立存在的氢分子微乎其微,而且,在常温常压下氢为气态,这意味着它非常轻小,没有大小,没有形状,很难捕捉、液化、存储,甚至运输。而且氢气易燃易爆,不容易安全处理。这一切都说明要实现以氢气为主要能源的经济体系,使氢气成为一种高效、可持续利用、不污染环境的燃料是一个长期的、复杂的过程,还需要在氢的制取,储存和使用过程中不断创新,使其有重大进展[18]。

1.2.3.1 制氢

目前制氢方法主要以化石燃料为原料制取氢气,例如(1)水煤气法制氢:用无烟煤或焦炭为原料与水蒸气在高温时反应得到水煤气($C+H_2O \rightarrow CO+H_2$),净化后再使它与水蒸气反应,使其中的 CO 转化成 CO_2 ($CO+H_2O \rightarrow CO_2+H_2$),可得含氢量在80%以上的气体,再压入水中以溶去 CO_2,再通过含氨蚁酸亚铜(或含氨乙酸亚铜)溶液除去残存的 CO 得到较纯氢气,这种方法制氢成本较低、产量很大,设备较多,(2)由石油热裂的合成气和天然气制氢:石油热裂中氢气产量很大,常用于汽油加氢,石油化工和化肥厂所需的氢气,(3)甲醇裂解 $CH_3OH \rightarrow H_2 \uparrow +CO \uparrow$,(4)焦炉煤气冷冻制氢:把经初步提取的焦炉气冷冻加压,使其他气体液化而剩下氢气。尽管这几种方法目前在广泛使用,而且能够提供足够多的氢气满足运输业的发展,但是以化石燃料为原料的话,主要输出产物为二氧化碳,会污染环境,而且世界天然气储量有限、分布不均匀。

除了化石燃料,还可以利用电解、催化、生物质或光化学等方法制取氢气,例如(1)电解食盐水产氢:$2NaCl+2H_2O \rightarrow 2NaOH+Cl_2 \uparrow +H_2 \uparrow$。在氯碱工业中利用电解饱和食盐水产生大量较纯氢气,除供合成盐酸外还有剩余,也可经提纯生产普氢或纯氢。该方法成本较高,但产品纯度大,可直接生产99.7%以上纯度的氢气,(2)从水中直接制取氢气。可以电解水,也可以用氧化亚铜作催化剂并用紫外线照射,或用新型的钼的化合物做催化剂,还可以用光催化剂反应和超声波照射把水完全分解,(3)利用生物质制氢。如生物质快速裂解油,从微生物中提取酶,用细菌、绿藻生产氢气,或者用有机废水发酵法生物制氢,(4)利用太阳能从生物质和水中制取氢气。这些制氢方式非常有吸引力,但需要在材料上有所突破。例如需要有强大的催化剂减少生产步骤,降低成本。

1.2.3.2 储氢

安全高效的储氢技术是制约氢燃料电池规模化应用的关键环节[19,20]。

美国能源部(DOE)为车载储氢专门设置了短期和长期目标[21],如表1-2所示。

表 1-2 美国能源部 DOE 设置的储氢目标[21] 用于轻型燃料电池汽车的车载储氢技术系统目标

	单位	2017	目标
储氢参数			
储氢质量密度	kWh/kg(kg H_2/kg system)	1.8(0.055)	2.5(0.075)
储氢体积密度	kWh/L(kg H_2/L system)	1.3(0.040)	2.3(0.070)
储氢体系成本	($/kg H_2 stored)	400	266
耐用性/可操作性			
操作温度	ºC	−40/60	−40/60
最小/最大输运温度	ºC	−40/85	−40/85
运行寿命(储存罐的1/4)	周期	1500	1500
存储系统最小的输出压强	bar(abs)	5	3
存储系统最大的输出压强	bar(abs)	12	12
车载效率	%	90	90
动力装置效率	%	60	60
储存/释放速率			
系统储存5 kg氢气所用时间	min(kg H_2/min)	3.3(1.5)	2.5(2.0)

　　根据不同的用途和具体的应用设备,储氢材料要达到的要求也有所不同。储氢的研究和发展重点在于推进技术,降低成本,提高物理存储的效率(例如,压缩氢气)和材料(例如,吸附剂,金属氢化物)的存储性能,以满足不同电子产品的发展要求。

　　据报道,美国能源部(DOE)氢能研究经费的50%用于氢储存方面的研究;日本"新阳光计划"三大内容之一就是开发安全且价廉的储氢技术;德国、中国在氢能运载工具的氢气储存技术方面开展了大量研究工作,并取得了令人瞩目的成绩。目前主要的储氢技术有:高压压缩气体储氢、低温液氢储存,材料基固态储氢。

　　1.高压气态储氢

　　高压气态储氢是目前应用最广的储氢方式,氢气的压缩压力在200到350 MPa之间。它的优点是:储氢容器结构简单;储氢方法简单;压缩氢气能耗少、成本低,储氢质量分数可达5%~10%、充放氢速度快等。缺点是不太安全(高压且易燃)而且能量密度低。由碳纤维复合材料组成的新型轻质耐压储氢容器,其储氢压力可达到70 MPa。如果采用70 MPa的储氢压力压缩储氢后作为汽车动力装置使汽车运行500公里,其储氢装置质量约125 kg,体积约260 L。近年来,70 MPa压缩气体储氢已经进入示范使用阶段。目前在这方面的研究主要致力于提高容器性能的同时减少容器成本。例如2014年橡树岭国家实验室获得200万美元研发一种钢筋混凝土复合储氢罐;Wiretough Cylinders LLC公司获得200万美元研发一种外表为钢丝的高压储氢罐。

　　2.液化储氢

　　低温液化储氢是将纯氢冷却到-253 ℃ (20 K)使之液化,然后将其储存在低温储罐里。常温、常压下液氢的密度为气态氢的845倍,因此,与高压压缩储氢相比,液氢储存的体积能量密度高,储存容器体积也小得多。因而,液氢储存特别适宜储存空间有限的运载场合。液化储氢主要有两大缺点:一是液化氢能耗大,耗费的能量占氢气自身能量的30%;二是对储罐绝热性能要求高,因为要保持低温,对储槽及其绝热材料的选材和结构设计要求很苛刻。

　　3.固态储氢

　　与高压压缩气体储氢、低温液氢储存相比,材料基固态储氢被公认为是最具发展前景的储氢方式。固态储氢的基本原理:在氢气压强较大或者温度较低时,利用化学吸附让氢气与金属反应生成氢化物,或者利用物理吸附的方式将氢气"锁"在固体中,在需要氢气时通过降低压强或者升高温度的方式将氢化物分解或者氢气从固体中脱附出来,而且这个过程可以重复多次。固态储氢的优势：无须高压及隔热容器；安全性好，无爆炸危险；体积储氢容量高。如图1-7所示，将同样重量的氢气以不同方式存储起来，从存储体积来讲，固体储氢材料占有显著优势。但是原则上说，固体储氢材料必须满足以下条件：①高的储氢容量，包括体积分数和质量分数；②合适的平衡压力，应低于4个大气压。尽可能在室温下吸放氢；③合适的吸脱附温度，范围应介于−50~150 ℃；④吸脱附氢速度快；⑤良好的抗气体杂质特性，具有长期循环稳定性，循环次数应不少于500次；⑥操作环境安全，公共场所可用；⑦原材料资源丰富，价格低廉。

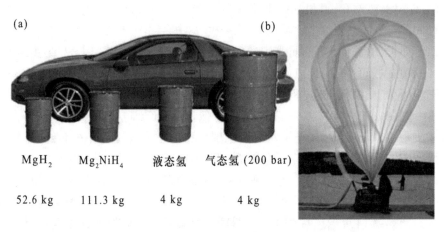

(a)

(b)

| MgH$_2$ | Mg$_2$NiH$_4$ | 液态氢 | 气态氢 (200 bar) |
| 52.6 kg | 111.3 kg | 4 kg | 4 kg |

图 1-7　(a) 4 kg 氢气以不同方式存储时的体积对比 (b) 常温常压下，4 kg 氢气的体积为 48 m^3（此图来源于文献 [16]）

固态储氢研究历经数十年发展，目前储氢材料种类较多，但在温和的操作压强和温度下获得高储氢密度仍然是储氢材料研究中面临的难题，并未因新型材料的发现得到解决。与车载储氢应用需求目标相比，现有储氢材料/技术间还存在巨大差距。

1.2.4　固态储氢材料研究现状

传统的固体储氢材料是典型的化学吸附材料和物理吸附材料。分别以金属合金和碳纳米材料为代表。最早发现的金属储氢材料是钯，1体积钯能溶解几百体积的氢气，但钯金属很贵且重，不合适用于汽车燃料，缺少实用价值。20世纪60年代后期发现金属合金 LaNi$_5$、TiFe、Mg$_2$Ni 等的储氢特性后，世界各国都在竞相开发不同的金属合金储氢材料。储氢合金可以储存比其体系大1000~1300倍的氢。由于氢气在金属合金中吸脱附的过程受到热效应与速度的制约，因而具有安全、稳定、可操作性强等优点。但是由于氢本身与合金形成稳定的氢化物，会使材料变质，而且化学吸附作用强，不易脱附。例如纯镁和镁基多元合金（Mg_2Ni），虽然资源丰富、重量轻、吸附量大，然而吸放氢动力学缓慢、放氢温度高于 300 ℃；$ZrMn_2$ 为代表的锆系合金储氢质量分数为 1.7%，要想在一个大气压下脱附氢气，操作温度要高于 210 ℃，也缺少实用价值。通过物理作用吸附氢气的材料包括活性炭、碳纳米管和金属有机骨架储氢材料。它们质量轻，有较高的比表面积。活性炭由于表面活性高、成本低、吸附能力大、吸脱氢速度较快、循环使用寿命长、易实现规模化生产等优点成为一种独特的多功能吸附剂。研究表明，在一个大气压 77 K 下，其储氢质量分数可达 5.3%~7.4%。但由于活性炭吸附温度较低，使其应用范围受到限制。尽管纳米碳管储氢曾一度使其成为研究热点，但体积储氢密度离美国 DOE 车载储氢标准差距甚远。另外也有研究结果表明，金属有机骨架储氢材料在中等压力 78 K 下，储氢质量分数达到 4.5%，吸氢能力随着压力的升高而升高，具有较好的储氢性能，但其微孔结构受制备条件的影响很大。

由此可见，传统的金属合金储氢材料和物理吸附储氢材料不能满足车载氢能源的要求，必须对已有储氢材料进行改进或者寻找新的更有效的储氢材料。如图 1-8 所示，随着储氢方式的不断改进，从简单的高压气体储氢和低温液态储氢到物理吸附和化学吸附，储氢能力逐渐增强，对储氢材料的要求及储氢环境越来越苛刻。

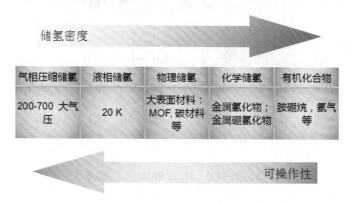

图1-8 储氢密度和操作难易程度随不同储氢方式的变化（此图来源于文献[22]）

从 2005 到现在，研究者不断努力开发大量新型固态储氢材料。Purn Jena 在文献[22]中总结到："从总体来看，所有的储氢材料可以通过三种不同的方式将氢分子吸附。"如图 1-9 所示，第一种作用是物理吸附。图 1-9（a）显示，在这种作用下，氢分子只束缚在吸附剂表面 3 Å 以外，吸附材料与氢分子之间作用微弱，结合能大约为一个电子伏特的千分之几，氢分子中的H—H键稍有拉长,因此可以在低温时将吸附的氢分子释放。图1-9(b)显示了化学吸附作用的示意图。这种情况下氢分子解离成两个氢原子并发生迁移,与吸附剂形成稳定配合物。化学吸附作用能在2~4 eV范围之内。金属与氢原子之间键能非常强烈,解吸附需要在更高的温度下进行。Purn Jena称第三种作用为quasi-molecular bonding,这种作用大约在0.1~0.8 eV,介于物理吸附和化学吸附之间。在吸附氢分子时,H—H键虽拉长但不会断裂,H—H键长约为0.9 Å,如图1-9(c)所示。第三种作用是在环境压力和温度下理想的储氢结合能。这种准分子形式的作用有两个不同的起源:Kubas作用和静电相互作用。Kubas作用包含两个方面,一方面是氢分子 σ 轨道上填充的 σ 电子向金属空d轨道的转移,另一方面是金属d轨道上的填充电子向氢分子上未占据的 σ*轨道的反馈。值得注意的是,最终H—H键是否解离取决于 σ* 上反馈电子的多少。人们希望借助理论计算去设计基于Kubas相互作用的储氢材料,为此做了许多有益的尝试。

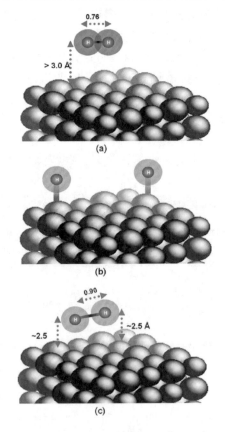

图 1-9　三种不同的吸氢作用 (a) 物理吸附作用 (b) 化学吸附作用 (c) 准分子键（此图来源于文献 [22]）

另外, Niu 等人[23]在文献中指出, 带一个单电子的单个镍离子可以吸附 6 个氢分子, 平均氢分子结合能为 0.4 eV/H$_2$, 并且指出这个结合能主要源自静电相互作用, 即阳离子极化了周围的氢分子并与之产生作用。过渡金属原子通过第三种作用可以吸附多个氢分子。

根据吸附剂与氢分子的作用机理, 可将储氢材料分为三大类: (1) 物理吸附材料, 主要依靠氢气和储氢材料之间的范德华力, 代表材料有前面提到的碳纳米管、金属有机配合物, 还有共价有机配合物、富勒烯、石墨烯、和介孔二氧化硅等; (2) 化学储氢材料在循环吸放氢过程中生成新的氢化物, 包括金属型氢化物和共价型氢化物, 代表材料主要有例如 LiAlH$_4$, MgH$_2$, LiNH$_2$, Al(BH$_4$)$_3$, NH$_4$BH$_4$ 等轻质金属镁/铝氢化物, 氨基化合物和硼氢化合物; (3) 功能化纳米材料。包括通过金属修饰的功能化物理吸附材料和经过改进的复杂氢化物纳米颗粒。这些材料可以通过合适的金属掺杂或者纳米颗粒大小的控制来调整自身的热力学性质, 从而在温和的环境下吸放氢分子, 使其与氢分子的结合能介于物理吸附和化学吸附之间。

随着计算科学的发展, 利用密度泛函和量子力学第一性原理研究已知的材料储氢性能和寻找潜在的新型优良储氢载体已成为当前研究储氢材料的有效方法。目前金属修饰的碳纳米材料、轻质元素构成的氢化物[24]、金属有机骨架材料[25]和共价有机骨架材料是新型储氢材料研究领域的热点[22,26-29]。

金属氢化物作为化学储氢材料具有安全性好, 储氢量高的优点, 但是结构过于稳定、吸/脱氢动力学性能差, 目前通过阴阳离子取代等手段改善其热力学性质或者通过添加催化剂, 以及与不同氢化物之间复合等手段来改善其动力学性能; MOF 储氢材料和 COF 储氢材料具有吸附及解吸过程温度低、速度快、热效应小等特点, 但是接近环境温度下的储氢容量低, 改善其常温下的储氢性能的根本方法在于提高孔吸附材料与氢之间作用的结合能, 目前通过在 MOF 储氢材料和 COF 储氢材料中引入裸露的金属中心, 通过调节金属中心的元素类型和营造富电子的配位环境 (也可表述为增加或优化表面吸附的活性点), 或者调控孔径大小来提高其对氢气的结合能; 金属修饰碳纳米材料与氢分子之间的作用介于化学作用和物理吸附作用之间, 属于 Purn Jena 所说的第三种作用, 可以通过金属与碳纳米材料间的电子转移来控制金属的带电情况从而影响氢分子作用能, 难点在于找到合适的能够实际应用的材料。

多孔碳材料质量轻且比表面积高, 是潜在的储氢媒介。当前理论和实验证明金属修饰是提高碳材料室温储氢性能的最有效途径。奇特的是, 过渡金属还可催化氢分子解离, 通过氢溢流效应储氢。氢溢流即氢首先通过化学作用吸附到金属催化剂表面,然后从金属中心以氢原子或离子的形式迁移并扩散到载体上。目前,由于氢与过渡金属掺杂的碳材料之间成键作用复杂,储氢过程中氢存在的位置和形态迄今为止没有形成普遍共识,导致过渡金属掺杂石墨烯的储氢研究面临着亟须解决的问题。在分子水平对氢在过渡金属修饰的石墨烯上的成键形态进行理论研究,不但可以明确氢溢流发生的条件,还可以深入理解过渡金属修饰碳材料室温储氢性能与结构的内在关系,对突破现有储氢瓶颈有非常重要的作用。

参考文献

[1] Zhu H Y, Liu Y N, Chen Y Z, et al. Cyclodextrins: Promising candidate media for highcapacity hydrogen adsorption[J]. Appl. Phys. Lett, 2010, 96(5):1-3.

[2] Pan S, Mondal S, Chattaraj P K. Cucurbiturils as promising hydrogen storage materials: A case study of cucurbituril[J]. New J. Chem. , 2013, 37(8):2492-2499.

[3] Pan S, Saha R, Mandal S. Selectivity in gas adsorption by molecular cucurbit uril[J]. J. Phys. Chem. C, 2016, 120(26):13911-13921.

[4] Beheshtian J, Ravaei I. Hydrogen storage by BeO nano-cage: A DFT study[J]. Appl. Surf. Sci, 2016, 368(15):76-81.

[5] Grabowski S J. Hydrogen bonds with π and σ electrons as the multicenter proton acceptors: High level ab initio calculations[J]. J. Phys. Chem, A 2007, 111(17):3387-3393.

[6] Janotti A, Walle C G. Hydrogen multicentre bonds[J]. Nat. Mater, 2007, 6(1):44-47.

[7] Tarakeshwar P, Kumar T J D, Balakrishnan N. Hydrogen multicenter bonds and reversible hydrogen storage[J]. J. Chem. Phys, 2009, 130(11):114301-114309.

[8] Park N, Choi K, Hwang J. Progress on first-principles based materials design for hydrogen storage[J]. Proc. Natl. Acad. Sci. U. S. A. , 2012, 109(49):19893-19899.

[9] Lochan R C, Head-Gordon M. Computational studies of molecular hydrogen binding affinities: The role of dispersion forces, electrostatics, and orbital interactions[J]. Phys. Chem. Chem. Phys, 2006, 8(12):1357-1370.

[10] Kubas G J. Metal-dihydrogen and σ bond coordination: The consummate extension of the Dewar-Chatt-Duncanson model for metal-olefin π bonding[J]. J. Organomet. Chem, 2001, 635(1-2):37-68.

[11] Kyriakou G, Boucher M B, Jewell A D. Isolated metal atom geometries as a strategy for selective heterogeneous hydrogenations[J]. Science, 2012, 335(6073):1209-1212.

[12] Arrhenius S P. On the influence of carbonic acid in the air upon the temperature of the ground[J]. Phil Mag, 1896, 41:237-276.

[13] Züttel A, Remhof A, Borgschulte A, et al. Hydrogen: the future

energy carrier. Philos[J]. Trans. R. Soc., A 2010,368(1923):3329-3342.

[14] Crabtree G W, Dresselhaus M S. The Hydrogen Fuel Alternative[J]. MRS Bulletin, 2008, 33(04):421-428.

[15] Crabtree G W, Dresselhaus M S, Buchanan M V. The Hydrogen Economy[J]. Phys. Today, 2004, 57(12):39-44.

[16] Edwards P P, Kuznetsov V L, David W I F. Hydrogen energy[J]. Philos. Trans. R. Soc., A 2007, 365(1853):1043-1056.

[17] Sartbaeva A, Kuznetsov V L, Wells S A, et al. Hydrogen nexus in a sustainable energy future[J]. Energy Environ. Sci. , 2008, 1(1):79-85.

[18] Coontz R, Hanson B. Not So Simple, Introduction[J]. Science, 2004, 305(5686):957-957.

[19] David W I F. Effective hydrogen storage: a strategic chemistry challenge[J]. Faraday Discuss, 2011, 151:399-414.

[20] Harris R, Book D, Anderson P A, et al. Hydrogen storage: the grand challenge[J]. The Fuel Cell Rev, 2004, 1:17-23.

[21] http://www.eere.energy.gov/hydrogenandfuelcells/mypp.

[22] Jena P. Materials for Hydrogen Storage: Past, Present, and Future[J]. J Phys Chem Lett, 2011, 2(3):206-211.

[23] Niu J, Rao B K, Jena P. Binding of hydrogen molecules by a transition-metal ion[J]. Phys. Rev. Lett. 1992, 68(15):2277-2280.

[24] Billur S, Lamari-Darkrimb F, Hirscherc M. Metal hydride materials for solid hydrogen storage: A review[J]. Int. J. Hydrogen Energy, 2007, (32):1121-1140.

[25] Getman R B, Bae Y-S, Wilmer C E, et al. Review and Analysis of Molecular Simulations of Methane, Hydrogen, and Acetylene Storage in Metal–Organic Frameworks[J]. Chem. Rev, 2012, 112(2):703-723.

[26] Satyapal S, Petrovic J, Read C, et al. The U.S. Department of Energy's National Hydrogen Storage Project: Progress towards meeting hydrogen-powered vehicle requirements[J]. Catal. Today, 2007, 120(3-4):246-256.

[27] Liu C, Li F, Ma L P, et al. Advanced Materials for Energy Storage[J]. Adv. Mater, 2010, 22(8):28-62.

[28] Singh A K, Yakobson B I. First principles calculations of H-storage in sorption materials[J]. J. Mater. Sci, 2012, 47(21):7356-7366.

[29] Zollo G, Gala F. Atomistic Modeling of Gas Adsorption in Nanocarbons[J]. J. Nanomater, 2012, 2012:1-32.

第2章　理论基础与计算方法[1-3]

量子力学是研究微观粒子的运动规律的物理学分支学科,它是在1923—1927年一段时间中建立起来的。1925年,Heisenberg结合早期量子论中合理的概念,如能量量子化、定态、跃迁等概念,提出的矩阵力学,赋予每一个可观测量的物理量一个矩阵。1926年,Schrödinger找到一个量子体系物质波的运动方程,并证明矩阵力学与波动力学完全等价。1927年Heitler和London用量子力学基本原理讨论氢分子结构,说明了两个氢原子能够结合成一个稳定的氢分子的原因,并且利用相当近似的计算方法,算出其结合能约为实验值的2/3,标志着量子化学的开端。

量子化学应用量子力学的基本原理和方法研究化学问题,研究范围包括稳定和不稳定分子的结构、性能及其结构与性能之间的关系;分子与分子之间的相互作用;分子与分子之间的相互碰撞和相互反应等问题。量子化学的发展日新月异。①1927年到50年代末为创建时期。其主要标志是价键理论、分子轨道理论、配位场理论和分子前线轨道理论的建立和发展、分子间相互作用(包括分子间作用力和氢键)的量子化学研究。②60—70年代为量化计算方法的发展阶段。主要标志是从头算方法、半经验计算、自洽场方法等方法及密度泛函理论的出现,提高了计算精度并扩大了量子化学的应用范围。

2.1　量子化学第一原理计算

量子化学第一原理计算,即全电子体系非相对论的量子力学计算。它以分子轨道理论为基础。在求解微观体系的薛定谔方程时,只知道使用的原子种类和原子的位置,不借助任何经验或半经验参量,仅采用几个最基本的物理量（光速 c、普朗克常数 h、基本电荷 e、电子质量 m 等），引入三个基本近似（非相对论近似、Borm-Oppenheimer 近似和单电子近似）对分子轨道的全部积分严格进行计算。第一原理计算包括从头算和密度泛函理论。

2.1.1　Schrödinger 方程

描述微观粒子体系在定态下运动规律的薛定谔方程表达式为：

$$\hat{H}\Psi(r,R) = E\Psi(r,R) \tag{2-1-1}$$

$$\hat{H} = \hat{T} + \hat{V} \tag{2-1-2}$$

H 是哈密顿算符，包含整个体系中所有粒子的动能和粒子间的相互作用势。Ψ 是描述体系的波函数，包含整个体系的全部信息。E 是体系的总能量。R 和 r 包括了电子与核的坐标信息。

对于单粒子体系：

$$\hat{T} = -\frac{\hbar}{2m}\nabla^2 \tag{2-1-3}$$

$$\hat{V} = V(x,y,z) \tag{2-1-4}$$

式中，$\hbar \equiv \dfrac{h}{2\pi}$，$h$ 为 Planck 常数 $(6.626\ 075\ 5 \times 10^{-34}\ \text{Js})$；$m$ 为粒子的质量（kg）；∇^2 为 Lpplace 算符，$\nabla^2 \equiv \dfrac{\partial^2}{\partial x^2} + \dfrac{\partial^2}{\partial y^2} + \dfrac{\partial^2}{\partial z^2}$。

对于多粒子体系，定态下运动规律的薛定谔方程表达式为：

$$\left\{ -\sum_a \frac{1}{2M_a}\nabla_a^2 - \frac{1}{2}\sum_i \nabla_i^2 + \sum_{a<b} \frac{Z_a Z_b}{R_{ab}} + \sum_{i<j} \frac{1}{r_{ij}} - \sum_{a,i} \frac{Z_a}{r_{ai}} \right\}\Psi = E_{\text{T}}\Psi \tag{2-1-5}$$

2.1.2　三个基本近似

对于多电子体系，要精确的求解薛定谔方程必须针对特定问题作出合理的近似和简化。在具体的量子化学与固体物理的计算中，首先要引入三个基本的近似。

2.1.2.1　非相对论近似

非相对论近似忽略了电子运动的相对论效应。

根据相对论，物体在高速运动的时候，其质量由其速度和静质量决定的：

$$m = \frac{m_0}{\sqrt{1-\left(v/c\right)^2}} \tag{2-1-6}$$

2.1.2.2　Born–Oppenheimer 近似（绝热近似）

Born-Oppenheimer 近似是指在原子核体系整体运动时,由于原子核的质量远大于电子的质量,可以近似的认为电子的运动波函数保持不变。

一个多电子体系的哈密顿算符就和整个体系的波函数可以写成两部分,即电子部分与核部分:

$$H_{\text{total}} = H_{\text{nuclei}} + H_{\text{electrons}} \tag{2-1-7}$$

$$\Psi_{\text{total}} = \Psi_{\text{nuclei}}\,\Psi_{\text{electrons}} \tag{2-1-8}$$

体系的能量表示为:

$$E_{\text{total}} = E_{\text{nuclei}} + E_{\text{electrons}} \tag{2-1-9}$$

在引入相对论近似与 Born-Oppenheimer 近似后,一个多电子体系的电子波函数可以写成(采用原子单位):

$$\left\{ -\frac{1}{2}\sum_{i=1}^{n}\nabla_i^2 - \sum_{a=1}^{m}\sum_{i=1}^{n}\frac{Z_a}{r_{ai}} + \frac{1}{2}\sum_{i=1}^{n}\sum_{j=1}^{n}\frac{1}{r_{ij}} \right\} \Psi_{\text{electrons}} = E_{\text{electrons}}\,\Psi_{\text{electrons}} \tag{2-1-10}$$

在处理一般的电子问题时,认为核是不动的,所以体系的能量又可写成:

$$E = E_{\text{electrons}} + \frac{1}{2}\sum_{a=1}^{m}\sum_{b=1}^{m}\frac{Z_a Z_b}{R_{ab}} \tag{2-1-11}$$

2.1.2.3　单电子近似（轨道近似）

单电子近似是用互不相关的单个电子在给定势场中的运动来描述一个系统。由于在多电子体系中, $r_{ij} = \sqrt{(x_i - x_j)^2 + (y_i - y_j)^2 + (z_i - z_j)^2}$,无法对电子 i 和电子 j 的坐标进行分离,因此薛定谔方程无法求解。1928 年,Hartree 提出将一个电子体系中的每一个电子都看成是在由其余电子提供的平均势场中运动的假设。这样体系中的每一个电子都对应一个单电子方程,称为 Hartree 方程。体系的总波函数就可以写成各个单电子波函数的乘积。

$$\psi(1, 2, \cdots, n) = \varphi_1(1)\varphi_2(2)\cdots\varphi_n(n) \tag{2-1-12}$$

Hartree 方程未考虑由于电子自旋而需要遵守的泡利原理。1930 年,Fock 提出了考虑泡利原理的自洽场迭代方程,它将单电子轨函数取为电子的空间函数与自旋函数的乘积（即自旋轨函数）,并采用 Slater 行列式的波函数形式来满足泡利原理中的反对称化要求将Hartree方程改进为Hartree-Fock（HF）方程。Slater行列式波函数即一系列单电子波函数乘积的线性组合。

$$\psi(1,2,\cdots,n) = \frac{1}{\sqrt{N!}}\begin{vmatrix} \varphi_1(1) & \varphi_1(2) & \cdots & \varphi_1(n) \\ \varphi_2(1) & \varphi_2(2) & \cdots & \varphi_2(n) \\ \vdots & \vdots & \vdots & \vdots \\ \varphi_n(1) & \varphi_n(2) & \cdots & \varphi_n(n) \end{vmatrix} \tag{2-1-13}$$

1951年，Roothaan引入基函数，提出用原子轨道的线性组合（简称LCAO）的方法得到分子轨道，即Hartree-Fock-Roothaan（HFR）方程。使用LCAO-MO，原来积分微分形式的哈特里—福克方程就变为易于求解的代数方程。描述闭壳层体系的HFR方程称为限制性的HFR方程（简称RHF方程），可用单斯莱特行列式表示分子的状态。描述开壳层体系的波函数一般应取斯莱特行列式的线性组合，但是计算复杂，最常用的方法是假设自旋向上的电子(α自旋)和自旋向下的电子（β自旋）所处的分子轨道不同，得到的HFR方程称为非限制性的HFR方程（简称UHF方程）。

2.2 从头计算方法

从头计算法就是用自洽场方法SCF计算HFR方程，得到分子体系的分子轨道波函数、轨道能，进而获得体系的其他相关性质。它既指单斯莱特行列式波函数的近似，也指多斯莱特行列式波函数的计算；既指自洽场水平上的计算，也指包含相关能校正的Post-HF方法。

2.2.1 从头计算方法原理

对于分子体系的求解，
定义单电子算符：

$$\hat{h}_i = -\frac{1}{2}\nabla_i^2 - \sum_a \frac{Z_a}{r_{ia}} \tag{2-2-1}$$

双电子算符：

$$\hat{g}_{ij} = \frac{1}{r_{ij}} \tag{2-2-2}$$

则有Fock算符：

$$\hat{F} = \sum_i \hat{h}_i + \sum_{i<j} \hat{g}_{ij} \tag{2-2-3}$$

利用变分原理可知,Hartree-Fock 方程表述为:

$$\hat{F}\varphi = \varepsilon\varphi \tag{2-2-4}$$

这里 ε 为单电子能量,通过进一步求解 Hartree-Fock 方程,也可以得到所要研究的体系的电子总能量。1951 年,Roothaan 引入基函数,提出原子轨道的线性组合(LCAO),得到 Hartree-Fock-Roothaan(HFR)方程,使 HF 方程的实际计算成为可能:

$$FC = ESC \tag{2-2-5}$$

上式中:"F"为 Fock 矩阵,"S"为轨道重叠矩阵,"C"为轨道组合系数,"E"为轨道能量本征值形成的对角化矩阵。

原则上讲,有了 HFR 方程就可以计算任何多原子体系的电子结构和性质,但问题是电子的波函数也是未知的,因此就需要使用自洽场方法(Self-consistent field,SCF)。由于在构造 Fock 矩阵元时,需要先知道分子轨道的展开形式,所以需要采用自洽场的方法来求解此矩阵方程。求解的具体过程如图 2-1 所示。

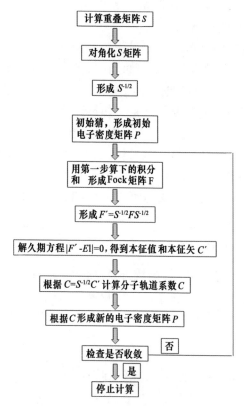

图 2-1　SCF 方法来求解 Schrödinger 方程具体流程图

2.2.2 电子相关

在HF方程的基础上,人们又进行了多种修正来考虑电子相关作用,统称为后自洽场方法,其中包括组态相互作用方法和多体微扰方法等。

2.2.2.1 组态相互作用

考虑相关能更精密的做法须取多斯莱特行列式按某种方式组合,由变分法求得组合系数。这种取多斯莱特行列式波函数的方法称为组态相互作用法（简称CI）。组态相互作用将激发态也包含在对电子状态的描述中。Hartree-Fock方法只包括了某种状态下电子所占据的轨道,而CI的电子波函数是一系列代表不同电子组态的线性组合:

$$\Psi=c_0\Psi_0+c_1\Psi_1+c_2\Psi_2+\cdots \tag{2-2-6}$$

CI方法根据激发电子个数的不同而不同。如CIS[4]方法只考虑激发一个电子的组态;如CID只考虑同时激发两个电子的组态;CISD方法[5,6]同时考虑单激发与双激发的情况;完全组态相互作用要考虑所有可能的激发态,但这时所需考虑的态数非常之大,例如对N个电子,K个轨道,可能的组态数为: $(2K!)/[N!(2K-N)!]$。

传统的CI方法中轨道的系数采用Hartree-Fock计算得到的系数,只对波函数中行列式的系数进行变分。多组态自洽场方法(MCSCF)[7-11]同时允许轨道系数与行列式系数都变化,如CASSCF（complete active-space SCF）。

CID和CISD方法的主要缺点是:如果计算一个没有相互作用的个体组成的体系,得到的总能量并不等于各个体能量之和。为解决这个缺点,QCI方法（Quadratie CI）对应于CID和CISD方法,有QCID和QCISD[12-14]方法。QCISD(T)是在QCISD方法的基础上再用微扰来考虑三激发组态。CC（Coupled Cluster）方法也可以解决CID和CISD的缺陷,相应地有CCD,CCSD和CCSD(T)[15-19]方法。

2.2.2.2 多体微扰理论

基于Rayleigh-Schrödinger微扰理论,Møller和Plesset[20]提出了另外一种处理电子相关的方法,将体系的哈密顿算符写成一个零级近似量加一个微扰量:

$$H=H_0+\lambda V \tag{2-2-7}$$

体系的总波函数由0级、1级、2级等近似波函数组成:

$$\Psi_i = \Psi_i^{(0)} + \lambda \Psi_i^{(1)} + \lambda^2 \Psi_i^{(2)} + \cdots = \sum_{n=0} \lambda^n \Psi_i^{(n)} \qquad (2\text{-}2\text{-}8)$$

相应的能量为：

$$E_i = E_i^{(0)} + \lambda E_i^{(1)} + \lambda^2 E_i^{(2)} + \cdots = \sum_{n=0} \lambda^n E_i^{(n)} \qquad (2\text{-}2\text{-}9)$$

其中：

$$E_i^{(0)} = \int \Psi_i^{(0)} H_0 \Psi_i^{(0)} \mathrm{d}\tau$$

$$E_i^{(1)} = \int \Psi_i^{(0)} V \Psi_i^{(0)} \mathrm{d}\tau$$

$$E_i^{(2)} = \int \Psi_i^{(0)} V \Psi_i^{(1)} \mathrm{d}\tau \qquad (2\text{-}2\text{-}10)$$

根据能量的近似项，可以将微扰方法分为MP2[21-25]，MP4[26]等。在MP2方法中，波函数取到1级近似，能量取到2级近似。如果想要在微扰理论的波函数中包括各激发态波函数，可以将1级近似波函数写成：

$$\Psi_0^{(1)} = \sum_j c_j^{(1)} \Psi_j^{(0)} \qquad (2\text{-}2\text{-}11)$$

$\Psi_j^{(0)}$ 是从Hartree-Fock计算中得到的包含单激发、双激发等行列式波函数。

2.3　密度泛函理论(DFT)

1964年，Hohenhberg和Kohn开创了密度泛函理论。密度泛函基本思想是原子、分子和固体的基态性质可以用粒子密度函数来描述，这源于Thomas和Fermi的工作[28,29]。Kohn和沈吕九得到了密度泛函理论中的单电子方程（Kohn-Sham(KS)方程），使得基于DFT的计算得以实际使用，后来被Levy进行了推广[30]。Kohn-Sham方法将多粒子问题转化成单粒子问题，使密度泛函理论走向实际应用。

密度泛函理论不但给出了将多电子问题简化为单电子问题的理论基础，同时也成为分子和固体的电子结构和总能量计算的有力工具成了多粒子系统理论研究的重要方法。

2.3.1　Hohenberg-Koho定理

密度泛函理论（DFT）的基本思想是：所要研究的体系性质可以用电子密度函数来描述，而不是电子波函数。密度泛函理论最关心的两个问题：其一是否可以用电子密度取代波函数描述体系的性质；其二如何通过粒子密度准确定位体系的性质。Hohenberg–Kohn定理回答了这两个问题。

在密度泛函的思想下，与外势有关的总能量泛函表示为：

$$Et[\rho]=T[\rho]+U[\rho]+EXC[\rho] \tag{2-3-1}$$

其中，$T(\rho)$ 表示系统的动能；$U(\rho)$ 表示系统的势能；$E_{xc}(\rho)$ 表示多粒子系统相互作用的多体部分，主要包括电子作用的交换和相关势。

2.3.2 单电子近似和Kohn-Sham方程

引入绝热近似和单电子近似后，不考虑核的运动动能并将波函数写成单电子波函数的乘积，将有相互作用系统的差别被转换入 $E_{xc}[\rho]$ 部分。系统的波函数就可以表示为：

$$\psi = A(n)\left|\varphi_1(1)\varphi_2(2)\varphi_3(3).....\varphi_n(n)\right| \tag{2-3-2}$$

正交归一后：

$$\left\langle \varphi_i \middle| \varphi_j \right\rangle = \delta_{ij} \tag{2-3-3}$$

各个单电子波函数的密度在空间的叠加用 $\rho(r)$ 表示：

$$\rho(r) = \sum_i \left|\varphi_i(r)\right|^2 \tag{2-3-4}$$

$T[\rho]$、$U[\rho]$ 可分别为：

$$T = \left\langle \sum_i^n \varphi_i \middle| \frac{-\nabla^2}{2} \middle| \varphi_j \right\rangle \tag{2-3-5}$$

$$
\begin{aligned}
U &= \sum_i^n \sum_\alpha^n \left\langle \varphi_i(r) \middle| \frac{-Z}{R_\alpha-r} \middle| \varphi_i(r) \right\rangle \\
&+ \frac{1}{2}\sum_i\sum_j \left\langle \varphi_i(r_1)\varphi_j(r_2)\frac{1}{r_1-r_2}\varphi_i(r_1)\varphi_j(r_2) \right\rangle + \sum_\alpha^N\sum_{\beta<\alpha}\frac{Z_\alpha Z_\beta}{|R_\alpha-R_\beta|} \\
&= -\sum_\alpha^N \left\langle \rho(r_1)\frac{Z_\alpha}{|R_\alpha-r_1|} \right\rangle + \frac{1}{2}\left\langle \rho(r_1)\rho(r_2)\frac{1}{|r_1-r_2|} \right\rangle + \sum_\alpha^N\sum_{\beta<\alpha}\frac{Z_\alpha Z_\beta}{|R_\alpha-R_\beta|} \\
&= \left\langle -\rho(r_1)V_N \right\rangle + \left\langle \rho(r_1)\frac{V_e(r_1)}{2} \right\rangle + V_{NN}
\end{aligned}
\tag{2-3-6}
$$

其中第一项 ρV_N 代表电子与核之间的吸引力，第二项 $\rho V_e/2$ 代表电子与电子之间的排斥力，最后一项 V_{NN} 代表核与核之间的排斥力。

电子作用的交换和相关势 E_{XC} 部分通常采用局域密度近似 (LDA) 和

广义梯度近似 (GGA)。

根据 Hohenberg-Kohn 定理二得到一系列的单电子 Kohn-Sham 方程[32]：

$$\left\{ \frac{-\nabla^2}{2} - V_n + V_e + \mu_{xc}[\rho] \right\} \varphi_i = \varepsilon_i \varphi_i \qquad (2\text{-}3\text{-}7)$$

其中 E_{XC} 变分得到 μ_{xc}。在局域密度近似中：

$$E_{xc}[\rho] \cong \int \rho(r) \varepsilon_{xc}[\rho(r)] dr \qquad (2\text{-}3\text{-}8)$$

$\varepsilon_{xc}[\rho(r)]$ 是均匀电子气的交换关联能密度。而 μ_{xc} 可以写成：

$$\mu_{xc}[\rho] = \frac{\partial}{\partial \rho}(\rho \varepsilon_{xc}[\rho]) \qquad (2\text{-}3\text{-}9)$$

解出 Kohn-Sham 单电子方程的本征值为：

$$E_t = \sum_i \varepsilon_i + \left\langle \rho(r_1) \left[\varepsilon_{xc}[\rho] - \mu_{xc}[\rho] - \frac{V_e(r_1)}{2} \right] \right\rangle + V_{NN} \qquad (2\text{-}3\text{-}10)$$

Koho-Sham 方程的核心是将相互作用的粒子的全部复杂性归入了交换关联能，从而导出了单电子方程。

2.3.3 交换关联势的处理

2.3.3.1 局域密度近似(LDA)泛函

处理交换关联势最简单有效的方法是基于均匀电子气模型的局域密度近似(LDA)[33-35]。

LDA 具有如下形式：

$$E_{xc}^{LDA}\left[\rho(\bar{r})\right] = E_x^{LDA}\left[\rho(\bar{r})\right] + E_c^{LDA}\left[\rho(\bar{r})\right]$$

$$= \int \varepsilon_c\left[\rho(\bar{r})\right] \rho(\bar{r}) d\bar{r} + \int \varepsilon_c\left[\rho(\bar{r})\right] \rho(\bar{r}) d\bar{r} \qquad (2\text{-}3\text{-}11)$$

其中，"$\varepsilon_x\left[\rho(\bar{r})\right]$" 为交换能密度函数，"$\varepsilon_c\left[\rho(\bar{r})\right]$" 为相关能密度函数。最简单的交换关联近似如 Slater[36] 在 1951 年提出的：$\varepsilon_{xc}[\rho] = \rho^{1/3}$。常用的软件 Dmol3，Gaussian 和 CASTE 中用到的 LDA 交换关联函数有 VWN[37]、PWC[38] CA-PZ。LDA 近似通常可以给出满意的结果，缺点是总交换能低估了 10% 左右，相关能又高估了 100%（没有包括关联势）使得分子的键长偏小，解离能和固体的内聚能也常常被高估达每原子约几个电子伏特。

2.3.3.2 广义梯度近似(GGA)泛函

广义梯度近似(GGA)考虑了电子气的非均匀性,将 E_{xc} 表示为 ρ 和 $d(\rho)/dr$ 的函数。

一般形式为:

$$E_x^{GGA} = E_x^{LDA} - \sum_\sigma F(x_\sigma)\rho^{\frac{4}{3}}(\bar{r})d\bar{r} \tag{2-3-12}$$

其中, $x_\sigma = |\nabla\rho_\sigma|\rho_\sigma^{-4/3}$ 为约化梯度。GGA交换能泛函有两类:一类采用反双曲函数:

$$E_x^{B88} = E_x^{LDA} - \beta\sum_\sigma\int\rho_\sigma^{4/3}\frac{x_\sigma^2}{1+6\beta x_\sigma\sinh^{-1}x_\sigma}d\bar{r} \tag{2-3-13}$$

其中, $\beta = 0.0042$,这类交换关联函数PW91、FT97、CAM(A)和CAM(B)等。另一类是 F 有理函数,泛函有B86、P86x、LG、PBE等。

尽管上面提到的泛函多种多样,但Perdew和Wang提出的形式是最常用的,以及的LYP形式。Perdew和Wang的计算式为:

$$E_c^{P86} = E_c^{LDA} + \int d^{-1}e^{-\varphi}C[\rho]|\nabla\rho|^2\rho^{-4/3}d\bar{r} \tag{2-3-14}$$

其中,

$$\phi = 1.745\times0.11\times C[\infty]|\nabla\rho|/(C[\rho]\rho^{7/6}) \tag{2-3-15}$$

$$d = 2^{1/3}\left[\left(\frac{1+\xi}{2}\right)^{5/3} + \left(\frac{1-\xi}{2}\right)^{5/3}\right]^{1/2} \tag{2-3-16}$$

$$C[\rho] = a + (b + \alpha r_s + \beta r_s^2)(1 + \gamma r_s + \delta r_s^2 + 10^4\beta r_s^3)^{-1} \tag{2-3-17}$$

a, b, α, β, g, d 为参数,通过拟合得到。

meta-GGA泛函的动能密度定义为:

$$\tau = \sum_i^{occ}|\nabla\psi_i|^2 \tag{2-3-18}$$

其中,"ψ_i"是自旋轨道。

Gaussian,Dmol3和CASTE中常见的GGA交换关联势有PW91[39]、PBE[40]、BLYP[41]等。

BLYP为一种广义梯度近似方法,其中B表示Becke在1988年提出的交换能函数[42]:

$$E_x^{B88}[\rho] = E_x^{LDA} - \beta \sum_\sigma \int \rho_\sigma^{4/3} \frac{x_\sigma^2}{(1+6\beta x_\sigma \sinh^{-1} x_\sigma)} dr \tag{2-3-19}$$

其中：

$$x_\sigma = \frac{|\nabla\rho_\sigma|}{\rho_\sigma^{4/3}} , \beta = 0.0042$$

LYP 代表 Lee, Yang 和 Parr 在 1988 年提出的相关能函数[43]：

其中：

$$E_c^{LYP}[\rho] = -a \int \frac{1}{1+d\rho^{-1/3}} \left\{ \rho + b\rho^{-2/3} \left[C_F \rho^{5/3} - 2t_w + \left(\frac{1}{9} t_w + \frac{1}{18} \nabla^2 \rho \right) \right] e^{-c\rho^{-1/3}} \right\} dr$$

$$\tag{2-3-20}$$

$$t_w = \frac{1}{8} \left(\frac{|\nabla\rho|^2}{\rho} - \nabla^2 \rho \right), C_F = \frac{3}{10} (3\pi^2)^{2/3}, a=0.049\ 18, b=0.312, c=0.2533,$$

$d=0.349$。

2.3.3.3　杂化 (hybrid) 泛函

所谓杂化，是指在纯的 DFT 交换能中包括进一部分 HF 的交换能。HF 方法得到的中性原子的电离能普遍比实验数值小，相反，LDA/GGA 方法得到的数值偏大，所以包括一部分 HF 交换能的交换相关能可能获得较好的结果。其中"半对半 (half and half)"泛函写为：

$$E_{xc}^{HH} = \frac{1}{2} E_{xc}^{HF} + \frac{1}{2} E_{xc}^{LSDA} \tag{2-3-21}$$

这类泛函有 B3P, B3LYP, B1B95, B97, B98, BE0 等，其中 B3LYP 泛函是最常用的。

在 1993 年，Becke 提出了如下的三参数杂化 DFT 方法[44]：

$$E_{XC} = E_{XC}^{LSDA} + a_0 \left(E_X^{exact} - E_X^{LSDA} \right) + a_X \Delta E_X^{B88} + a_C \Delta E_C^{PW91} \tag{2-3-22}$$

常数 a_0, a_x, a_c 是通过拟合得到的。在 Gaussian 软件中，B3LYP 形式如下：

$$E_{XC}^{B3LYP} = AE_X^{Slater} + (1-A)E_X^{HF} + B\Delta E_X^{B88} + E_C^{VWN} + C\Delta E_c^{LYP} \tag{2-3-23}$$

$A=0.8, B=0.72, C=0.81$ 是通过拟合 G2[45] 得到的。

$$E_{xc}^{B3LYP} = (1-a)E_x^{LSDA} + aE_x^{HF} + bE_x^{B88} + cE_c^{LYP} + (1-c)E_c^{LSDA} \tag{2-3-24}$$

a, b, c 均为参数。

与 HF 相比, DFT 方法最大的优势是简化计算, 缩短时间。例如, 对于一个 N 电子体系, 有 3N 个变量的波函数, HF 对计算资源的占用标度为 N^4, MP2 为 N^5, MP4 为 N^7, 而电子密度只有 3 个变量的函数。DFT 得到的精度可以与 post-HF 方法 (CI、CCSD、QCISD 和 MPn 等) 相媲美。现在已经被广泛的应用在计算化学的各个领域, 如团簇化学、表面化学、周期性体系等。

2.4 基组

在独立分子体系计算过程中, 多采用原子轨道的线性组合来构造分子轨道。用 Hartree-Fock 自洽场求解各个原子所得到的波函数, 有类似于氢原子解的形式, 可以写成 Slater[46] 型函数, 称作 Slater 型轨道 (STO)。类氢离子波函数, 其中角度部分为球谐函数:

$$\varphi = R_{n.l}(r) \cdot Y_{l.m}(\theta, \phi) \tag{2-4-1}$$

径向部分包含连带 Laguerre 多项式, 在积分运算时迭代收敛很慢:

$$R_{n.l}(r) = -\left\{ \left(\frac{2Z}{na_0} \right)^3 \frac{(n-l-1)!}{2n\left[(n+l)! \right]^3} \right\}^{\frac{1}{2}} e^{\frac{\rho}{2}} r^l L_{n+l}^{2l+1}(r) \tag{2-4-2}$$

Slater 基于内层电子静电屏蔽效应提出新的径向部分:

$$R_{n.l}(r, \xi) = (2\xi)^{n+\frac{1}{2}} \left[(2n)! \right]^{\frac{1}{2}} r^{n-1} e^{-\xi r} \tag{2-4-3}$$

$$\xi = \frac{Z - \sigma}{n^*} \tag{2-4-4}$$

Z 为核电荷, σ 为屏蔽常数, n^* 为有效量子数。

Slater 型函数的积分在数学上非常复杂, 特别是对多中心的积分。Gauss 函数易进行变量分离, 用 Gaussian 型的函数 (GTO) 去模拟 Slater 函数能将多中心的积分最终都化为单中心积分, 使得多中心的积分易于求解。

Gauss 函数的角度部分仍为球谐函数, 径向部分表达为:

$$R_{n.l}(r, a) = 2^{n+1} \left[(2n-1)!! \right]^{\frac{1}{2}} (2\pi)^{\frac{1}{4}} r^{n-1} e^{-ar^2} = D \cdot r^{n-1} e^{-ar^2} \tag{2-4-5}$$

高斯函数的好处是两个高斯函数的乘积依然是一个高斯函数。GTO 的缺点是它与原子轨道不存在一一对应关系, 在离核较近的区域不具有如

STO 函数趋于无穷大的渐近性质,而在离核较远的地方又下降的太快。为此,可以用多个 GTO 去拟合一个 STO,高斯函数与 GTO 之间的关系见图 2-2。计算化学中的 gaussian 基组其实就是描述如何用 GTO 去形成 STO 以及在一个原子中应该包括什么样的 STO。Gaussian 型基函数的引入,可以大大减少计算量,解决多中心积分问题,使 HFR 方程更容易求解。Peple 在 Gaussian 型基函数的基础上,设计了著名的 Gaussian 量子化学计算程序。

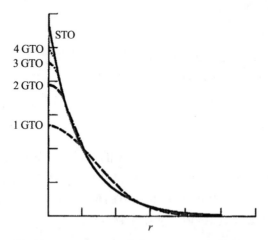

图 2-2　Gaussian 函数与 Slater 函数的关系

2.4.1　全电子基组

2.4.1.1　最小基组

最小基组是指描述一个原子所需的最小基函数,如 STO-3G[47,48] 基组中每个价轨道和内层轨道均使用一个 STO 函数描述,每一个 STO 又由 3 个 GTO 函数线性组合而成。这种类型的基组描述的精度较差。

2.4.1.2　分裂基组

增加基函数的个数是提高精度的最简单有效的方法。例如 double-zeta 基组是将每一层的基函数的个数都增加一倍,价层辟裂基组是只增加价层基函数的个数。在 6-31G[49-53] 基组中,每一个内层轨道由 6 个 GTO 形成一个 STO,每一个价层轨道由两个基函数描述,第一个基函数由 3 个 GTO 形成,第二个基函数由 1 个 GTO 来描述。常用的价层三辟裂基组有 6-311G[54,55]。辟裂基组不能改变轨道的形状,只能改变轨道的大小,不能准确地描述电子云的变形等性质。

2.4.1.3　极化基组

在分裂基组的基础上加入高角动量的基函数使基组更具灵活性,对有效的原子轨道的形状产生影响。基组6-31G(d),就是在6-31G基组的基础上对非氢原子加入一组d轨道型的基函数。6-31G(d,p),6-311G(d,p)类型的基组,都为氢原子加入了一组p型基函数。

2.4.1.4　弥散函数

上所述基组可以很好描述电子紧密束缚的体系,即电子键合比较强烈的系统,但对于电子结合比较松的系统,像负离子、激发态等,由于价电子弥散程度较大,前面讨论的基组不太适合描述。这时可以为这些轨道再加上"大一号"的一组s和p轨道弥散函数,扩大轨道的范围,形成弥散基组。

2.4.1.5　高角动量基组

高角动量基组进一步添加电子相关的基函数。如6-311++G(3df,3pd)继续在重原子和轻原子上加弥散函数,轻原子上加了三个p轨道和一个d轨道,重原子上加了三个d轨道和一个f轨道。该基组在描述电子之间的作用有很重要的意义,但一般不适用于HF计算。

2.4.2　赝势基组

赝势是将重原子的内层电子被哈密顿量中的势能项代替。赝势中还可以包括对重原子的自旋耦合项和相对论质量亏损。它的使用可以减少基函数的数目和高斯函数的数目,节省计算时间。计算程序只输出基组中所考虑到的电子能量,不再满足维里定理。常见的ECP基组有CEP-4G、CEP-31G、CEP-121G[56,57]和LANL2MB、LANL2DZ[58-60]。

一般基组越大,对体系的描述越精确,但基组的增大也意味着计算中积分数目的增加和计算资源的耗费,因此,要根据体系及精度的要求选取合适的基组。

参考文献

[1] Leach A R. Molecular Modelling: Principles and Applications. 2nd ed[M].Prentice Hall(Pearson Education): Harlow,2001:108-300.

[2] Lowe J P,Peterson K A. Quantum Chemistry. 3nd ed[M]. San Diego: Elsevier Academic Press,2006.

[3] Foresman J B,Frisch E. Exploring Chemistry with Electronic Structure Methods. 2nd ed[M]. Pittsburgh,PA: Gaussian,Inc,1996.

[4] Foresman J B,Head-Gordon M,Pople J A,et al. Toward a systematic molecular orbital theory for excited states[J]. J Phys Chem,1992,96(1):135-149.

[5] Krishnan R,Schlegel H B,Pople J A. Derivative studies in configuration-interaction theory[J]. J Chem Phys,1980,72(8):4654-4655.

[6]Raghavachari K,Pople J A. Calculation of one-electron properties using limited configuration interaction techniques[J]. Int J Quant Chem,1981,20(5):1067-1071.

[7] Hegarty D,Robb M A. Application of unitary group methods to configuration interaction calculations[J]. Mol Phys,1979,38(6):1795-1812.

[8] Eade R H E,Robb M A. Direct minimization in mc scf theory. the quasi-newton method[J]. Chem Phys Lett,1981,83(2):362-368.

[9] Schlegel H B,Robb M A. MC SCF gradient optimization of the $H_2CO \rightarrow H_2+CO$ transition structure[J]. Chem Phys Lett,1982,93(1):43-46.

[10] Yamamoto N,Vreven T,Robb M A,et al. A direct derivative MC-SCF procedure[J]. Chem Phys Lett,1996,250:373-378.

[11] Frisch M J,Ragazos I N,Robb M A,et al. An evaluation of three direct MC-SCF procedures[J]. Chem Phys Lett,1992,189(6):524-528.

[12] Pople J A,Head-Gordon M,Raghavachari K. Quadratic configuration interaction. A general technique for determining electron correlation energies[J]. J Chem Phys,1987,87(10):5968-5975.

[13] Gauss J,Cremer C. Analytical evaluation of energy gradients in quadratic configuration interaction theory[J]. Chem Phys Lett,1988,150(3-4):280-286.

[14] Salter E A,Trucks G W,Bartlett R J. Analytic energy derivatives in many-body methods. I. First derivatives[J]. J Chem Phys,1989,90(3):1752-

1766.

[15] Pople J A, Krishnan R, Schlegel H B, et al. Electron correlation theories and their application to the study of simple reaction potential surfaces[J]. Int J Quant Chem, 1978, 14(5):545-560.

[16] Bartlett R J, Purvis G D. Many-body perturbation theory, coupled-pair many-electron theory, and the importance of quadruple excitations for the correlation problem[J]. Int J Quant Chem, 1978, 14(5):561-581.

[17] Purvis G D, Bartlett R J. A full coupled-cluster singles and doubles model: The inclusion of disconnected triples[J]. J Chem Phys, 1982, 76(4):1910-1918.

[18] Scuseria G E, Janssen C L, Schaefer H F. An efficient reformulation of the closed-shell coupled cluster single and double excitation (CCSD) equations[J]. J. Chem. Phys, 1988, 89(12):7382-7387.

[19] Scuseria G E, Schaefer H F. Is coupled cluster singles and doubles (CCSD) more computationally intensive than quadratic configuration interaction (QCISD)[J]? J Chem, Phys 1989, 90(7):3700-3703.

[20] Møller C, Plesset M S. Note on an approximate treatment for many-electron systems[J]. Phys Rev, 1934, 46(7):618-622.

[21] Head-Gordon M, Pople J A, Frisch M J. MP2 energy evaluation by direct methods[J]. Chem Phys Lett, 1988, 153(6):503-506.

[22] Frisch M J, Head-Gordon M, Pople J A. A direct MP2 gradient method[J]. Chem Phys Lett, 1990, 166(3):275-280.

[23] Frisch M J, Head-Gordon M, Pople J A. Semi-direct algorithms for the MP2 energy and gradient[J]. Chem Phys Lett, 1990, 166(3):281-289.

[24] Head-Gordon M, Head-Gordon T. Analytic MP2 frequencies without fifth-order storage. Theory and application to bifurcated hydrogen bonds in the water hexamer[J]. Chem Phys Lett, 1994, 220(1-2):122-128.

[25] Saebo S, Almlof J. Avoiding the integral storage bottleneck in LCAO calculations of electron correlation[J]. Chem Phys Lett, 1989, 154(6):83-89.

[26] Krishnan R, Pople J A. Approximate fourth-order perturbation theory of the electron correlation energy[J]. Int J Quant Chem, 1978, 14(1):91-100.

[27] Parr R G, Yang W. Density Functional Theory of Atoms and Molecules[M]. New York: Oxford University Press, 1989.

[28] Thomas L H. The calculation of atomic fields[J]. Proc Camb Phil Soc, 1927, 23(5):542-548.

[29] Fermi E. Un metodo statistice per la determinazione di alcune proprieta dell' atomo. Accad[J]. Naz. Lincei, 1927, 6:602-607.

[30] Levy M. Universal variational functionals of electron densities, first-order density matrices, and natural spin-orbitals and solution of the v-representability problem[J]. Proc Natl Acad Sci USA, 1979, 76(12):6062-6065.

[31] Hohenberg P, Kohn W. Inhomogeneous electron gas[J]. Phys Rev , 1964, 136(3B):864-871.

[32] Kohn W, Sham L J. Self-consistent equations including exchange and correlation effects[J]. Phys Rev, A, 1965, 140(4A):1133-1138.

[33] Hedin L, Lundqvist B I. Explicit local exchange correlation potentials[J]. J Phys Chem, 1971, 4(14):2064-2083.

[34] Ceperley D M, Alder B J. Ground state of the electron gas by a stochastic method[J]. Phys Rev Lett, 1980, 45(7):566-569.

[35] Lundqvist S, Eds NM. Theory of the Inhomogeneous Electron Gas[M]. New York: Plenum, 1983.

[36] Slater J C. A simplification of the Hartree-Fock method[J]. Phys Rev, 1951, 81(3):385-390.

[37] Vosko S H, Wilk L, Nusair M. Accurate spin-dependent electron liquid correlation energies for local spin density calculations: A critical analysis[J]. Can J Phys, 1980, 58(8):1200-1211.

[38] Perdew J P, Wang Y. Accurate and simple analytic representation of the electron-gas correlation energy[J]. Phys Rev, B, 1992, 45(23):13244 - 13249.

[39] Perdew J P, Chevary J A, Vosko S H, et al. Atoms, molecules, solids, and surfaces: Applications of the generalized gradient approximation for exchange and correlation[J]. Phys Rev, B, 1992, 46(11):6671-6687.

[40] Perdew J P, Burke K, Ernzerhof M. Generalized gradient approximation aade simple[J]. Phys Rev Lett, 1996, 77(18):3865-3868.

[41] Hammer B, Hansen L B, Norskov J K. Improved adsorption energetics within density-functional theory using revised Perdew-Burke-Ernzerhof functionals[J]. Phys Rev, B, 1999, 59(11):7413-7421.

[42] Becke A D. Density-functional exchange-energy approximation with correct asymptotic behavior[J]. Phys Rev, A, 1988, 38(6):3098-3100.

[43] Lee C, Yang W, Parr R G. Development of the Colle-Salvetti

correlation-energy formula into a functional of the electron density[J]. Phys Rev, B, 1988, 37(2):785-789.

[44] Becke A D. Density-functional thermochemistry. III. The role of exact exchange[J]. J Chem Phys, 1993, 98(7):5648-5652.

[45] Curtiss L A, Raghavachari K, Trucks G W, et al. Gaussian-2 theory for molecular energies of first- and second-row compounds[J]. J. Chem. Phys, 1991, 94(11):7221-7230.

[46] Slater J C. Atomic shielding constants[J]. Phys Rev, 1930, 36(1):57-64.

[47] Hehre W J, Stewart R F, Pople J A. Self-consistent molecular-orbital methods. I. Use of Gaussian expansions of Slater-Type atomic orbitals[J]. J Chem Phys, 1969, 51(6):2657-2664.

[48] Collins J B, Schleyer P, Binkley J S, et al. Self-consistent molecular-orbital methods. XVII. Geometries and binding energies of second-row molecules. A comparison of three basis sets[J]. J Chem Phys, 1976, 64(12):5142-5151.

[49] Hehre W J, Ditchfield R, Pople J A. Self-consistent molecular-orbital methods. XII. Further extensions of Gaussian-Type basis sets for use in molecular orbital studies of organic molecules[J]. J Chem Phys, 1972, 56(5):2257-2261.

[50] Hehre W J, Ditchfield R, Pople J A. Self-consistent molecular-orbital methods. XII. Further extensions of Gaussian-Type basis sets for use in molecular orbital studies of organic molecules[J]. J Chem Phys, 1972, 56(5):2257-2261.

[51] Blaudeau J P, McGrath M P, Curtiss L A, et al. Extension of Gaussian-2 (G2) theory to molecules containing third-row atoms K and Ca[J]. J Chem Phys, 1997, 107(13):5016-5021.

[52] Rassolov V A, Pople J A, Ratner M A, et al. 6-31G* basis set for atoms K through Zn[J]. J Chem Phys, 1998, 109(4):1223-1229.

[53] Rassolov V A, Ratner M A, Pople J A, et al. 6-31G* basis set for third-row atoms[J]. J Comp Chem, 2001, 22(9):976-984.

[54] McLean A D, Chandler G S. Contracted Gaussian basis sets for molecular calculations. I. second row atoms, Z=11-18[J]. J Chem Phys, 1980, 72(10):5639-5648.

[55] Krishnan R, Binkley J S, Seeger R, et al. Self-consistent molecular-orbital methods. XX. A basis set for correlated wave functions[J]. J Chem

Phys, 1980, 72(1):650-654.

[56] Stevens W, Basch H, Krauss J. Compact effective potentials and efficient shared-exponet basis sets for the first- and second-row atoms[J]. J Chem Phys, 1984, 81(12):6026-6033.

[57] Cundari T R, Stevens W J. Effective core potential methods for the lanthanides[J]. J Chem Phys, 1993, 98(7):5555-5565.

[58] Hay P J, Wadt W R. Ab initio effective core potentials for molecular calculations. Potentials for the transition metal atoms Sc to Hg[J]. J Chem Phys, 1985, 82(1):270-283.

[59] Wadt W R, Hay P J. Ab initio effective core potentials for molecular calculations. Potentials for main group elements Na to Bi[J]. J Chem Phys, 1985, 82(1):284-298.

[60] Hay P J, Wadt W R. Ab initio effective core potentials for molecular calculations. Potentials for K to Au including the outermost core orbitals[J]. J Chem Phys, 1985, 82(1):299-310.

第3章 $B_{12}M_4(M=Li，Ti，Sc)$的结构及储氢性能的理论研究[1]

3.1 引言

B、C、N元素具有较小的原子质量。基于B、C、N元素形成的纳米材料由于有较好的化学稳定性和高比表面积吸引了许多人的注意。人们首先对碳材料[2-7]进行研究,发现轻元素材料与氢分子的相互作用依靠的是范德华作用,吸附能仅为0.04 eV,说明这些轻元素材料只能在低温或者高压环境中应用。B或N元素取代的碳材料[8-16]、氮化硼材料[17-22]和氟化石墨烯材料[23]的储氢结果稍有好转。

科学家提出在轻元素材料表面修饰金属来改善氢分子吸附能,例如金属修饰的碳纳米管[24-30]、金属修饰的共价有机框架化合物材料[31-35]、金属有机框架储氢材料[36-40]、金属修饰的氮化硼材料[41-43]、金属修饰的碳石墨烯材料[44,45]、金属修饰的碳富勒烯[46]及金属修饰的硼纳米管、硼链、硼平面、硼富勒烯和硼碳纳米结构等。

2005年,Zhao[47]提出了一系列过渡金属修饰的C_{60}材料,将过渡金属均匀掺杂在C_{60}的12个五元环上,理论计算表明这种材料的储氢质量分数达到了8.77 wt%,而且平均氢分子吸附能在0.2~0.6 eV,十分适合在常温常压下使用。同年,Yildirim[48]研究了过渡金属掺杂C_{60}的储氢行为。通过比较不同的掺杂位点最终认为Sc和Ti以2.1 eV的结合能处在六元环位点,V和Cr分别以1.3和0.8 eV结合在双键位点,金属Mn,Fe,Co不与C_{60}键合。每个Ti可吸附4个氢分子,平均氢分子吸附能0.3~0.5 eV/H_2。掺6个双键位点和8个六元环位点共14个Ti原子可吸附56个H_2,储氢量为7.5%。2006年,Weon Ho Shin等[49]对Ni掺杂C_{60}做了研究,30个金属在双键上,每个金属吸附3个氢分子,储氢量6.8 wt%。

这种强度介于物理吸附和化学吸附之间的独特作用在化学上称为Kubas效应[50]。2005年,孙强教授等人[51]发现,从热力学的角度看Ti原子分散吸附在C_{60}表面(六元环或五元环)时能量比这些金属原子形成金属簇后和C_{60}结合的能量高。也就是说,分散的Ti原子会自动结合成团簇。金属的团聚会大大缩小有效吸附氢气的面积,从而降低氢的吸附量。据估计,储氢量仅为原来的38%,约为2.85%。

Li是一种能够在C_{60}表面稳定分散的金属,一个带单位正电荷的锂离子可以吸附6个H_2[52,53]。所以,Li掺杂轻元素材料储氢是非常有前景的。但是Li只能依靠较弱的极化效应吸附H_2,在$Li_{12}C_{60}$中平均吸附能只有0.075 eV/H_2。Blomqvist等人[33]对Li掺杂的金属有机骨架材料做了研究,指出锂的掺入对其储氢效果有极大改善。Lan等人[35]研究了共价有机硼硅酸盐骨架的储氢性质,提出锂修饰的COF-202在298 K、100 bar的压强下储氢量可达4.39 wt%。Srinivasu[54]等人研究了锂掺杂闭合硼烷($B_6H_6Li_2$)的储氢行为,计算结果显示团簇中的锂掺杂位点上带有部分正电荷,锂原子与硼烷之间的结合能足以保证重复利用过程中结构的稳定性,每个锂原子最多可通过极化诱导作用吸附三个氢气分子,储氢质量分数为12 wt%。通过—C≡C—连接构成三维结构,储氢量为7.3 wt%,平均氢分子吸附能为0.095 eV。周等人[55]用第一原理密度泛函方法研究了锂掺杂在BC_3纳米管(实验上已合成)上的电荷转移、静电势及储氢行为,BC_3纳米管处于缺电子状态,当锂原子掺杂后,同样锂原子的电荷转移,使锂原子处于离子状态,从而增强与氢气的结合能,每个锂原子可吸附两个氢分子,平均氢分子吸附能为0.11 eV/H_2,储氢质量分数可达6.9 wt%。吴等人[43]研究了锂修饰的硼碳纳米结构,储氢质量分数可达6.0 wt%,平均氢分子吸附能为0.104-0.249 eV。由于硼的原子质量较小,很多硼材料例如硼富勒烯和硼石墨烯都可以作为很好的储氢材料。例如Süleyman Er等人[56]研究了碱金属修饰硼平面的储氢行为,发现锂-硼系统最为理想,储氢量可达10.7 wt%,平均氢分子吸附能为0.15 eV/H_2。由于锂原子上的电荷转移到了硼平面上,锂掺杂位点的正电荷状态使氢分子产生偶极矩,可以通过诱导极化作用吸附氢分子,再如李等人[57]发现碱金属与B_{80}强烈结合,形成$B_{80}AMm$配合物($1 \leq m \leq 12$)。$B_{80}Na_{12}$和$B_{80}K_{12}$可吸附72个氢分子,平均氢分子吸附能分别为0.072和0.086 eV,储氢量分别可达到11.2 wt%和9.8 wt%。2008年,Chandrakumar等人[53]发现钠与C_{60}六元环作用形成Na_8C_{60},吸附48个氢分子,储氢量达9.5%,平均氢分子吸附能0.082~0.088 eV。

硼是元素周期表中第一个含有p电子的元素。作为缺电子原子,硼易形成多中心键,因而引起化学家的浓厚兴趣。硼团簇是人们研究硼元素独特化学键的载体,对硼团簇的深入研究不断地加深人们对硼元素的认识。小尺寸团簇的平面结构和中等尺寸团簇的管状团簇已被实验和理论证实。2007 年,美国 Rice 大学 Boris I.Baruah 等人[58]在 C_{60} 富勒烯结构基础上构造出具有较高稳定性和 T_h 高对称性的 B_{80} 笼,引起科学界的广泛关注。以 B_{80} 成键特征 (三中心两电子) 为模板,一系列的金属修饰的硼纳米笼[54]、纳米管[59]、纳米线[60]、硼平面[56]和碳硼烷[55,61,62]储氢研究如雨后春笋。

2008 年,李等人[57]发现金属与 B_{80} 五元环强烈作用。金属呈正电,使氢分子极化,但没有使其分解。通过局域密度图分析金属与 B_{80} 的结合机制,对于钠和钾,金属的 3s(4s) 与 B 的 2p 轨道杂化,同时电荷转移,而对于锂,Li 的 s 电子先转移到 B_{80},使 B 的 p 轨道部分填充,锂的 p 轨道在强场下分裂,B 电子反馈,形成强的 P-P 杂化。所以,锂电子转移少但结合能大,约 2.65 eV。2009 年,吴等人[63]对 M(M=Li,Na,K,Be,Mg,Ca,Sc,Ti,V) 掺杂 B_{80} 五元环进行了计算。计算发现每个族中第二个元素与 B_{80} 的结合能最小。最重要的是,以 B(8,0) 和 B(5,5) 纳米管为例[64],发现 Ti 原子在 B 纳米管表面不会发生团聚,这类材料的储氢能力可达到 5.5 wt%,与氢气的吸附能在 0.2~0.6 eV 之间,有可能成为室温、常压下的储氢材料,这样就可以利用过渡金属与氢分子较强的 Kubas 效应来提高储氢操作温度。

但一些研究表明这些过渡金属修饰的硼材料并不是一些稳定结构[65-67],例如尽管 20 个 Sc 原子外缀在 B_{60} 表面形成的 $Sc_{20}B_{60}$ 与氢气作用,平均氢分子吸附能可达到 0.155~0.259 eV,储氢量在 8.6 wt%,但有 1,2,4 个 Sc 原子处在笼内的 $Sc_{20}B_{60}$ 异构体能量分别要低 0.58,1.15,6.29 eV ;赵、陈等提出 B_{80} 和其他中等尺寸的硼团簇倾向于形成以 12 个硼原子组成的二十面体为核心的不完整核壳结构,而非高对称的空笼;Kregg D.Quarles 等人[67]又指出 B_{80} 的稳定结构应该是由 12 个被填充的五边形和六个空的六边形构成。

Ti 原子在 B 纳米管上不会发生团聚,表明 Ti 原子与 B 原子之间的作用力相对较强,有可能发展以金属和 B 形成的新型复合材料,利用金属原子与氢分子之间的 Kubas 作用和极化作用来提高氢分子吸附能。另外,金属间是否成簇以及储氢能力都值得深入研究。本论文从以上问题出发,由早先研究的以 B_{12} 为核心的 $B_{12}CO_{12}$[68]得到启发,提出金属掺杂的 B_{12} 结构,希望探讨金属修饰硼材料的储氢性能。

作为储氢材料应满足两个基本要求:第一有较大储氢量,第二与氢分子有合适的作用能。只有满足这两个条件,储氢材料才能在适中的操作环境下吸放氢。基于以上有关储氢材料的研究发展,本章主要研究内容包括以下几个方面。

(1)第一节研究$B_{12}Li_4$团簇的几何构型及其衍生规律、电子结构、振动频率和自然键轨道(NBO)等性质。并通过能量和电荷分布等方面考察其储氢性能。

(2)第二节讨论了$B_{12}Ti_4$团簇的稳定性,然后选择较稳定T_d构型通过能量和电荷分布等方面考察其储氢性能。

(3)第三节讨论$B_{12}Ti_4$和$B_{12}Sc_4$最稳定的D_{2d}构型的结构及储氢性能。主要了解氢分子吸附能与团簇结构、氢分子吸附量、Kubas作用与极化作用对总吸附能的贡献。

3.2 计算方法

所有异构体均使用高斯03程序[69],用B3LYP[70]方法进行计算。使用标准劈裂共价基组6-31G (d,p)描述介入的所有原子轨道。几何优化没有对称限制。通过频率计算确认所选结构是势能面的能量极小值。所有分析数据在B3LYP/6-31G (d,p)水平下得到。平均氢分子吸附能定义为:

$$E_a= \{E\,[B_{12}X_4\text{-}nH_2] - E\,[B_{12}X_4] - n\,E\,[H_2]\}\,/n\ \ (X=Li,Sc,Ti)$$

其中,$E\,[B_{12}X_4]$,$E\,[H_2]$和$E\,[B_{12}X_4\text{-}nH_2]$是分别$B_{12}X_4$,$H_2$和$B_{12}X_4\text{-}nH_2$的能量,并且$n$是$H_2$分子的个数。许多研究显示MP2方法计算弱相互作用较好[71,72]。因此,为得到准确的平均氢分子吸附能,在考虑BSSE校正的基础上,用MP2/6-31G (d,p)方法对$B_{12}X_4\text{-}nH_2$,$B_{12}X_4$和H_2进行了单点能计算,得到了氢分子的平均吸附能。

3.2.1 $B_{12}Li_4$储氢的理论研究

1.$B_{12}Li_4$的结构

正四面体结构的B_{12}是由四个接近于等边三角形的棱面分别处于正四面体的四个顶角组成,三角形各顶点相连又形成四个六边形,刚好与$B_{12}CO_{12}$构相似。锂原子在与电负性较强的纳米材料表面结合时会失去电子转变为带正电的离子。通过NBO分析发现$B_{12}Li_4$结构具有3.65 eV的能隙,锂原子平均电荷为0.727 |e|。

2.氢气与$B_{12}Li_4$的相互作用

氢气与$B_{12}Li_4$的相互作用如图3-1所示。

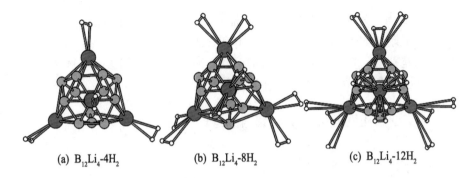

(a) $B_{12}Li_4$-4H_2　　　　(b) $B_{12}Li_4$-8H_2　　　　(c) $B_{12}Li_4$-12H_2

图 3-1　优化结构

　　从表 3-1 中可以看出，当 $B_{12}Li_4$ 吸附一个 H_2 时，吸附能为 0.089 eV，稳定结构的平均 Li—H 键长约 2.20 Å，同时 H—H 键长从 0.743 Å 伸长到 0.746 Å，这说明诱导作用对 H—H 的影响。$B_{12}Li_4$-8 H_2 (2b) 和 $B_{12}Li_4$-12 H_2 (2c) 的平均氢气吸附能分别是 0.033 和 0.067 eV，较 $B_{12}Li_4$-4 H_2 (2a) 有明显下降。随着氢分子的增多，Li—H 距离增大，这就意味着氢分子感受到的极化场减弱，诱导作用减弱，H—H 键长伸长幅度变小。这可能是由于空间位阻作用的缘故。$B_{12}Li_4$ 可吸附 12 个氢分子形成 $B_{12}Li_4H_{24}$ (2c)，平均 Li—H 距离为 3.06 Å，平均 H—H 键长为 0.744 Å。$B_{12}Li_4$—12 H_2 储氢量可达 13.32 wt%。值得注意的是，由于 $B_{12}Li_4$ 本身结构的特性，当每个 Li 原子吸附三个氢分子时，$B_{12}Li_4$-12 H_2 具有极高的对称性，为 T_d，正因为如此，$B_{12}Li_4$-12H_2 (2c) 的平均氢分子吸附能较高。在 B3LYP/6-31G (d，p) 理论水平下计算了 Li^+—H_2，结果表示当 H_2 分子被 Li^+ 正离子吸附时，H—H 键长是 0.751 Å，比 $B_{12}Li_4$-4 H_2 大，同时，Li—H 距离是 2.11 Å，小于在 $B_{12}Li_4$-4 H_2 (5) 中的 Li—H 距离 (最短的 Li—H 距离是 2.188 Å，并且平均 Li—H 距离是 2.200 Å)。这是由于在 $B_{12}Li_4$ 中，锂原子所带电荷小于 Li^+ 正离子，$B_{12}Li_4$-4 H_2 中锂离子对邻近的氢分子的极化可以产生比 Li^+ 正离子略小的诱导作用。

表 3-1　$B_{12}Li_4$-n H_2 (n=4,8 和 12) 的平均氢分子吸附能，最大和最短的 Li—H 键长，氢分子的 H—H 键长

结构	E_a/eV	Li—H/Å			H—H/Å		
		最短	最长	平均	最短	最长	平均
2a	0.089	2.188	2.209	2.200	0.746	0.747	0.746
2b	0.033	2.242	2.670	2.427	0.745	0.747	0.746
2c	0.067	3.064	3.064	3.064	0.744	0.744	0.744

B$_{12}$Li$_4$-4 H$_2$ (2a)平均氢分子吸附能只是 0.089 eV,在 B$_{80}$Li- H$_2$ 中,平均氢分子吸附能是 0.147 eV。B$_{12}$Li$_4$- H$_2$ 和 B$_{80}$Li- H$_2$ 之间较大的平均氢分子吸附能差别表明 B-Li 掺杂团簇结构对其吸附 H$_2$ 有很大的影响。这使得通过调整被掺杂的团簇结构来进一步调整氢的吸附能成为可能。

3.2.2 正四面体 B$_{12}$Ti$_4$ 储氢的理论研究

3.2.2.1 B$_{12}$Ti$_4$ 的结构

如图 3-2 所示,与 B$_{12}$Li$_4$ 类似,异构体 b 是在类似羰基硼的 B$_{12}$ 结构上修饰 4 个 Ti 原子在 4 个六元环上优化得到。d 的初始几何结构是将 4 个 Ti 原子以最大间距分散在正二十面体 B$_{12}$ 的表面,通过 B3LYP/6-31G(d,p) 计算发现正二十面体 B$_{12}$ 大幅度扭曲,金属团聚(图 3-2e),能量较 a 高 3.83 eV。异构体 g 是在平面 B$_{12}$ 上以最大的分散度修饰 Ti 原子得到,异构体 h 的初始结构是将 4 个 Ti 原子聚合到一起,然后修饰在最稳定的 B$_{12}$ 上。i 的初始结构是将 4 个 Li 原子修饰在 4 个三元环上,在 B3LYP/6-31G (d,p) 水平下优化后能量分别比 a 高约 3.83,5.67 eV 和 8.88 eV,均不稳定。c 结构含有 Ti$_2$ 团簇,j 结构是 4 个 Ti 原子团聚在一起的结构。经过计算发现 c,j 能量分别比 a 高出 3.45 eV 和 10.88 eV,说明 B$_{12}$Ti$_4$ (1a,1b) 不可能成簇。特别注意的是,将结构 b 断开两对 B—B 键的异构体 a 是 B$_{12}$Ti$_4$ 八种异构体中最稳定的结构。

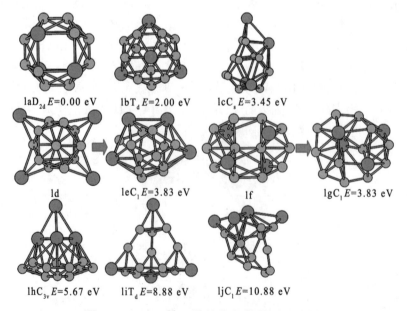

laD$_{2d}$ E=0.00 eV 1bT$_d$ E=2.00 eV 1cC$_s$ E=3.45 eV

1d 1eC$_1$ E=3.83 eV 1f 1gC$_1$ E=3.83 eV

1hC$_{3v}$ E=5.67 eV 1iT$_d$ E=8.88 eV 1jC$_1$ E=10.88 eV

图 3-2 B$_{12}$Ti$_4$ 的八种结构及其相对稳定性

NBO分析显示B$_{12}$Ti$_4$(1a)、B$_{12}$Ti$_4$(1b)、B$_{12}$Ti$_4$(1i)结构中Ti原子电荷量分别为0.949 |e|、0.855 |e|、0.736 |e|。由于最稳定的B$_{12}$Ti$_4$和B$_{12}$Sc$_4$结构相似，此处仅对与B$_{12}$Li$_4$相类似的B$_{12}$Ti$_4$结构详细讨论。

3.2.2.2　氢气与正四面体B$_{12}$Ti$_4$的相互作用

B$_{12}$Ti$_4$-n H$_2$的优化结构如图3-3所示，B$_{12}$Ti$_4$ -n H$_2$(n=1，3)的结构可以通过在B$_{12}$Ti$_4$ (b)-4H$_2$上删除3个或1个H$_2$得到，第五个H$_2$在弛豫过程中远离Ti原子。从表3-2中看出对称性较高的吸附结构对应更大的吸附能。

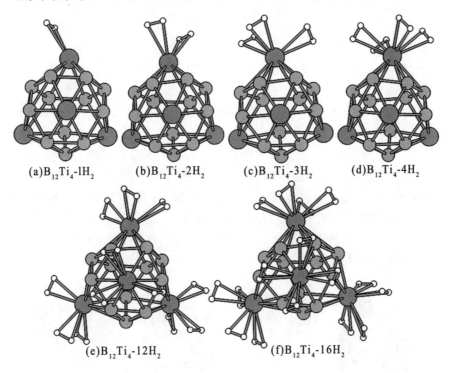

(a)B$_{12}$Ti$_4$-lH$_2$　　(b)B$_{12}$Ti$_4$-2H$_2$　　(c)B$_{12}$Ti$_4$-3H$_2$　　(d)B$_{12}$Ti$_4$-4H$_2$

(e)B$_{12}$Ti$_4$-12H$_2$　　(f)B$_{12}$Ti$_4$-16H$_2$

图 3-3　B$_{12}$Ti$_4$ 吸附多个氢分子吸附的结构

当一个H$_2$被B$_{12}$Ti$_4$吸附时，吸附能是5.115 eV，Ti—H长约2.061Å。H—H键从自由H$_2$的0.743 Å伸长到0.782 Å。更多H$_2$接近B$_{12}$Ti$_4$时，平均氢吸附能分别为0.351 eV、0.311 eV、0.209 eV、0.104 eV，Ti与氢气之间的距离和H—H键长相应改变。

表 3-2　B$_{12}$Ti$_4$ 的平均氢分子吸附能和连续氢分子吸附能，Ti—H 键长和 H—H 键长

结构	E_a(eV/H$_2$)	Ti—H/Å	H—H/Å
B$_{12}$Ti$_4$ -H$_2$	5.115	2.061	0.782

$B_{12}Ti_4$-2 H_2	2.288	2.072~2.074	0.776~0.777
$B_{12}Ti_4$-3 H_2	1.549	1.998~2.027	0.783~0.789
$B_{12}Ti_4$-4 H_2	1.226	1.994~2.017	0.783~0.791
$B_{12}Ti_4$-12 H_2	0.310	1.985~2.006	0.782~0.795
$B_{12}Ti_4$-16 H_2	0.434	1.978~2.145	0.771~0.792

为了估计 H_2 与 Ti 距离多远时可以认为已被吸附,本书对 $B_{12}Ti_4$-H_2 执行了单点能计算。当 Ti—H 距离小于 2.15 Å 时,吸附能大于 0.23 eV。在距离小于 2.15 Å 这个标准之下,正四面体 $B_{12}Ti_4$ 可吸附 16 个 H_2(如图 3-3),平均吸附能为 0.434 eV/H_2,这个能量在实际应用中是非常重要的,它可以使 H_2 在常温常压下很容易吸附和脱附,储氢质量分数为 9.12 wt%,每个 Ti 周围 4 个 H_2 对称分布,所有 Ti—H 距离在 1.978 Å 到 2.145 Å 范围内,H—H 长度从 0.743 Å 伸长到 0.792 Å。

$B_{12}Ti_4$ 与 H_2 的作用是典型的 Kubas 作用,即 Ti 与氢气作用的过程中,氢气的 σ 轨道上的电子对通过电子给予会转移到 Ti 的空 d 轨道。如图 3-4 所示,$B_{12}Ti_4$-4H_2 的前 4 个轨道表明氢气的 σ 轨道上的电子对转移到 Ti 的空 d 轨道,后 3 个轨道显示 Ti 的 d 电子转移到 H_2 的 $σ^*$ 轨道,形成反馈键。在与氢气的相互作用过程中,Ti 原子上的电荷增多,从未吸附氢气时的 +0.855 |e|,依次变为 +0.684 |e|,+0.447 |e|,+0.424 |e|,+0.436 |e|。

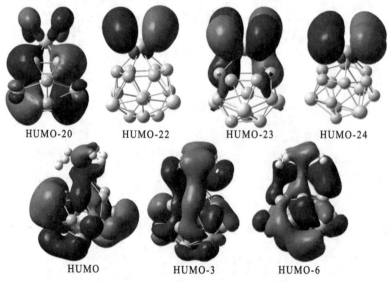

HUMO-20   HUMO-22   HUMO-23   HUMO-24

HUMO   HUMO-3   HUMO-6

图 3-4 $B_{12}Ti_4$-4H_2 的部分分子轨道图

3.2.3　D_{2d}点群的$B_{12}Sc_4$和$B_{12}Ti_4$储氢的理论研究[1]

3.2.3.1　$B_{12}Sc_4$的结构

$B_{12}Sc_4$结构在图3-5a中显示，最稳定的构型呈现D_{2d}对称性，通过优化类似羰基硼的初始结构得到，多重度为1，无磁性。异构体c是Sc原子以最大的分散度修饰在平面B_{12}得到，异构体d，f是通过在最稳定的B_{12}上不同位点修饰Sc形成。优化后e，g能量分别比a高约3.63和4.08 eV。h的初始几何结构将4个Ti原子以最大间距的形式分散在正二十面体B_{12}的表面，通过B3LYP/6-31G(d,p)计算发现正二十面体B_{12}大幅度扭曲，金属团聚(图3-5i)，能量较a高5.40 eV。k的初始结构是将4个Sc原子修饰在4个三元环上，在B3LYP/6-31G (d,p)水平下优化后能量分别比a高约11.12 eV，不稳定。在异构体j是通过最稳定的B_{12}和最稳定的Sc_4构建而成，在B3LYP/6-31G (d,p)水平下优化后能量比a高约7.05 eV，也不稳定。

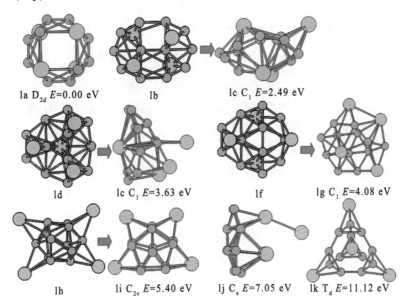

la D_{2d} E=0.00 eV　　　lb　　　lc C_1 E=2.49 eV

ld　　　lc C_1 E=3.63 eV　　　lf　　　lg C_1 E=4.08 eV

lh　　　li C_{2v} E=5.40 eV　　　lj C_s E=7.05 eV　　　lk T_d E=11.12 eV

图 3-5　$B_{12}Sc_4$ 的初始结构及其对应的稳定结构

在$B_{12}Sc_4$中，12个硼原子形成四个三元环。B_3元环电子密度差分图(图3-6)显示电子主要转移到B_3元环的中心，明显地表明B_3元环形成开放三中心键，而不是香蕉键。

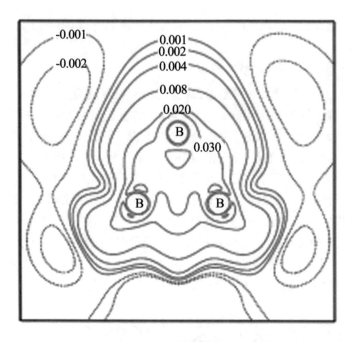

图 3-6　$B_{12}Sc_4$ 中 B_3 的电子差分密度图

实际上，B_3 元环可以看做是 $B_{12}Sc_4$ 的一个超原子。图 3-7 给出了价层轨道。每个 B_3 元环作为超原子拥有类似 s- , p- 和 d- 的轨道。$B_{12}Sc_4$ 轨道 49-52 是 B_3 超原子的 s 轨道，电子云分布没有任何节面。轨道 53-61，65，66 和 68 在 B_3 三元环电子云分布上只有一个节面，可看成 B_3 超原子的轨道 p 轨道。B_3 的 p 轨道可被划分成 px，py 和 pz 轨道。pz 轨道(58，65，66，68)的波节面与 B_3 平面几乎平行，px 和 py 轨道的波节面几乎垂直于 B_3 平面。轨道 62-64，67 和 69-72 主要由 B_3 的 d 轨道形成。当 B_3 与 Sc 原子结合时，一些 d 轨道组分与轨道 65 和 66 杂化，一些 p 轨道组分与轨道 62-64 杂化。

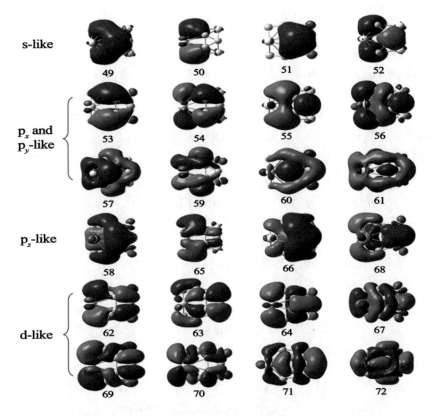

s-like

49　　50　　51　　52

pₓ and
p_y-like

53　　54　　55　　56

57　　59　　60　　61

p_z-like

58　　65　　66　　68

d-like

62　　63　　64　　67

69　　70　　71　　72

图 3-7　B₁₂Sc₄ 的共价轨道

3.2.3.2　B₁₂Ti₄ 的结构

最稳定的 B₁₂Ti₄ 和最稳定的 B₁₂Sc₄ 有相同的结构，也具有 D₂d 对称性且没有未成对的电子。B₁₂Sc₄ 和 B₁₂Ti₄ 之间的最明显的差别是它们的金属-金属键长。B₁₂Sc₄ 中毗邻的 Sc-Sc 距离是 3.15 Å，B₁₂Ti₄ 中邻近的 Ti-Ti 距离是仅 2.94 Å。太短的金属-金属距离对氢存储是不利的。B₁₂Ti₄ 能隙仅 1.21 eV，几乎是 B₁₂Sc₄ 能隙的一半。另一重要差别是它们前线轨道的构成。在 B₁₂Ti₄ 中，其 HOMO 以及 HOMO 之下的轨道中金属原子 d 电子的贡献要多于在 B₁₂Sc₄ 中的贡献。实际上，在 B₁₂Ti₄ 的 HOMO 轨道中 Ti 原子 d 电子的贡献百分比大约为 67%。金属在前线轨道中所占成分的增多将对材料储氢产生两种截然不同的影响。首先，前线轨道中大量的 Ti 原子 d 电子对 Kubas 作用是有利的，可以吸附更多氢分子；但另一方面，费米能附近太多的 d 电子会降低 Ti 原子的电荷，减少氢气吸附量。NBO 分析表明在 B₁₂Sc₄ 中 Sc 原子的电荷是 +1.26 |e|，而在 B₁₂Ti₄ 中，Ti 原子的电荷只是 +0.95 |e|，这与 Ti 原子电负性大于 Sc 原子电负性的事实一致 (1.54 对 1.36)。

3.2.3.3　氢气与 $B_{12}Sc_4$ 和 $B_{12}Ti_4$ 的相互作用

图 3-8 显示了 $B_{12}Sc_4$-4 H_2，$B_{12}Sc_4$-8 H_2，$B_{12}Sc_4$-12 H_2 以及优化得到的 $B_{12}Ti_4$-4 H_2 与 $B_{12}Ti_4$-8 H_2 结构。在 $B_{12}Sc_4$-4 H_2 中，最短的 Sc-H 距离是 2.227 Å，并且平均 Sc-H 距离是 2.287 Å。$B_{12}Sc_4$-4 H_2 的平均氢分子结合能只有 0.120 eV。在 $B_{80}Sc$- H_2 中，平均氢分子吸附能是 0.44 eV[63]。$B_{12}Sc_4$-4 H_2 和 $B_{80}Sc$- H_2 之间较大的平均氢分子吸附能差别表明 B-Sc 掺杂团簇结构对其吸附 H_2 有很大的影响。这使得通过调整被掺杂的团簇结构来进一步调整氢的结合能成为可能。在 $B_{12}Sc_4$-n H_2 中，H—H 键长是 0.769 Å，长于自由氢分子（0.743 Å 在 B3LYP/6-31G (d,p) 理论水平下优化得到）的键长。对于 $C_{60}Sc_{12}$，当 Sc 原子束缚第一个 H_2 时，氢分子将解离。H—H 键长由于 Kubas 相互作用和诱导作用伸长。为说明诱导作用对 H—H 的影响，本章在 B3LYP/6-31G (d,p) 理论水平下计算了 K^+—H_2 和 Ca^{2+}—H_2。结果表示，当 H_2 分子被 K^+ 或 Ca^{2+} 正离子吸附时，H—H 键长分别是 0.746 和 0.757 Å，均比自由 H_2 分子 0.743 Å 长，比 $B_{12}Sc_4$-4 H_2 小。$B_{12}Sc_4$-8 H_2 和 $B_{12}Sc_4$-12 H_2 的平均氢分子结合能分别是 0.123 和 0.108 eV。当每个 Sc 原子吸附 3 个氢分子时，$B_{12}Sc_4$-12 H_2 氢存储容量能达到 7.25 wt%。

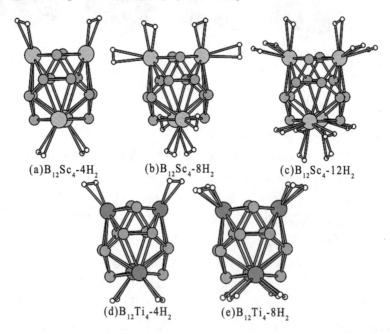

(a)$B_{12}Sc_4$-4H_2　　(b)$B_{12}Sc_4$-8H_2　　(c)$B_{12}Sc_4$-12H_2

(d)$B_{12}Ti_4$-4H_2　　(e)$B_{12}Ti_4$-8H_2

图 3-8　$B_{12}Sc_4$-n H_2(n=4，8，12) 和 $B_{12}Ti_4$-n H_2 (n=4，8) 的结构

$B_{12}Ti_4$ 至多能吸附 8 个氢分子，储氢容量仅 4.78 wt%，比 $B_{12}Sc_4$ 少。然

而, 平均氢分子吸附能却比 B$_{12}$Sc$_4$-n H$_2$ 大得多。B$_{12}$Ti$_4$-4 H$_2$ 和 B$_{12}$Ti$_4$-8 H$_2$ 的平均氢分子吸附能分别为 0.700 和 0.521 eV。由于 B$_{12}$Ti$_4$ 中 Ti 原子电荷小于 B$_{12}$Sc$_4$ 中 Sc 原子的电荷, 所以可以合理的认为, B$_{12}$Ti$_4$-n H$_2$ 的 Kubas 相互作用比在 B$_{12}$Sc$_4$-n H$_2$ 中的强。

B$_{12}$Ti$_4$ 中 Ti 原子在 LUMO(能量在 –2.95 eV) 的构成贡献大约为 58%。在 LUMO+1 (–2.30 eV) 和 LUMO+2(–2.00 eV), Ti 原子贡献超过 80%。对于 B$_{12}$Sc$_4$, HOMO 的能级高于 B$_{12}$Ti$_4$, 为 –2.03 eV, Sc 原子贡献大于 74%。在 LUMO+1(–1.86 eV), Sc 原子贡献约 66%, 在 LUMO+2 (–1.70 eV), 大约 50%。较高的能量和金属原子较小的贡献对 σ -bond 配位是不利的。B$_{12}$Ti$_4$-4 H$_2$ 和 B$_{12}$Sc$_4$-4H$_2$ 在 –13 到 –14 eV 的状态, 主要是 H$_2$ 分子 σ -bonds 电子分布。然而, 在 B$_{12}$Ti$_4$-4 H$_2$, 这个状态比 B$_{12}$Sc$_4$-4 H$_2$ 中的更加局域化。在 Kubas 相互作用中, 金属 d 到 σ *-bond 的反馈键是稳定 σ -bond 配位的关键。因此 HOMO, 甚而 HOMO-1 的构成对 Kubas 相互作用非常重要。B$_{12}$Ti$_4$ 中 Ti 原子在 HOMO 轨道中的贡献较大 (> 67%), 而 B$_{12}$Sc$_4$ 中 Sc 原子在 HOMO 的贡献只有大约 50%。结果, 在能量为 –13 到 –14 eV 附近, B$_{12}$Ti$_4$-4 H$_2$ 的轨道构成中比 B$_{12}$Sc$_4$-4 H$_2$ 有更多金属的贡献。因此, B$_{12}$Ti$_4$-4 H$_2$ 的 Kubas 相互作用比在 B$_{12}$Sc$_4$-4 H$_2$ 中要强。进而, B$_{12}$Ti$_4$-n H$_2$ 平均结合能比 B$_{12}$Sc$_4$-n H$_2$ 大也就不足为奇了。

伸长的 H—H 键长进一步证明了 B$_{12}$Ti$_4$-n H$_2$ 中强的 Kubas 相互作用。B$_{12}$Ti$_4$-4 H$_2$ 中 H—H 键长为 0.786 Å, B$_{12}$Ti$_4$-8 H$_2$ 中 H—H 键长为 0.776 Å, 在 B$_{12}$Sc$_4$-4 H$_2$ (0.769Å) 和 B12Sc4-8 H$_2$ (0.757Å) 中键长进一步伸长。

3.3　本章小结

B$_{12}$TM$_4$(TM = Li, Sc, Ti) 中金属原子都倾向于束缚到 B 原子周围, 而不是形成金属簇。B$_{12}$Li$_4$ 可吸附 12 个 H$_2$ 分子, 平均结合能为 0.033~0.089 eV。正四面体 B$_{12}$Ti$_4$ 可以通过 Kubas 作用吸附 16H$_2$, 平均吸附能为 0.434 eV/H$_2$, 相应质量分数为 9.125 wt%。最稳定的 B$_{12}$Sc$_4$ 可吸附 12 个 H$_2$ 分子, 平均结合能为 0.108 eV。而 B$_{12}$Ti$_4$ 至多吸附 8 个 H$_2$ 分子, 平均结合能为 0.521 eV。尽管 B$_{12}$Sc$_4$ 和 B$_{12}$Ti$_4$ 团簇的氢吸附容量不及 B$_{80}$Sc$_{12}$ 和链状 TiB$_5$ 结构, 但本书的工作为过渡金属掺杂硼团簇作为储氢材料的研究提供指导。Kubas 相互作用控制 B$_{12}$Ti$_4$ 中 Ti 原子吸引 H$_2$ 分子的数量, 而 B$_{12}$Sc$_4$ 中 Sc 主要是通过诱导作用吸附 H$_2$ 分子。本书发现在 B$_{12}$Sc$_4$ 中, 每个 B$_3$ 可以把视为一个具有 s-, p- 和 d- 轨道的超原子。

参考文献

[1] 马丽娟,王剑锋,贾建峰,等. $B_{12}Sc_4$ 和 $B_{12}Ti_4$ 团簇的储氢性质[J]. 物理化学学报,2012,28(8):1854-1860.

[2] Orimo S,Züttel A,Schlapbach L,et al. Hydrogen interaction with carbon nanostructures: current situation and future prospects[J]. J Alloys Compd,2003,356–357(11):716-719.

[3] Ströbel R,Garche J,Moseley P,et al. Hydrogen storage by carbon materials[J]. J. Power Sources,2006,159(2):781-801.

[4] 赵敏. 碳纳米管储氢的分子动力学模拟[J]. 合肥师范学院学报 (Journal of Hefei Normal University). 2010,28(3):36-38.

[5] 程锦荣,丁锐,刘遥,等. 碳纳米管阵列储氢的分子动力学模拟[J]. 安徽大学学报(自然科学版),2006,30(4):49-52.

[6] 杨子芹,谢自立,贺益胜. 新型纳米结构炭材料的储氢研究新型炭材料[J]. new carbon materials. 2003,18(1):76-79.

[7] Martin J B,Kinloch I A,Dryfe R. Are Carbon Nanotubes Viable Materials for the Electrochemical Storage of Hydrogen[J]. J. Phys. Chem,C, 2010,114(10):4693-4703.

[8] Viswanathan B,Sankaran M. Hetero-atoms as activation centers for hydrogen absorption in carbon nanotubes[J]. Diamond Relat. Mater,2009, 18(2-3):429.

[9] Zhou Z,Gao X,Yan J,et al. Doping effects of B and N on hydrogen adsorption in single-walled carbon nanotubes through density functional calculations[J]. Carbon,2006,44(5):939.

[10] 於刘民,姬广富. 硼掺杂富勒烯储氢——从物理吸附到化学吸附的转变[J]. 原子与分子物理学报,2009,26(6):1044-1047.

[11] Yin L,Bando Y,Golberg D,et al. Porous BCN Nanotubular Fibers: Growth and Spatially Resolved Cathodoluminescence[J]. J. Am. Chem. Soc, 2005,127(47):16354-16355.

[12] Baierle R,Piquini P,Schmidt T,et al. Hydrogen Adsorption on Carbon-Doped Boron Nitride Nanotube[J]. J. Phys. Chem,B,2006, 110(42):21184-21188.

[13] Kleinhammes A,Anderson R,Chen Q,et al. Enhanced Binding Energy and Slow Kinetics of H_2 in Boron-Substituted Graphitic Carbon[J]. J.

Phys. Chem，C. 2010，114(32):13705-13708.

[14] Zhu Z H，Lu G，Hatori H. New Insights into the Interaction of Hydrogen Atoms with Boron-Substituted Carbon[J]. J. Phys. Chem，B，2006，110(3):1249-1255.

[15] Wang L，Yang R T. Hydrogen Storage Properties of N-Doped Microporous Carbon[J]. J. Phys. Chem，C，2009，113(52):21883-21888.

[16] Sha X，Cooper A，Bailey W，et al. Revisiting Hydrogen Storage in Bulk BC$_3$[J]. J. Phys. Chem，C. 2010，114(7):3260-3264.

[17] Ma R，Bando Y，Zhu Y，et al. Hydrogen Uptake in Boron Nitride Nanotubes at Room Temperature[J]. J. Am. Chem. Soc，2002，124(26):7672-7673.

[18] Chen X，Gao X P，Zhang H，et al. Preparation and Electrochemical Hydrogen Storage of Boron Nitride Nanotubes[J]. J. Phys. Chem，B，2005，109(23):11525-11529.

[19] Kang H. Theoretical Study of Boron Nitride Nanotubes with Defects in Nitrogen-Rich Synthesis[J]. J. Phys. Chem，B，2006，110(10):4621-4628.

[20] Zhou Z，Zhao J，Chen Z，et al. Comparative Study of Hydrogen Adsorption on Carbon and BN Nanotubes[J]. J. Phys. Chem，B，2006，110(27):13363-13369.

[21] Shevlin S，Guo Z. Hydrogen sorption in defective hexagonal BN sheets and BN nanotubes[J]. Phy. Rev，B，2007，76(2):024104.

[22] Matus M，Anderson K，Camaioni D，et al. Reliable Predictions of the Thermochemistry of Boron-Nitrogen Hydrogen Storage. Compounds: B$_x$N$_x$H$_y$，x=2，3[J]. J. Phys. Chem，A，2007，111(20):4411-4421.

[23] Cheng H，Sha X，Chen L，et al. An Enhanced Hydrogen Adsorption Enthalpy for Fluoride Intercalated Graphite Compounds[J]. J. Am. Chem. Soc，2009，131(49):17732-17733.

[24] 方兴，程锦荣，袁兴红. 镍掺杂单壁碳纳米管阵列储氢的理论研究[J].安徽大学学报(自然科学版)，2010，34(2):53-56.

[25] Shevlin S，Guo Z. High-Capacity Room-Temperature Hydrogen Storage in Carbon Nanotubes via Defect-Modulated Titanium Doping[J]. J. Phys. Chem，C，2008，112(44):17456-17464.

[26] Liu W，Zhao Y，Li Y，et al. Enhanced Hydrogen Storage on Li-Dispersed Carbon Nanotubes[J]. J. Phys. Chem，C，2009，113(5):2028-2033.

[27] Mpourmpakis G，Tylianakis E，Froudakis G. Carbon Nanoscrolls: A

Promising Material for Hydrogen Storage[J].Nano Lett,2007,7(7):1893-1897.

[28] Lee H,Ihm J,Cohen M L,et al. Calcium-Decorated Graphene-Based Nanostructures for Hydrogen Storage[J]. Nano Lett,2010,10(3):793-798.

[29] Wang Z,Yao M,Pan S,et al. A Barrierless Process from Physisorption to Chemisorption of H_2 Molecules on Light-Element-Doped Fullerenes[J]. J. Phys. Chem,C,2007,111(11):4473-4476.

[30] Yildirim1 T,Ciraci S. Titanium-Decorated Carbon Nanotubes as a Potential High-Capacity Hydrogen Storage Medium[J]. Phy. Rrv. Lett,2005, 94(17):175501.

[31] Zou X,Zhou G,Duan W,et al. A Chemical Modification Strategy for Hydrogen Storage in Covalent Organic Frameworks[J]. J. Phys. Chem,C, 2010,114(31):13402-13407.

[32] Klontzas E,Tylianakis E,Froudakis G E. Hydrogen Storage in 3D Covalent Organic Frameworks. A Multiscale Theoretical Investigation[J]. J. Phys. Chem,C,2008,112(24):9095-9098.

[33] Srepusharawoot P,Scheicher R H,Araújo C M,et al. Ab Initio Study of Molecular Hydrogen Adsorption in Covalent Organic Framework[J]. J. Phys. Chem,C,2009,113(19):8498-8504.

[34] Klontzas E,Tylianakis E,Froudakis G E. Designing 3D COFs with Enhanced Hydrogen Storage Capacity[J]. Nano Lett,2010,10(2):452-454.

[35] Lan J H,Cao D,Wang W. High Uptakes of Methane in Li-Doped 3D Covalent Organic Frameworks[J]. Langmuir,2010,26(1):220-226.

[36] Rowsel J,Yaghi O. Effects of Functionalization,Catenation,and Variation of the Metal Oxide and Organic Linking Units on the Low-Pressure Hydrogen Adsorption Properties of Metal-Organic Frameworks[J]. J. Am. Chem. Soc,2006,128(4):1304-1315.

[37] Grzech A,Yang J,Dingemans T,et al. Mulder. Irreversible high-temperature hydrogen interaction with the metal organic framework $Cu_3(BTC)_2$[J]. J. Phys. Chem,C,2011,115(43):21521-21525.

[38] Millar M A,Wang C Y,Merrill G N. Experimental and Theoretical Investigation Into Hydrogen Storage via Spillover in IRMOF-8[J]. J. Phys. Chem,C,2009,113(8):3222-3231.

[39] Sillar K,Hofmann A,Sauer J. Ab Initio Study of Hydrogen Adsorption in MOF-5[J]. J. Am. Chem. Soc,2009,131(11):4143-4150.

[40] Farha O,Spokoyny A,Mulfort K,et al. Synthesis and Hydrogen

Sorption Properties of Carborane Based Metal-Organic Framework Materials[J]. J. Am. Chem. Soc,2007,129(42):12680-12681.

[41] 程锦荣,方兴,袁兴红,等. 锂掺杂单壁氮化硼纳米管阵列储氢的理论研究[J]. 计算物理,2010,27(3):428-432.

[42] Wen S,Deng W,Han K. Endohedral BN Metallofullerene M@B$_{36}$N$_{36}$ Complex As Promising Hydrogen Storage Materials[J]. J. Phys. Chem,C, 2008,112(32):12195-12200.

[43] Wu X,Gao Y,Zeng X. Hydrogen Storage in Pillared Li-Dispersed Boron Carbide Nanotubes[J]. J. Phys. Chem,C,2008,112(22):8458-8463.

[44] Cheng H,Pez G,Kern G,et al. Hydrogen Adsorption in Potassium-Intercalated Graphite of Second Stage: An ab Initio Molecular Dynamics Study[J]. J. Phys. Chem,B,2001,105(3):736-742.

[45] Kim G,Jhi S. Ca-Decorated Graphene-Based Three-Dimensional Structures for High-Capacity Hydrogen Storage[J]. J. Phys. Chem,C,2009, 113(47):20499-20503.

[46] 李明,周震,李亚飞,等. 纳米结构储氢材料的计算研究与设计[J]. 《中国科学》杂志社. 中国科学 B 辑:化学,2009,39(9):971-976.

[47] Zhao Y,Kim Y,Dillon A,et al. Hydrogen Storage in Novel Organometallic Buckyballs[J]. Phys. Rev. Lett,2005,94(15):155504.

[48] Yildirim Y,Íñiguez J,Ciraci S. Molecular and dissociative adsorption of multiple hydrogen molecules on transition metal decorated C$_{60}$[J]. Phy. Rev, B,2005,72(15):153403.

[49] Shin W,Yang S. Ni-dispersed fullerenes: Hydrogen storage and desorption properties[J]. Appl. Phys. Lett,2006,88(5):053111.

[50] Kubas J. Metal–dihydrogen and σ-bond coordination: the consummate extension of the Dewar–Chatt–Duncanson model for metal–olefin Π bonding[J]. J. Organomet. Chem,2001,635(1-2):37-68.

[51] Sun Q,Wang Q,Jena P,et al. Clustering of Ti on a C$_{60}$ Surface and Its Effect on Hydrogen Storage[J]. J. Am. Chem. Soc,2005,127(42):14582-14583.

[52] Sun Q,Jena P,Wang Q,et al. First-Principles Study of Hydrogen Storage on Li$_{12}$C$_{60}$[J]. J. Am. Chem. Soc,2006,128(30)；9741-9745.

[53] Chandrakumar K,Ghosh S.Alkali-Metal-Induced Enhancement of Hydrogen Adsorption in C$_{60}$ Fullerene: An ab Initio Study[J]. Nano Lett,2008, 8(1):13-19.

[54] Srinivasu K, Ghosh S. An ab Initio Investigation of Hydrogen Adsorption in Li-Doped closo-Boranes[J]. J. Phys. Chem, C, 2011, 115(5):1450-1456.

[55] Zhou J, Wang Q, Sun Q, et al. Enhanced Hydrogen Storage on Li Functionalized BC_3 Nanotube[J]. J. Phys. Chem, C, 2011, 115(13):6136-6140.

[56] Er S, Wijs G, Brocks G. DFT Study of Planar Boron Sheets: A New Template for Hydrogen Storage[J]. J. Phys. Chem, C, 2009, 113(43):18962-18967.

[57] Li Y, Zhou C, Li J, et al. Alkali-Metal-Doped B_{80} as High-Capacity Hydrogen Storage Media[J]. Phys. Chem, C, 2008, 112(49):19268-19271.

[58] Baruah T, Pederson M, Zope R. Vibrational stability and electronic structure of a B_{80} fullerene[J]. Phys. Rev, B, 2008, 78(4):045408.

[59] Li M, Li Y, Zhou Z, et al. Ca-Coated Boron Fullerenes and Nanotubes as Superior Hydrogen Storage Materials[J]. Nano Lett, 2009, 9(5):1944-1948.

[60] Li F, Zhao J, Chen Z. Hydrogen storage behavior of one-dimensional TiB_x chains[J]. Nanotechnology, 2010, 21:134006.

[61] Singh K, Sadrzadeh A, Yakobson B. Metallacarboranes: Toward Promising Hydrogen Storage Metal Organic Frameworks[J]. J. Am. Chem. Soc, 2010, 132(40):14126-14129.

[62] Bhattacharya S, Majumder C, Das G. Ti-Decorated BC_4N Sheet: A planar Nanostructure for High-Capacity Hydrogen Storage[J]. J. Phys. Chem, C. 2009, 113(36):15783-15787.

[63] Wu G, Wang J, Zhang X, et al. Hydrogen Storage on Metal-Coated B_{80} Buckyballs with Density Functional Theory[J]. J. Phys. Chem, C, 2009, 113(17):7052-7057.

[64] Meng S, Kaxiras E, Zhang Z. Metal-diboride nanotubes as High-Capacity Hydrogen Storage media[J]. Nano Lett, 2007, 7(13):663-667.

[65] Zhao Y, Lusk M, Dillon A, et al. Boron-Based Organometallic Nanostructures: Hydrogen Storage Properties and Structure Stability[J]. Nano Lett, 2008, 8(1):157-161.

[66] Zhao J, Wang L, Li F, et al. B_{80} and Other Medium-Sized Boron Clusters: Core-Shell Structures, Not Hollow Cages[J]. J. Phys. Chem, A. 2010, 114(37):9969-9972.

[67] Quarles K, Kah C, Gunasinghe R, et al. Filled Pentagons and

Electron Counting Rule for Boron Fullerenes[J]. J. Chem. Theory Comput，2011，7(7):2017-2020.

[68] 张晓清，贾建峰，武海顺，等. 羰基硼化合物 (BCO)$_n$(n=1-12) 的理论研究 [J]. 物理化学学报，2006，22(6):684-690.

[69] Frisch M J，Trucks G W，Schlegel H B. Gaussian 03，Revision C.01[M]. Gaussian Inc.: Pittsburgh，PA. 2004.

[70] Lee C，Yang W，Parr R. Development of the Colle-Salvetti correlation-energy formula into a functional of the electron density[J]. Phys. Rev，B，1988，37(2):785-800.

[71] Zhao Y，Truhla D G. Benchmark Databases for Nonbonded Interactions and Their Use To Test Density Functional Theory[J]. J. Chem. Theory Comput，2005，1(3):415-432.

[72] Mohan N，VIjayalakshmi K，Koga N，et al. Comparison of aromatic NH⋯π，OH⋯π，and CH⋯π interactions of alanine using MP2，CCSD，and DFT methods[J]. J. Comput. Chem，2010，31(16):2874-2882.

第 4 章　过渡金属乙炔配合物的物理储氢性能[1-5]

2005年Dillon小组[6]提出一种新的储氢方式：将过渡金属与C_{60}结合，利用氢分子与过渡金属d轨道之间的Kubas相互作用将氢分子吸附在金属的周围。研究者们也对类似的金属修饰碳纳米管、金属修饰金属有机骨架、金属修饰硼笼做了研究。但有人对此提出疑问：过渡金属由于较大的内聚能，很可能发生团聚，实验上合成金属均匀修饰的碳纳米管/C_{60}是非常困难的[7]。

金属-有机配合物储氢材料是近几年出现的新型体系，由于其具有优良的储氢动力学和很高的储氢容量，在应用储氢材料的选择上是一种极具发展前途的储氢材料，已成为目前研究的热点。2006年，Durgun等人[8]从金属掺富勒烯C—C键储氢想到其中最小的双键单元，第一次提出将金属-乙烯作为储氢材料，发现单个乙烯分子和轻过渡金属可以形成稳定的M_n-乙烯配合物（$n=1,2$），储氢质量分数分别达到12 wt%和14 wt%。采用从头算分子动力学（CPMD）计算，$C_2H_4Ti_2$在300 K可完全吸附10个H_2分子，并在300 K开始解吸附，800 K完全放出。随后，大量理论工作研究这种金属-乙烯配合物吸氢的可靠性。Yasuharu[9]利用各种理论计算方法检验Ti_2—C_2H_4吸附氢的行为，发现不同方法得到的金属-乙烯配合物结构不同，部分存在C—Ti键的解离，结合能也有较大差别。周等人[10]通过C_2H_4Ti-$6H_2$的MD模拟显示，当氢分子解离时容易克服一个很低的势垒形成结构类似乙醇（"titanol"）的新配合物。基于这些研究中的矛盾，非常可能的原因是稳定结构的几何参量和吸附能取决于计算方法，吉布斯自由能对吸附能有重要影响。由于M-C_nH_m配合物结构较小，有利于对其进行方法的验证讨论。因此需要探索更准确的适合金属-有机配合物理论计算的方法，统一判断标准。这些需要探讨的问题正是本项目要考虑的问题之一。

从近年来关于储氢的文献中可以看到固相储氢体系不断向多样化和多分支发展，从传统的金属合金和多孔纳米结构（包括碳富勒烯、石墨烯、纳米管、金属有机骨架）到金属修饰的新型功能材料，从简单的金属修饰到元素替换，吸附机制也从典型的化学吸附和物理吸附转变为化学物理协同作用。尽管理论上设计的新型储氢材料越来越多，而且有很多理论上非常有潜力的新材料吸附量都能够达到美国能源部设定的最终储氢目标，但在实际操作中却与理论结果相差甚远。主要原因有两个：一是大部分理论计算都基于几个假设：（1）假设计算的稳定结构能够在实验上成功合成。理论计算金属修饰纳米管、富勒烯对氢气的吸附性能时，大多是假设金属能够均匀修饰在纳米材料的表面，例如 Zhao[6] 设计的 $C_{60}Sc_{12}$ 中 12 个钪原子均匀覆盖 C_{60} 的 12 个五元环，而在实验中，金属有可能团聚[7]，复杂的团聚行为不是计算能够一一模拟出来的。（2）假设金属能够将合适的掺杂位点全面覆盖。例如孙强教授[11] 设计的 $Li_{12}C_{60}$，实验结果显示金属与纳米材料的最佳比例不是 12:1 而是 6:1[12]。（3）假设氢分子接近设计的材料时首先会吸附在金属周围，而实验上并不是这样。例如当氢原子靠近 Li_6C_{60} 时，首先氢化纳米材料而不是直接吸附在锂原子周围[13]；二是研究者设计结构的思路以及计算软件和计算方法的不同导致计算结果的不一致甚至不可信。例如，Yoon[14] 和孙强教授[15] 同样用 VASP 程序包计算 $Ca_{32}C_{60}$ 的储氢行为，Yoon[14] 认为 $Ca_{32}C_{60}$ 上可吸附至少 92 个 H_2，最后的储氢质量百分比 >8.4 wt%，但孙强教授[15] 指出同样的稳定结构 $Ca_{32}C_{60}$ 上可以吸附两层 H_2，第一层 30 个 H_2 以原子形式结合在 60 个三角形面上，结合能为 0.45 eV/H，第二层 H_2 以分子形式存在，结合能为 0.11 eV/H_2，吸附氢分子共 62 个而不是 92 个，储氢质量百分比达到 6.2 wt%。储氢文献中涉及的常用计算软件有 Gaussian，Dmol，VASP。计算方法有密度泛函理论，微扰理论，耦合簇理论。C_2H_2Ti 吸附氢分子的结论中指出即使使用同样的密度泛函理论，不同方法间的结合能最大差距也约为 0.20 eV。三是处理结合能数据时，各种校正的计算（例如重叠误差校正、零点能校正、吉布斯自由能校正）。面对实验与理论的差距，需要将理论与实验充分结合，寻找实验上已经合成的潜在储氢材料作为理论研究对象，另外能够准确通过计算模拟找出计算某类材料合适的方法，结合理论和实验更高效快速地优化出合适的材料。

　　由于金属 - 有机配合物储氢材料具有优良的储氢动力学和很高的储氢容量，在应用储氢材料的选择上是一种极具发展前途的储氢材料，已成为目前研究的热点。自从 2006 年 Durgun[8] 指出金属 - 乙烯吸附量达到 12%后，就分支出一类小型金属有机储氢材料，它们具有独特的结构特征，一方面避免了金属掺杂位点的选择，另一方面由于结构小，计算耗时少，有利于对其储氢进行方法和校正因素的验证讨论。

　　有许多现有的实验研究有机小分子与过渡金属的合成。在这些实中,由大块金属激光蒸发得到金属原子,然后与氩气和乙烯或苯的混合物冷凝。这些金属有机配合物结构在实验中的成功启发我们:如果将氢气替换氩气,将使得这些金属有机配合物储氢在实验上变得可行。因此可以通过实验与理论的结合,在量子力学与分子动力学计算结果的指导下预测合适的储氢材料,对实验上已合成的金属有机配合物储氢可行性提供理论依据。

在实验领域,2009 年,Shivaram 等人[16]利用脉冲激光沉积(PLD)设备蒸发金属钛,使其在乙烯气氛下溅射沉积成膜,在较低的乙烯压强下测得该物质常温下吸氢质量分数为 14%,而乙烯压强增加时数值逐渐降低。实验显示吸附量严重依赖于乙烯的压力,只在很窄的消融参量范围内有高的储氢行为,除了这个范围储氢量就大幅度降低。2011 年,《自然 - 材料学》上报道美国能源部劳伦斯伯克利国家实验室的科学家设计出一种新的纳米储氢复合材料,其由金属镁纳米离子散落在一个聚甲基丙烯酸甲酯基质组成[17]。在这两个实验中,金属与乙烯气体的具体结合行为尚不明确,是形成了 M-乙烯配合物,还是 M_2-乙烯配合物或者是其他 $M_x(C_2H_2)_y$? 是什么因素影响了实验中的储氢量? 如何有效平衡聚合物和纳米金属离子使其突破基本的热力学和动力学障碍,让物质很好地结合在一起? 这些问题都值得进一步探索。

金属 - 乙炔配合物作为储氢材料的研究意义体现在三个方面,首先是它自身作为一种新型储氢材料表现出的研究价值,其次是含金属 - 乙炔结构单元的大型体相储氢材料的理论基础,通过构建修饰将产生一系列潜在的新型储氢材料,第三就是对含有金属修饰的聚合物进行方法和校正因素的验证讨论,为以后的工作提供指导。

本章主要立足于前人的实验研究,借助理论计算工具,对实验过程中金属有机配合物结构转变的微观机理进行计算,通过实验数据与理论计算结果的比较找出适合这类金属有机配合物的理论方法,进一步研究金属 - 乙炔体系储氢性能。找出氢分子结合能与金属有机配合物结构、氢分子吸附量、吸附机制的关系以及金属有机配合物之间可能发生的聚合作用对氢吸附量的影响。另外在数据处理时,研究重叠误差校正,零点能校正,吉布斯自由能校正等一系列的细节问题对数据准确性的影响。本章的主要内容包括:

(1) 以钛 - 乙炔体系作为吸附剂,研究其吸附量、作用能、吸附机制,以及计算方法对不同结构储氢结果的影响,指出零点能修正和吉布斯自由能修正在计算储氢结合能时的重要性以及二聚对储氢性能的影响;

(2) 绘制钪 - 乙炔配合物不同异构体和过渡态转变的势能面,验证实验合成产物 Sc-η^2-(C_2H_2) 和 HC ≡ C-ScH 的稳定性,并以这两个配合物作为吸附剂,研究其吸附量、作用能,并计算不同压强和温度下的可逆吸附量以及

二聚对储氢性能的影响;

(3) 以钒-乙炔为计算对象,研究金属与乙炔配体在不同比率下形成的稳定配合物对氢气的吸附性能;

(4) 以 Zr-η^2-(C$_2$H$_2$) 作为重过渡金属-乙炔配合物的代表研究其储氢性能,并与 Zr-η^2-(C$_2$H$_2$)$^+$ 的氢分子结合状态和氢分子结合能作比较,研究金属电荷状态对氢气吸附状态和吸附能的影响。

(5) 对多个 H$_2$ 分子在线性配合物 HC≡C-TMH(TM=Sc-Ni) 上的物理吸附进行系统和全面的研究。计算 HC≡C-TMH(TM=Sc-Ni) 的稳定几何结构、氢饱和结构、平均吸附能、解吸温度、77~300 K 下吸附 H$_2$ 分子的最大数量以及相应的最大可逆储氢密度。

4.1 钛乙炔体系的储氢性能[1]

4.1.1 引言

乙炔分子中的 C≡C 与乙烯分子中的 C=C 有类似的性质,可以与金属形成稳定的金属有机配合物。另外不同于 C$_{60}$,纳米管和乙烯的是,乙炔基金属氢化物 (HC≡C-TiH) 和相应的 π 配合物 (Ti-η^2-(C$_2$H$_2$)) 已经在红外光谱中被测出[18,19]。乙炔基金属氢化物 (HC≡C-TiH) 和相应的 π 配合物 (Ti-η^2-(C$_2$H$_2$)) 的实验光谱数据为本章研究金属乙炔配合物和氢气之间的相互作用提供了实验基础。这节运用 MP2 方法[20-24]对这两种配合物对氢气的吸附性能做了系统的研究,另外还与各种密度泛函理论计算方法得到的平均氢分子结合能进行对比,以得到正确的结论。计算的过程中考虑了基组误差校正、吉布斯自由能校正、零点能校正对结合能的影响。将钛-乙烯储氢性能与已有的文献中钛掺杂 C$_n$H$_n$ 环对氢气的吸附性能[8,25-27]进行比较。

4.1.2 计算方法

使用高斯 09 程序包[28]下二阶微扰理论 (MP2) 共价双极化基组 6-311++G (3df,3pd),对乙炔基金属氢化物 (HC≡C-TiH) 和相应的 π 配合物 (Ti-η^2-(C$_2$H$_2$)) 的几何结构进行优化。使用的各种密度泛函理论方法具体包括纯密度泛函理论;广义梯度近似中的 PBEPBE[29,30];杂化密度泛函理论 B3LYP[31-34];以及长程修正的杂化密度泛函理论方法 CAM-B3LYP[35]和 wB97XD[36]。除此之外,本书还用更可靠的耦合簇理论 CCSD(T)[37]对 MP2 优化的结构进行单点计算,获得准确的氢气结合能。所有结构优化未使用对称性限制,并通过频率计算进行验证,确定其没有虚频,为能量极小点。

在相应的各种方法下分别做了零点能(ZPE)校正，基组误差校正(BSSE)以及298.15 K下的自由能校正。

4.1.3　结果与讨论

4.1.3.1　Ti-η^2-(C$_2$H$_2$) 和 HC≡C-TiH 的几何结构，多重度及振动模式

首先，利用MP2方法对 Ti-η^2-(C$_2$H$_2$) 和 HC≡C-TiH 的结构进行优化，结果显示几何结构的对称性分别为 C_s，C_{2v}，三重态比对应的单重态更稳定，这都与文献中的结果相一致[19]。在 B3LYP，PBEPBE，CAM-B3LYP 和 wB97XD 理论水平下计算，结果同样显示三重态比对应的单重态更稳定。图4-1详细展示了 Ti-η^2-(C$_2$H$_2$) 和 HC≡C-TiH 在不同方法下得到的单重态与三重态的几何结构，对于同一结构，不同方法下得到的构型一致，只是几何参量间存在差别。MP2方法以及 B3LYP，PBEPBE，CAM-B3LYP 和 wB97XD 理论水平下乙炔基金属氢化物(HC≡C-TiH) 和相应的 π 配合物 (Ti-η^2-(C$_2$H$_2$)) 单重态与三重态之间的能量差可以看出零点能校正对钛乙炔配合物能量的影响不大，大约在0.07 eV范围之内，但是不同方法对能量的影响却很大，例如 Cam-B3LYP 与 MP2 方法下 Ti-η^2-(C$_2$H$_2$) 的能量相差0.99 eV。

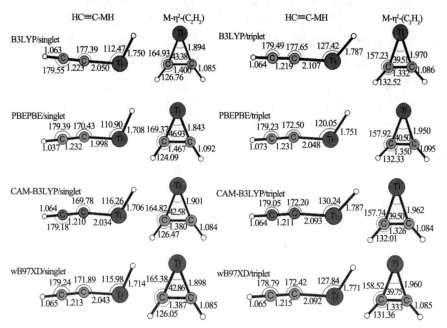

图 4-1　B3LYP，PBEPBE，CAM-B3LYP 和 wB97XD 理论水平下乙炔基金属氢化物 (HC≡C-TiH) 和相应的 π 配合物 (Ti-η^2-(C$_2$H$_2$)) 单重态与三重态的几何结构，对应键长、键角已标出，其中键长的单位为Å，键角的单位为度(°)

4.1.3.2 Ti–η^2–(C$_2$H$_2$) 和 HC ≡ C–TiH 吸附氢分子后的几何结构

为了得到最稳定的吸附结构,本书考虑了吸附结构在不同多重度下的能量。计算结果表明乙炔基金属氢化物(HC ≡ C-TiH)和相应的 π 配合物 Ti-η^2-(C$_2$H$_2$) 可以大量吸附氢分子,而且当氢气吸附在 Ti-η^2-(C$_2$H$_2$) 和 HC ≡ C-TiH 上形成配合物时,单重态的能量比三重态的更低。为证明这一点,本书通过 CCSD(T)/6-311++G (3df, 3pd) 单点能计算进行验证。自然键轨道电荷(NBO)分析显示 HC ≡ C-TiH 和 Ti-η^2-(C$_2$H$_2$) 中钛原子带的电荷分别为 0.957 |e|, 0.877 |e|。在这两种配合物中,接近离子态的钛原子都可以吸附 6 个氢分子,达到 14.06% 的吸附量。这样大的吸附量满足美国能源部最终 7.5% 的储氢目标[38]。这与以前文献中 Kalame[26] 报道的结果稍有区别,他认为 Ti-η^2-(C$_2$H$_2$) 最多只能吸附 5 个氢分子。

当第一个氢分子靠近 HC ≡ C-TiH 和 Ti-η^2-(C$_2$H$_2$) 中的钛原子时,氢分子都被解离为两个原子,但是,当氢分子连续靠近钛原子时,氢分子就会以分子形式稳定存在,图 4-2 展示了 MP2/6-311++G (3df, 3pd) 计算方法下 Ti-η^2-(C$_2$H$_2$)(H$_2$)$_n$ 和 HC ≡ C-TiH(H$_2$)$_n$ (n=5, 6) 稳定的几何结构。从图 4-2(a) 可以看出,Ti-η^2-(C$_2$H$_2$)(H$_2$)$_5$ 的几何结构呈 C$_{2v}$ 对称性,其中 4 个氢分子处在同一平面。在优化结构的过程中,还找到了另一个同分异构体,它的其中一个氢分子与 CCTi 平面平行,能量要比图 4-2(a) 的结构高出 0.05 eV,当吸附 6 个氢分子时结构如图 4-2(b) 所示,对称性为 C$_2$,6 个氢分子都以分子形式存在,其中的 4 个几乎在同一平面上,其余的 2 个氢分子位于钛原子的顶部。HC ≡ C-TiH(H$_2$)$_5$ 的结构如 4-2(c) 所示,其中 4 个氢分子垂直于 C-C 键,一个氢分子平行于 C-C 键,整个结构呈现 C$_s$ 对称性。在图 4-2(d) 中是 HC ≡ C-TiH(H$_2$)$_6$ 的几何结构,钛周围吸附的 6 个氢分子有不同的取向,所以整个分子结构没有对称性。

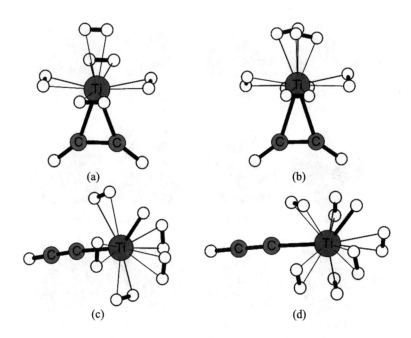

图 4-2　MP2/6-311++G(3df，3pd) 计算方法下 Ti-η^2-(C$_2$H$_2$) (H$_2$)$_n$ 和 HC ≡ C-TiH(H$_2$)$_n$ (n=5，6) 最稳定的几何结构

C ≡ C 和 C-Ti 键长与未吸附的结构相比几乎没有变化,说明 Ti-η^2-(C$_2$H$_2$) 和 HC ≡ C-TiH 的结构相当稳定,即使吸附 6 个氢分子后,结构仍然保持不变。吸附在钛原子顶端的氢分子比吸附在钛原子周围的氢分子具有较长的 Ti—H 键长,说明顶端的氢分子与钛原子作用较弱,而周围的氢分子与钛原子作用较强。吸附结构中氢分子的 H—H 键被拉长,键长变化范围为 0.76~0.84 Å。钛原子与顶端氢分子和周边氢分子的不同作用正好与图 4-3 所示的轨道图对应。图 4-3 中可以明显看到氢分子的反键轨道与钛原子的 d 轨道发生作用,说明氢分子与 Ti-η^2-(C$_2$H$_2$) 和 HC ≡ C-TiH 之间的作用机制可以由典型的 Kubas 作用[39]来解释。另外图 4-3(e) 的轨道显示了乙炔分子最低未占据轨道与钛的 d 轨道之间的作用,这正是文献中提到的 Dewar 配位。

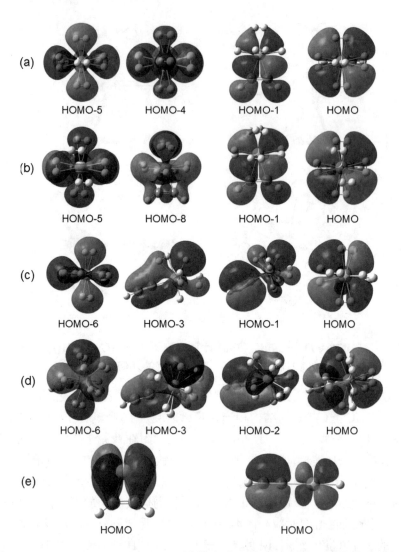

图 4-3　MP2/6-311++G(3df，3pd) 计算方法下氢分子与钛 - 乙炔体系的部分
轨道图 (a) Ti-η^2-(C$_2$H$_2$)(H$_2$)$_5$；(b) Ti-η^2-(C$_2$H$_2$)(H$_2$)$_6$；(c) HC ≡ C-TiH(H$_2$)$_5$；(d)
HC ≡ C-TiH(H$_2$)$_6$；(e) Ti-η^2-(C$_2$H$_2$) 和 HC ≡ C-TiH

　　在以前的文献中，Kiran[25]研究过过渡金属原子钛在有机金属配合物
C$_4$H$_4$，C$_5$H$_5$ 和 C$_8$H$_8$ 环上的储氢行为，分别有 5,4,3 个氢分子可以被吸附。
Weck 和 Kumar[27]也对过渡金属钪、钛、钒缀在 C$_4$H$_4$，C$_5$H$_5$ 和 C$_6$H$_6$ 环上的储
氢行为做过研究，结果显示仅有 4 个氢分子可以吸附在 TiC$_6$H$_6$ 上，最大可逆
吸附量为 9.1%。Durgun[8]还计算了两个金属原子与乙烯分子结合后形成
的配合物的氢吸附性能，结果显示每个钛原子可以吸附 5 个氢分子。与以
前文献中报道的这些结果相比，Ti-η^2-(C$_2$H$_2$) 和 HC ≡ C-TiH 显示了较高的

吸附量,为14.06%,吸附量超过了钛-乙烯配合物。

DFT定量计算阐明钛-乙炔配合物吸附氢分子的最大数目可以通过18电子规则[40]得以解释。18电子规则用公式可以描述为: $2n_{max} + n_v[Ti] + n_v[C_2H_2] = 18$。

公式中 $n_v[Ti]$ 和 $n_v[C_2H_2]$ 分别表示钛原子的最外层电子数和乙炔提供的共价电子数。乙炔是中性的,认为其提供的共价电子数为2,金属钛最外层有4个电子(Ti: $3d^2 4s^2$),所以 $C_2H_2Ti(H_2)_6$ 的所有共价电子总数为18 (2 × 6 + 4 + 2 = 18)。

HC ≡ C-TiH 和 Ti-η^2-(C_2H_2) 吸附氢分子的数目还可以通过HC ≡ C-TiH 和 Ti-η^2-(C_2H_2) 的前线分子轨道来说明。单重态HC ≡ C-TiH 的6个空轨道中,主要是由钛原子的空d轨道组成,而每个空轨道可以与一个氢分子作用。另外,HC ≡ C-TiH 和 Ti-η^2-(C_2H_2) 的前线分子轨道还可以解释吸附氢分子过程中平均氢分子结合能随着氢分子个数的变化。对于 Ti-η^2-(C_2H_2) 结构,只有前4个轨道中原子d成分较大,所以前4个氢分子的结合能较大。对于 Ti-η^2-(C_2H_2) 配合物,其6个空轨道中前5个轨道中钛原子d轨道成分较多,所以其结合前5个氢分子时,结合能较大。

4.1.3.3　Ti-η^2-(C_2H_2) 和 HC ≡ C–TiH 与氢分子之间的吸附能

对 Ti-η^2-(C_2H_2) 和 HC ≡ C-TiH 与氢分子之间的吸附能进行了详细计算。表4-1中列出了 Ti-η^2-(C_2H_2) 和 HC ≡ C-TiH 与吸附的6个氢分子之间的平均作用能。其中包含3种经过不同修正的结合能。 ΔE_{ZPE} 代表经过零点能校正的结合能($\Delta E_{ZPE} = \{E[C_2H_2Ti] + 6E[H_2]–E[C_2H_2Ti(H_2)_6] \}/6$) ; $\Delta E_{ZPE+BSSE}$ 表示同时进行零点能修正和基组误差校正的结合能; ΔG 是298.15K下经过吉布斯自由能校正的结合能($\Delta G = \{G[C_2H_2Ti] + 6G[H_2]–G[C_2H_2Ti(H_2)_6]\}/6$) 。从表4-1中可以总结, Ti-$\eta^2$-($C_2H_2$) 和 HC ≡ C-TiH 吸附6个氢分子时,氢分子平均结合能分别为0.29 eV, 0.20 eV。它们都在室温条件下可逆储放氢气的理想范围。同时还可以观察到,基组重叠校正误差为0.03 eV,吉布斯自由能校正误差为0.30 eV。这说明基组重叠校正误差在计算氢分子结合能时可以忽略,而氢分子在气相中的移动和转动贡献达到0.30 eV,这样大的修正值是不可以忽略的,所以这里着重强调吉布斯自由能修正在精确评估氢气吸附能的重要性。为此,进一步研究 Ti-η^2-(C_2H_2) (H_2)$_6$ 和 HC ≡ C-TiH(H_2)$_6$ 的热力学能随温度变化的影响,想要找出吸附能够进行的温度范围。 Ti-η^2-(C_2H_2) 和 HC ≡ C-TiH 吸附6个氢分子分别在315 K, 275 K下是热力学允许的。另外不同密度泛函方法计算得到的 ΔG 随温度T的变化趋势显示在B3LYP, PBEPBE, CAM-B3LYP, wB97XD方法下，π 配合物 (Ti-η^2-(C$_2$H$_2$)) 吸附 6 个氢分子，有利的温度范围在 0 K 到 360 K，483 K，422 K，449 K，相应的乙炔基金属氢化物 (HC ≡ C-TiH) 吸附 6 个氢分子分别在 318 K，396 K，262 K，298 K 温度以下是热力学有利的。

表 4-1　MP2/6-311++G(3df，3pd) 计算方法下 Ti-η^2-(C$_2$H$_2$) 和 HC ≡ C-TiH 与吸附的 6 个氢分子之间的平均作用能

结构	ΔE_{ZPE}	$\Delta E_{ZPE}+B_{SSE}$	$\Delta G_{298.15K}$
Ti-η^2-(C$_2$H$_2$)(6H$_2$)	0.32	0.29	0.01
HC≡C-TiH(6H$_2$)	0.23	0.20	-0.04

注：ΔE_{ZPE} 代表经过零点能校正的结合能；$\Delta E_{ZPE}+B_{SSE}$ 表示同时进行零点能修正和基组误差校正的结合能；ΔG 是 298.15 K 下经过吉布斯自由能校正的结合能，单位为 eV。

目前有很多有机小分子与过渡金属在气相中合成并在质谱中被检测到的实验[19,41-43]。为此，本书还计算了 Ti-η^2-(C$_2$H$_2$)(H$_2$)$_6$ 和 HC ≡ C-TiH(H$_2$)$_6$ 的振动模式，以此来预测实验合成过程中观测到的光谱数据。首先这些配合物的振动频率均为正值，说明这些吸附结构都是势能面上的极小值，即稳定点。与未吸附结构相比，Ti-η^2-(C$_2$H$_2$)(H$_2$)$_6$ 和 HC ≡ C-TiH(H$_2$)$_6$ 结构中 C—C 的伸缩振动均表现为蓝移，移动频率分别为 74.50 cm^{-1} 和 6.45 cm^{-1}。说明吸附 6 个氢分子后，基底结构中的 C-C 键稍有变弱的趋势。自由氢分子的伸缩振动频率为 4516 cm^{-1}，在 Ti-η^2-(C$_2$H$_2$)(H$_2$)$_6$ 中，周围氢分子的 H—H 伸缩振动范围为 4080~4098 cm^{-1}，HC ≡ C-TiH(H$_2$)$_6$ 中 H—H 伸缩振动范围为 2878~3476 cm^{-1}。这些特征振动频率如果在红外光谱上得到验证，则可以说明本书预测的这些结构是可以合成的。希望本书的研究可以激发研究者们对金属有机配合物储氢的实验研究，这些研究将是非常有价值的。

4.1.3.4　不同计算方法对结合能的影响

接下来着重考虑不同的计算方法对平均氢分子结合能的影响以及评估的好坏。这里的不同方法主要包括二阶微扰方法 MP2，纯密度泛函理论方法 PBEPBE，杂化密度泛函方法 B3LYP，长程修正杂化密度泛函方法 cam-B3LYP，色散校正密度泛函方法 wB97XD 和偶合簇方法 CCSD(T)。所有结果在表 4-2 中列出，从表 4-2 中可以看出，对于 Ti-η^2-(C$_2$H$_2$)(H$_2$)$_6$ 和 HC ≡ C-TiH(H$_2$)$_6$，无论用哪种方法，经过各种校正得到的精确氢分子结合能均在 0.20~0.60 eV，说明 Ti-η^2-(C$_2$H$_2$) 和 HC ≡ C-TiH 非常适合在室温下储氢。另外，从表 4-2 的数据中还可以观察到，同时经过零点能和基组误差校正的结合能与为校正过的值差别高达 0.24 eV，这个值接近室温储氢时的平均结合能。而且不同方法下差别不同,说明平均氢分子吸附能明显依赖计算方法的选择。众所周知,MP2方法可以估算范德华弱作用力,而PBE方法则做不到这一点。因此纯密度泛函PBE方法下计算得到的平均氢分子吸附能偏高。这个结果在前人研究钒-乙烯金属配合物储氢时也得到了相同的结论[9]。色散校正密度泛函wB97XD方法因为考虑了交换相关能对吸附能的影响,加入了弱相互作用和长程作用的修正,所以得出的结合能应该更准确,且值较低。对于Ti-η^2-(C$_2$H$_2$)(H$_2$)$_6$,$\Delta E_{ZPE+BSSE}$在不同计算方法下从大到小的排列顺序为: cam-B3LYP > PBEPBE > wB97XD > MP2 > CCSD(T) > B3LYP,而对于HC $\equiv$ C-TiH(H$_2$)$_6$,$\Delta E_{ZPE+BSSE}$从大到小的排列顺序为: PBEPBE > B3LYP > wB97XD > CCSD(T) > cam-B3LYP > MP2。不同的排列顺序说明,吸附能值的大小不仅依赖所选用的计算方法,还与具体的计算对象有关。

表 4-2　MP2 方法以及 B3LYP,PBEPBE,CAM-B3LYP 和 wB97XD 理论水平下 Ti-η^2-(C$_2$H$_2$) 和 HC $\equiv$ C-TiH 与吸附的 6 个氢分子之间的平均作用能

	ΔE					
	MP2	PBEPBE	B3LYP	wB97XD	CCSD(T)	cam-B3LYP
Ti-η^2-(C$_2$H$_2$)(H$_2$)$_6$	0.48	0.58	0.44	0.52	0.48	0.60
HC≡C-TiH(H$_2$)$_6$	0.43	0.59	0.48	0.46	0.47	0.43
	$\Delta E_{ZPE+BSSE}$					
	MP2	PBEPBE	B3LYP	wB97XD	CCSD(T)	cam-B3LYP
Ti-η^2-(C$_2$H$_2$)(H$_2$)$_6$	0.29	0.42	0.26	0.34	0.28	0.44
HC≡C-TiH(H$_2$)$_6$	0.20	0.41	0.30	0.27	0.26*	0.25

　　注: ΔE代表未经过任何校正的结合能; $\Delta E_{ZPE+BSSE}$表示同时进行零点能修正和基组误差校正的结合能,单位为eV。

4.1.3.5　钛-乙炔体系的双聚行为及储氢能力

　　由于实验发现过渡金属和富勒烯形成的储氢材料在多次循环使用后容易发生金属团聚现象,因此双聚行为在研究储氢材料的储氢能力时是非常重要的考虑因素。那么在钛-乙炔体系实验合成的过程中,Ti(C$_2$H$_2$)会与另外的乙炔分子发生作用吗? Ti(C$_2$H$_2$)配合物会形成二聚体吗? 基于这些考虑,本书对这些二聚体的结构和储氢性能进行了逐一讨论。

　　图 4-4(a)-(c)是MP2计算方法下Ti(C$_2$H$_2$)$_2$各种可能存在的结构。图

4-4(a)是最稳定 Ti$(C_2H_2)_2$结构,两个乙炔分子分别位于金属钛原子的两侧,其对称性为C_{2v}。它对应的吸附氢分子以后的结构如图4-4(j)所示,3个氢分子以分子形式吸附在钛原子周围,吸附量为5.71%,符合美国能源部2015年储氢质量分数5.5%的要求。

Ti-η^2-(C_2H_2)和HC≡C-TiH的双聚结构如图4-4(d-i)所示,其中最稳定的二聚体图4-4(d),对称性为C_{2v},Ti-Ti键长2.23 Å,此结构的形成释放9.63 eV能量。另一个同分异构体图4-4(e)中,两个钛原子位于结构的两个顶端呈现双锥结构,它的形成释放9.08 eV能量,总能比4-4(d)结构高出0.55 eV。4-4(d),4-4(e)吸附氢分子后的结构分别对应4-4(k)和4-4(l),氢分子吸附质量分数分别为7.56%,9.84%。

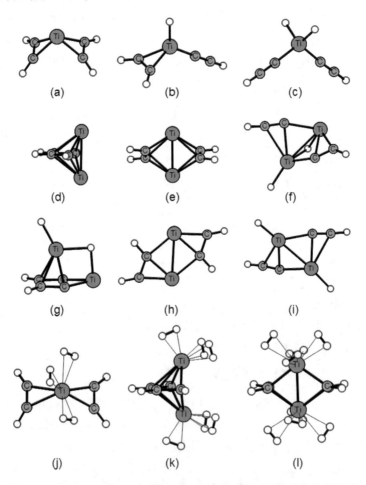

图 4-4　MP2/6-311++G (3df，3pd) 计算方法下得到的优化结构

(a)-(c) Ti(C_2H_2)$_2$，(d)-(i) (Ti C_2H_2)$_2$，(j) Ti(C_2H_2)$_2$(H_2)$_3$，(k) (Ti C_2H_2)$_2$(H_2)$_6$，(l) (Ti C_2H_2)2(H_2)$_8$

正如计算结果所示,钛-乙炔体系实验合成过程中,二聚现象确实会发生,从而降低吸附量。这一结果对指导实验合成以及理解实验现象时非常有用的。另外,这些理论计算只是预测了钛-乙炔体系在气相中的储氢行为,要想将其与实验结合,还需要实验与理论进一步的研究。

4.1.3.6　小结

乙炔基金属氢化物(HC ≡ C-TiH)和相应的 π 配合物 (Ti-η^2-(C$_2$H$_2$)) 可以通过 Kubas 作用在室温下大量吸附氢分子,每个钛原子可以吸附 6 个氢分子,平均氢分子吸附能介于 0.20~0.42 eV,最大吸附量可达 14.06%。各种密度泛函理论对比计算显示氢气的吸附能与使用的密度泛函交换相关势有关,甚至不同的储氢体系与密度泛函的相关程度不同。吉布斯自由能对吸附能的修正也是非常重要的。这些结果提示:并不昂贵的乙炔气体也可以作为有效安全储氢材料的重要原材料。

4.2　钪-乙炔体系的储氢性能[2]

4.2.1　引言

钪-乙炔体系作为储氢材料有很多优势:(1)钪原子有最大可利用的空 d 轨道,当氢分子与之作用时,更多的 σ 电子可以填充。(2)密度泛函理论计算显示,钪-乙炔体系中钪原子处于正电荷状态;(3)Sc-η^2-C$_2$H$_2$ 和 HC ≡ C-ScH 已经在实验上合成并成功观测到。在以前的文献中,研究者们也曾对金属乙炔体系的储氢行为进行过理论研究,例如 C$_2$H$_2$M (M=Li, Ti, Ni)[1,26,44]。锂-乙炔体系不适合作为储氢材料,因为它与氢分子之间的作用能太小,即使在低温 50 K 也很难吸附氢分子[26]。每个镍-乙炔分子可以吸附两个氢分子,平均氢分子结合能为 1.18 eV/ H$_2$,由于结合能太大,即使温度升高到 600 K,氢分子还是很牢固地吸附在镍原子的周围[44];尽管 Ti-η^2-(C$_2$H$_2$) 和 HC ≡ C-TiH 配合物可以分别在 315 K 和 275 K 下吸附 6 个氢分子[1],但是由于二聚的产生,使得吸附量从 14.06% 降低到 7.56%。镍-乙炔配合物也会产生二聚现象,吸附量从 4.54% 降低到 3.45%。

研究的主要目的是使用从头算耦合簇方法 CCSD(T),预测 Sc-η^2-C$_2$H$_2$ 和 HC ≡ C-ScH 在气相中的储氢行为从而指导潜在的实验。首先,本书重新解释了文献[41]中提到的实验观测现象,即红外观测到的产物是 Sc-η^2-C$_2$H$_2$ 和 HC ≡ C-ScH,而不是其他亚稳态结构;其次,本章展示了 Sc-η^2-C$_2$H$_2$ 和 HC ≡ C-ScH 吸附氢分子后的稳定结构,计算了吸附能同时深入分析了 Sc-η^2-C$_2$H$_2$ 和 HC ≡ C-ScH 与氢分子作用的机制。最后，通过吉布斯自由能修正后的吸附能随温度和压强的变化，估测了一个大气压下氢气的吸附、脱附条件以及 77~298.15 K 范围内可逆吸吸附量。本书的结果可能对为研究者设计基于 Kubas 和静电作用的理想储氢材料提供新的思路。

4.2.2 计算方法

所有的几何结构、零点能 (ZPE) 和内禀反应坐标 (IRC)[45,46]均使用长程修正杂化密度泛函理论 wB97XD[26]和双极化弥散基组 6-311++G (3df, 3pd)。本书还计算了各个结构在 wB97XD/6-311++G (3df, 3pd) 方法下的振动频率，以确保所得到的最稳定结构没有虚频，而过渡态结构只有一个虚频。并且每个虚频对应的振动方位和反应路径通过内禀反应坐标计算进一步确认。wB97XD 泛函包括了经验参数和长程修正[36]，在研究钛-乙炔体系储氢性能中很好地描述了钛-乙炔体系与氢分子之间的作用能[1]。在 wB97XD 方法下计算得到的氢分子键长和频率分别为 0.743 Å, 4428 cm^{-1}，分别与实验值[47]0.741 Å, 4401 cm^{-1}接近。计算中得到的钪-乙炔体系的三个主要振动模式（Sc-η^2-C$_2$H$_2$ 中 ScC$_2$ 伸缩振动 565.1 cm^{-1}, 653.2 cm^{-1} 和 HC ≡ C-ScH 中的 Sc-H 伸缩振动 1481.1 cm^{-1}）也与实验值[41]（547.6, 593.1, 1501.0 cm^{-1}）基本一致。整个几何优化过程中没有使用对称性限制。原子所带电荷通过自然键轨道 (NBO) 分析得到[48]。为了获得精确的能量值，本书对 wB97XD 方法得到的稳定结构进行了 CCSD(T)[58]单点能计算。所有计算均使用高斯 09 程序[28]完成。

4.2.3 结果与讨论

4.2.3.1 钪–乙炔体系的稳定结构

在 wB97XD/6-311++G (3df, 3pd) 计算水平下对所有钪-乙炔体系的稳定结构和过渡态结构进行了不同自旋态计算，结果显示所有的结构均为双重态，这与先前文献中[41]的结果一致。图 4-5 罗列了钪-乙炔体系的稳定态和过渡态结构，从具体的结构参数可以看出 wB97XD 水平下的结构参量与 B3LYP 水平下的结构参量几乎相近。与先前研究不同的是，本章找到了一个新的稳定结构 1e 以及 Sc-η^2-C$_2$H$_2$ 到 HC ≡ C-ScH 结构转变的新路径。Sc-η^2-C$_2$H$_2$ 到结构 1c 的转变需要经过 3.38 eV 的能垒，正是由于这么高的能垒使得实验上只能合成结构 Sc-η^2-C$_2$H$_2$ 和 HC ≡ C-ScH，而得不到 1c，

1d，1e等结构的红外光谱数据。本章的这个解释与以前文献中Cho[41]和Wang[42]提到的解释有所区别。本章还注意到，结构1b，1e具有非常相近的能量，而且理论计算显示它们的Sc-H伸缩振动频率也非常相近（1480.7，1486.7 cm[-1]），而关于实验合成的文献[41]中只提到结构1b的振动频率为1501.0 cm[-1]。本书认为这可能是由于红外光谱无法识别如此小的差别的缘故。

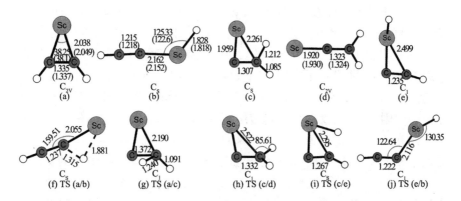

图 4-5　wB97XD/6-311++G (3df，3pd) 计算水平下优化得到的钪 - 乙炔体系的稳定结构及过渡态结构，括号中的值是文献[41]中的 B3LYP 方法下的计算结果

自然键轨道分析显示Sc-η^2-C$_2$H$_2$和HC≡C-ScH结构中钪原子所带电荷分别为+0.93 |e|，+1.24 |e|。计算结果显示Sc-η^2-C$_2$H$_2$和HC≡C-ScH正是要找的过渡金属处于阳离子状态的金属有机配合物。

4.2.3.2　Sc-η^2-(C$_2$H$_2$)和HC≡C-ScH与氢分子间的作用能

图4-6和图4-7分别是Sc-η^2-C$_2$H$_2$ (H$_2$)$_n$和HC≡C-ScH (H$_2$)$_n$ (n = 1~6)的优化几何结构。最多6个氢分子可以被吸附，对应吸附量为14.56%。当第一个氢分子接近Sc-η^2-C$_2$H$_2$时，氢分子解离成两个原子分别位于钪原子的两侧，H—H和Sc—H键长分别为3.201，1.841 Å。与Sc-η^2-(C$_2$H$_2$) (2H)不同的是，HC≡C-ScH吸附第一个氢分子时，氢分子不解离，但H—H键稍有拉长，变为0.800 Å。Sc-η^2-(C$_2$H$_2$)与氢分子的作用(1.35 eV)要明显强于HC≡C-ScH与氢分子的作用(0.18 eV)。这点可以从Kubas作用和静电相互作用两个方面解释。图4-8中相关轨道的细节描述将从DFT定量计算进一步阐明为什么Sc-η^2-(C$_2$H$_2$)(2H)中的Kubas作用要强于HC≡C-ScH(H$_2$)。Kubas作用包含氢分子的σ电子与钪原子的非占据d轨道的作用和氢分子的σ*与氢分子占据d轨道的作用。第一，如图4-8所示，钪原子

在 Sc-η^2-C$_2$H$_2$ 的最高占据轨道 HOMO 和最低未占据轨道 LUMO 的贡献分别为 97.40%，73.67%。而钪原子在 HC≡C-ScH 的最高占据轨道 HOMO 和最低未占据轨道 LUMO 的贡献分别为 45.06%，23.58%，都比较小。钪原子在 HC≡C-ScH 前线轨道中较小的贡献不利于它与氢分子配位。第二，在 Sc-η^2-C$_2$H$_2$ (2H) 结构的轨道分布中，钪原子的两个局域的 3d 轨道与氢原子的 s 轨道完美匹配。其中能量在 –9.5 eV 附近的状态主要由氢分子的 σ 电子向钪原子的空 d 轨道转移，–9.0 eV 能量附近的状态对应钪原子向氢分子的 σ* 的 π 反馈作用。与之相比较，HC≡C-ScH (H$_2$) 在能量为 -16.0 到 –8.0 eV 的状态几乎没有氢分子的贡献。正是由于氢分子与钪原子的这些轨道能差较大，才导致了它们之间较弱的作用力。另外，HC≡C-ScH (H$_2$) 中能量为 –16.6 eV 的状态 HC≡C-ScH 与 H$_2$ 对称性不匹配也是导致弱相互作用的原因。第三，反馈键对稳定吸附结构和 H—H 键的解离是非常关键的。Sc-η^2-C$_2$H$_2$ 中每个氢原子接受来自钪原子的电荷 0.47 |e|，强烈的反馈导致氢分子破坏 H—H 键，形成原子吸附状态。而 HC≡C-ScH 中的氢原子只接受了 0.02 个电荷，明显比 Sc-η^2-C$_2$H$_2$ 少，氢分子没有解离。这主要是由于 HC≡C-ScH 中钪原子所带电荷较少 (+1.24)，与氢分子作用时，第二电离势较强，无法将更多的电子贡献给氢分子。为了进一步说明反馈作用对氢分子作用能和吸附状态的影响，本书改变钪原子上的电荷，使整个 HC≡C-ScH 体系带负电荷，研究了 HC≡C-ScH⁻ 与氢分子之间的作用。结果显示，当氢分子靠近 HC≡C-ScH⁻ 时，钪原子反馈 0.48 个电子给每个氢原子，结合能为 1.87 eV，像 Sc-η^2-C$_2$H$_2$ 吸附氢分子的情形一样，氢分子解离，H—H 键长为 3.066 Å。这一对比说明可以通过改变吸附材料中钪原子上的电荷来调节反馈作用的强弱，进而控制氢分子与吸附材料的作用能和氢分子作用后的状态。

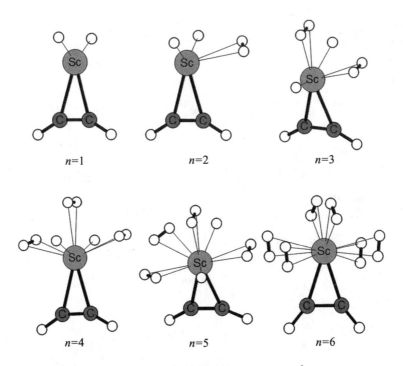

图 4-6　**wB97XD/6-311++G (3df，3pd) 计算水平下 Sc-η^2-C$_2$H$_2$ (H$_2$)$_n$ ($n = 1 \sim 6$)**
的几何结构

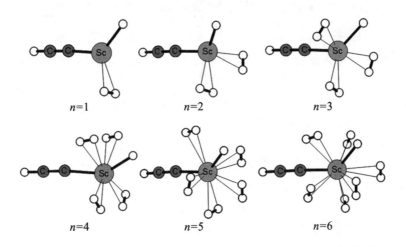

图 4-7　**wB97XD/6-311++G (3df，3pd) 计算水平下 HC ≡ C-ScH(H$_2$)$_n$($n = 1 \sim 6$)**
的几何结构

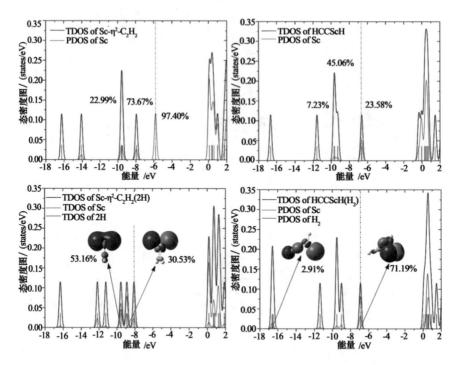

图 4-8 Sc-η^2-C$_2$H$_2$，HC≡C-ScH，Sc-η^2-C$_2$H$_2$(2H) 和 HC≡C-ScH (H$_2$) 的态密度图 (TDOS)，以及 H$_2$ 与 Sc 原子在这些结构中的局域态密度图 (PDOS)，图中还显示了钪原子在部分轨道中的成分以及 Kubas 作用相关的分子轨道

除了 Kubas 作用，带正电荷的钪离子极化周围的氢分子，最终通过静电作用将氢分子吸附到钪原子的周围。在 Sc-η^2-C$_2$H$_2$ (H$_2$) 体系中，钪原子的电荷，氢原子的电荷和 Sc-H 键长分别为 +1.342 |e|，-0.468 |e|，1.841 Å。而在 HC≡C-ScH (H$_2$) 体系中，钪原子的电荷，氢原子的电荷和 Sc-H 键长分别为 +1.240 |e|，-0.024|e|，2.069 Å。很明显，Sc-η^2-(C$_2$H$_2$) (2H)平均氢分子静电势能要明显大于 HC≡C-ScH (H$_2$)。

当 $n=2\sim6$ 时，氢分子不断以分子形式吸附在 Sc-η^2-(C$_2$H$_2$) 和 HC≡C-ScH 周围。吸附 6 个氢分子后，Sc-η^2-(C$_2$H$_2$) 和 HC≡C-ScH 的结构几乎没有发生变化，说明基底仍然能够稳定存在。

CCSD(T) // wB97XD 水平下计算得到的经过基组误差校正的平均氢分子结合能(ΔE)列在表 4-3 中。其中平均氢分子结合能(ΔE)计算公式为

$$\Delta E = \{E\,[\mathrm{C_2H_2Sc}] + n\,E\,[\mathrm{H_2}] - E\,[\mathrm{C_2H_2Sc\,(H_2)}_n]\} / n$$

表 4-3　CCSD(T) // wB97XD 水平下计算得到的经过基组误差校正的平均氢
　　　　分子结合能 (ΔE)，单位为 eV

H$_2$的数目	ΔE					
	1	2	3	4	5	6
Sc-η^2-(C$_2$H$_2$) (H$_2$)$_n$	1.35	0.75	0.76	0.80	0.36	0.29
HC≡C-ScH (H$_2$)$_n$	0.18	0.24	0.20	0.20	0.16	0.14

从表 4-3 中可以看出，Sc-η^2-C$_2$H$_2$ (H$_2$)$_n$ (n = 1~6) 的平均氢分子吸附能范围为 0.29~1.35 eV；HC≡C-ScH (H$_2$)$_n$ (n = 1~6){Chandrakumar, 2007 #11} 的平均氢分子吸附能范围为 0.14~0.24 eV{Chandrakumar, 2007 #11}。除了 Sc-η^2-C$_2$H$_2$ (2H)，吸附能均处于物理吸附能和化学吸附能之间，正是 Puru Jena 提到的第三种吸附形式。图 4-9 是 CCSD(T) // wB97XD 理论水平下计算得到的 Sc-η^2-C$_2$H$_2$(H$_2$)$_n$，HC≡C-ScH (H$_2$)$_n$ 和 Li$^+$ (H$_2$)$_n$ (n = 1~6) 中的平均氢分子结合能随金属 NBO 电荷的变化曲线。从表 4-3 和图 4-9 中可以看到，Sc-η^2-(C$_2$H$_2$)(H$_2$)$_n$ 的平均氢分子吸附能波动范围较大。不同的作用机制可能是造成这一波动的主要原因。为了深入分析 Sc-η^2-(C$_2$H$_2$) 和 HC≡C-ScH 与氢分子作用的主要机制，并估测这些作用能中静电作用的贡献，将 Li$^+$(H$_2$)$_n$ (n = 1~6) 作为研究对象进行对比。Li$^+$ 和氢分子之间的作用是纯的静电相互作用，完全没有 Kubas 作用。Li$^+$ 产生的电场极化周围的氢分子，使其以分子形式吸附在 Li$^+$ 的周围。如图 4-9 所示，Li$^+$ 原子的电荷随氢分子的增多逐渐降低，平均氢分子结合能也随之降低。CCSD(T) // wB97XD 计算结果显示 Li$^+$ 与氢分子之间的作用能为 0.20~0.24 eV。Chandrakumar 在以前的文献[49]中报道 B3LYP/6-31G (d, p) 理论水平下，Li$^+$ 与第二个氢分子间的作用能为 0.29 eV。从图 4-9 中 Sc-η^2-C$_2$H$_2$ (H$_2$)$_n$，HC≡C-ScH (H$_2$)$_n$ 和 Li$^+$ (H$_2$)$_n$ (n = 1~6) 中的平均氢分子结合能随金属 NBO 电荷的变化曲线图可以看出，HC≡C-ScH (H$_2$)$_n$ 与 Li$^+$ (H$_2$)$_n$ 随着金属 NBO 电荷的变化结合能非常相近，而 Sc-η^2-C$_2$H$_2$ (H$_2$)$_n$ 与 Li$^+$(H$_2$)$_n$ 的随着金属 NBO 电荷的变化结合能却有很大差别。这一趋势说明 Sc-η^2-C$_2$H$_2$ (H$_2$)$_n$ 的作用机制主要是 Kubas 和弱的静电作用，而 HC≡C-ScH (H$_2$)$_n$ 的作用机制则主要是静电作用。

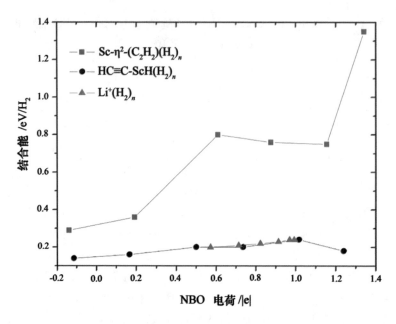

图 4-9　CCSD(T) // wB97XD 理论水平下计算得到的 Sc-η^2-C$_2$H$_2$(H$_2$)$_n$，HC ≡ C-ScH (H$_2$)$_n$ 和 Li$^+$ (H$_2$)$_n$ (n = 1~6) 中的平均氢分子结合能随金属 NBO 电荷的变化曲线图

4.2.3.3　Sc-η^2-(C$_2$H$_2$) 和 HC ≡ C-ScH 对氢气的吸附和脱附

在 CCSD(T) // wB97XD 理论水平下，设置压强为 1-100 大气压，温度为 77 和 298.15 K，计算得到的 C$_2$H$_2$Sc+6H$_2$→C$_2$H$_2$Sc(H$_2$)$_6$ − 6 H$_2$ 过程中经过吉布斯自由能修正和基组误差校正的吸附能(ΔG)如图 4-10 所示(ΔG = {G [C$_2$H$_2$Sc] + n G[H$_2$] − G [C$_2$H$_2$Sc(H$_2$)$_n$]}/n, n = 1~6)。从图 4-10 中可以看到，Sc-η^2-C$_2$H$_2$ (H$_2$)$_6$ 可以在任何氢气压力下 77 K 时吸附氢分子，并且在温度升高至 298.15 K 时将氢分子脱附。而 HC ≡ C-ScH (H$_2$)$_6$ 在 P = 100 大气压，T = 77 K 下也不能将氢分子吸附，需要更高的氢气压强或者更低的温度才能将氢分子束缚在钪原子的周围。计算显示，当在 1 个大气压 42 K 温度时或者 100 个大气压 60 K 时，HC ≡ C-ScH (H$_2$)$_6$ 的 ΔG 才会变为正值，而这些压强和温度远远达不到固相材料室温储氢的要求。另外，对于钪 - 乙炔体系，一个大气压下，T = 298.15 K 时，吉布斯自由能修正值高达 0.42 eV 比以前研究的 C$_2$H$_2$Ti (0.30 eV)[1] 还要高。因此本书再次强调吉布斯自由能修正对精确估测氢分子吸附的重要性。

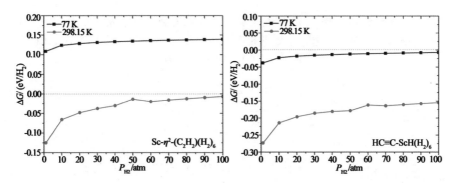

图 4-10   wB97XD/6-311++G (3df，3pd) 计算水平下，P = 1~100 大气压，T = 77，298.15 K 下 Sc-η^2-C$_2$H$_2$(H$_2$)$_6$（左图）和 HC ≡ C-ScH (H$_2$)$_6$（右图）吉布斯自由能修正后的吸附能（ΔG）

为了进一步估测 C$_2$H$_2$Sc 体系在常温常压下可逆储氢的能力,本书还计算了一个大气压下 C$_2$H$_2$Sc + nH$_2$ → C$_2$H$_2$Sc (H$_2$)$_n$ 过程中的吉布斯自由能修正后的吸附能。从图 4-11 中可以看到 Sc-η^2-C$_2$H$_2$ (H$_2$)$_n$ 和 HC ≡ C-ScH (H$_2$)$_n$ (n = 1~6)的吸附能 (ΔG) 在 1 个大气压下随温度的变化。定义 ΔG = 0 eV/H$_2$ 时的温度为吸附/脱附临界温度,并将临界温度值列入表 4-4 中。如表 4-4 所示,在一个大气压下,Sc-η^2-C$_2$H$_2$ (H$_2$)$_6$ 吸附脱附氢气分子的临界温度是 183 K,即 183 K 时 6 个氢分子可以吸附在钪原子的周围,当温度升高到 298.15 K 时,第 5 个和第 6 个被吸附的氢分子将被脱附。而 HC ≡ C-ScH 在温度很低的环境下才可以吸附 6 个氢分子,当温度升高到 77 K 时,两个氢分子脱附。当温度继续升高到 298.15 K 时,6 个吸附的氢分子将全部脱附。总之,在一个大气压下,只有 Sc-η^2-C$_2$H$_2$ (H$_2$)$_6$ 中的后 2 个氢分子和 HC ≡ C-ScH(H$_2$)$_6$ 中的前 4 个氢分子可以很容易在 77 K 下吸附,并在 298.15 K 下脱附,对应的最大可逆吸附量分别为 5.37%,10.20%。

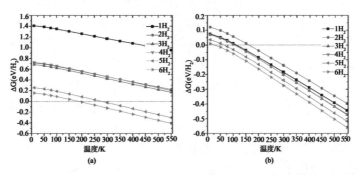

图 4-11   wB97XD/6-311++G (3df，3pd) 计算水平下,吉布斯自由能修正后的吸附能 (ΔG) 在 1 个大气压下随温度的变化 (a) Sc-η^2-C$_2$H$_2$ (H$_2$)$_n$ (b) HC ≡ C-ScH (H$_2$)$_n$ (n = 1~6)

**表 4-4　CCSD(T) // wB97XD 理论水平下计算得到的一个大气压下 C_2H_2Sc+
$nH_2 \rightarrow C_2H_2Sc(H_2)_n - nH_2$ 过程中经过吉布斯自由能修正和基组误差校正的吸
附能 (ΔG) (单位：eV/H_2)**

H₂数目n	ΔG(临界温度)					
	1	2	3	4	5	6
Sc-η^2-C_2H_2 $(H_2)_n$	1.17(---)	0.46(810)	0.42(725)	0.46(775)	-0.03(275)	-0.13(183)
HC≡C-ScH $(H_2)_n$	-0.18(110)	-0.14(155)	-0.20(102)	-0.20(102)	-0.24(67)	-0.27(42)

4.2.3.4　钪－乙炔体系的二聚行为以及其与氢分子之间的作用

在凝聚相中，钪-乙炔体系可能通过聚合作用形成低聚物。低聚最典型的行为便是形成二聚体。尽管在文献[41]中只提到了Sc-C_2H_2···C_2H_2配合物，在这里还是尽力寻找到了各种可能的双聚结构并一一讨论了它们对氢气的吸附性能。

各种Sc(C_2H_2)₂和(C_2H_2Sc)₂二聚配合物的几何构型展示在图4-12中。所有罗列的结构的振动频率都为正值，说明它们都是势能面上的极小值，没有虚频。Sc(C_2H_2)₂的构型如图4-12(a-c)，结构a由乙炔分子与Sc-η^2-C_2H_2聚合而成，结构b,c由乙炔分子与HC≡C-ScH聚合而成，它们的形成分别释放能量值为1.31,1.55,1.21 eV。其中结构a,b曾在实验中被提到[41]。最稳定的Sc(C_2H_2)₂可以以0.21 eV/H_2的平均氢分子结合能吸附4个氢分子，吸附量为7.67%。次稳定结构b也可吸附4个氢分子，但平均氢分子结合能较低，为0.14 eV/H_2。二聚体(C_2H_2Sc)₂的稳定构型如图4-12(f)-(j)所示。最稳定的二聚体呈双锥结构，两个钪原子分别位于锥顶，整个结构为C_{2v}对称性，Sc-Sc键长为2.82 Å，其二聚过程中释放3.41 eV能量。另一个同分异构体9(g)由两个HC≡C-ScH分子聚合而成，释放能量3.82 eV。能量比最稳定的二聚体高0.23 eV。其Sc-Sc键长为3.48 Å。两个Sc-η^2-C_2H_2二聚分别释放2.77,3.08,2.07 eV能量后形成三个稳定构型12(h),12(i),12(j)。它们的Sc-Sc键长分别为2.66,2.61,3.07 Å。从图4-12可以看出，钪-乙炔体系的二聚体在形成过程中没有破坏单体的构型。图4-12(k)~(o)展示了所有考虑的二聚体吸附氢分子后的几何构型，可以看出，二聚体中，每个钪原子可以吸附3个氢分子，且所有Sc-H距离在2.06~2.56 Å范围之内，对应的平均氢分子吸附能为0.28,0.12,0.27,0.33,0.39 eV/H_2。尤其是最稳定的二聚

结构 (C$_2$H$_2$Sc)$_2$[图 4-12(f)]，每个钪原子可以吸附 5 个氢分子，对应的吸附量为 12.43 wt%。与单体结构相比较，储氢质量下降了 14.63%，这大概是由于在聚合结构中，钪原子周围有多个乙炔配体，从而降低了金属与氢分子之间的配位能力。根据以前的文献报道，由于低聚的形成，C$_2$H$_2$Ti 和 C$_2$H$_2$Ni 的吸附量分别下降了 46.23%，24.01%[1,44]。

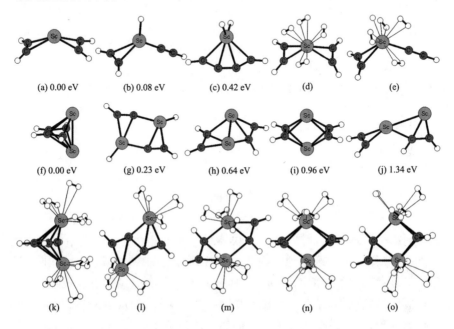

图 4-12　wB97XD/6-311++G (3df，3pd) 计算水平下得到的优化结构
(a)-(c) Sc(C$_2$H$_2$)$_2$，(d)-(e) Sc(C$_2$H$_2$)$_2$(H$_2$)$_4$，(f)-(j) (C$_2$H$_2$Sc)$_2$，(k) (C$_2$H$_2$Sc)$_2$(H$_2$)$_{10}$，
(l) (C$_2$H$_2$Sc)$_2$(H$_2$)$_6$，(m) - (o) (C$_2$H$_2$Sc)$_2$ (H$_2$)$_8$

表 4-5 中列出了最稳定的二聚结构 Sc(C$_2$H$_2$)$_2$ 和 (C$_2$H$_2$Sc)$_2$ 与氢分子之间的结合能，从表 4-5 中可以看出，Sc(C$_2$H$_2$)$_2$(H$_2$)$_n$ (n =1~4) 与 (C$_2$H$_2$Sc)$_2$(H$_2$)$_n$ (n = 6~10) 的平均氢分子结合能都在 0.2~0.4 eV/H$_2$，非常适合室温下储氢。这意味着每个钪原子可以在室温下可逆吸附 3 个氢分子，可利用的氢气质量分数分别为 7.67%，7.85%。

表 4-5　wb97XD/6-311++G(3df，3pd) 理论水平下计算得到的一个大气压 298.15 K 时 Sc(C$_2$H$_2$)$_2$ + nH$_2$ → Sc(C$_2$H$_2$)$_2$(H$_2$)$_n$ (n = 1~4) 和 (C$_2$H$_2$Sc)$_2$ + n H$_2$ → (C$_2$H$_2$Sc)$_2$ (H$_2$)$_n$ (n = 2~10) 过程中平均氢分子结合能 (ΔE) 和经过吉布斯自由能修正的吸附能 (ΔG)，表中 Sc(C$_2$H$_2$)$_2$ 和 (C$_2$H$_2$Sc)$_2$ 分别特指图 4-9 (a)，(f) 中的结构 (单位：eV/H$_2$)

H$_2$数目n	ΔE (ΔG)				
	1	2	3	4	5
Sc(C$_2$H$_2$)$_2$(H$_2$)$_n$	0.31 (-0.11)	0.25 (-0.17)	0.24 (-0.17)	0.21 (-0.23)	---
H$_2$数目n	2	4	6	8	10
(C$_2$H$_2$Sc)$_2$(H$_2$)$_n$	0.80 (0.49)	0.67 (0.28)	0.30 (-0.13)	0.32 (-0.12)	0.28 (-0.16)

4.2.4　小结

用第一原理方法计算了钪 - 乙炔体系所有可能存在的稳定结构和过渡态，重新解释了实验观测到的现象。CCSD(T) // wB97XD 理论水平下的计算结果显示实验上合成的 Sc-η^2-(C$_2$H$_2$) 和 HC ≡ C-ScH 结构可以吸附 6 个氢分子形成稳定结构，结合能范围为 0.14~1.35 eV/H$_2$，对应吸附量为 14.56%。而且当吸附 6 个氢分子后，钪原子仍然与乙炔分子强烈结合。在吸附过程中，DFT 定量计算阐明 Kubas 作用和静电作用都有贡献，其中 Sc-η^2-C$_2$H$_2$ 与氢气作用时 Kubas 作用贡献较大，HC ≡ C-ScH 与氢气作用时静电作用贡献较大。Sc-η^2-C$_2$H$_2$(H$_2$)$_n$ 结构中强烈的反馈作用使其中的一个氢分子解离而 HC ≡ C-ScH 与氢分子之间的作用较弱，与静电作用相近。HC ≡ C-ScH (H$_2$) 与离子 HC ≡ C-ScH$^-$ (2H) 的对比计算结果表明可以通过改变吸附材料中钪原子上的电荷来调节反馈作用的强弱，进而控制氢分子与吸附材料的作用能和氢分子作用后的状态。希望这些结果可以为研究者设计理想储氢材料提供新的思路。

经过吉布斯自由能修正和基组误差校正的结合能数据表明在一个大气压下，只有 Sc-η^2-C$_2$H$_2$ (H$_2$)$_6$ 结构中的后两个氢分子和 HC ≡ C-ScH(H$_2$)$_6$ 结构中的前四个氢分子可以很容易在 77 K 下吸附，并在 298.15 K 下脱附，对应的最大可逆吸附量为 5.37%，10.20%。另外，计算结果预测，在凝聚相中，钪 - 乙炔的二聚体有可能产生。在本章中考虑到的二聚体都可以吸附至少 6 个氢分子。尤其是最稳定的二聚体 (C$_2$H$_2$Sc)$_2$ 可以以

0.28 eV/H_2 的平均氢分子结合能吸附 10 个氢分子, 吸附量达到 12.43 wt%。热力学计算结果显示 $Sc(C_2H_2)_2$ 和 $(C_2H_2Sc)_2$ 在室温下的可逆吸附量分别为 7.67%, 7.85%。

以上的这些研究结果表明钪-乙炔体系也可以作为安全有效的储氢介质。这里的理论计算仅仅预测了 C_2H_2Sc 气相中的储氢能力, 其实用性及储氢能力还需要进一步的实验研究来验证。

4.3　钒-乙炔体系的储氢性能[3]

4.3.1　引言

要想在室温下可逆存储氢分子, 固态储氢材料与氢气之间的结合能应该在 0.1~0.8 eV[49,50]。各种碳纳米材料如富勒烯[51], 石墨烯[52]质量轻、比表面积大, 非常适合做储氢材料, 但这些材料的氢吸附能却很低。近年来, 由于含有不饱和配体的过渡金属配合物有很好的催化活性, 具有非常重要的工业用途, 已成为有机金属化学重要的一部分, 因此有许多现有的实验研究有机小分子与过渡金属的合成。在钒与乙炔的反应中, 主要的钒-乙炔生成物(V-η^2-C_2H_2 和 $HC \equiv C$-VH)已经通过红外光谱观测到[19,41,43]。本章试图在理论上分析钒-乙炔体系的储氢行为, 从而指导潜在的实验。由于在合成金属有机物的实验中, 当引入大量配体时, 需要附带很多其他庞大的配体来稳定结构, 因此本书全面考虑了 $(C_2H_2)_n V_m$ (n = 1-4, m = 1,2)的各种同分异构体, 并计算了它们对氢气的吸附性能。

4.3.2　计算方法

所有考虑的结构使用杂化密度泛函理论 B3LYP[31-34]和共价双极化基组(6-311++G(3df,3pd))进行优化。所有结构优化未使用对称性限制, 所有优化的结构通过频率计算进行验证, 确定其没有虚频, 为能量极小点。为找到最稳定的几何结构, 考虑了同一结构的不同多重度, 对于闭壳层结构, 分别设置自旋多重度为 1, 3, 5 进行优化; 对于开壳层结构, 分别设置自旋多重度为 2, 4, 6 进行优化。进行对比的各种理论方法具体包括: 密度泛函方法 PBEPBE[29,30,53], CAM-B3LYP[35], wB97XD[37], 组态相互作用方法 CCSD(T)[27]和多体微扰理论 MP2[20-24]。在相应的各种方法下分别做了零点能(ZPE)校正获得准确的氢气结合能。由于基组误差校正(BSSE)较小, 大约在 0.01 eV 范围内, 而且计算结构较大, 因此在本章中的结果不包含基组误差校正。所有计算均使用高斯09程序包[28]。

钒与乙炔分子之间的结合能 ΔE_b 计算公式为:

$$\Delta E_b = mE[V] + n\,E[C_2H_2] - E[(C_2H_2)_n V_m]$$

平均氢分子结合能 ΔE_n 计算公式为:

$$\Delta E_n = \{ E\,[M] + n\,E\,[H_2] - E[M(H_2)_n] \}/n$$

4.3.3 结果与讨论

4.3.3.1 单体 C_2H_2V 的几何结构与储氢性能

首先,在 B3LYP/6-311++G (3df, 3pd) 理论水平下对五种不同的 C_2H_2V 初始结构进行优化。优化结果显示 C_2H_2V 只存在图 4-13 的构型,分别是实验文献[43]中红外观测到的 π 型结构 V-η^2-C_2H_2 和插入型结构 HC≡C-VH,其中插入型结构的能量比 π 型结构高出 0.16 eV。亚乙烯基结构 H_2C_2V,它结构稳定但能量比 V-η^2-C_2H_2 高 0.47 eV。有关合成实验的文献[43]也指出 V-η^2-C_2H_2 在共沉积或光解之后很容易转换为 HC≡C-VH,而 H_2C_2V 能量较高且转变过程中能垒较高导致它在实验中没有被观测到,即使存在,量也是极少的。图 4-13(a, b, c) 三种结构的四重态分别比对应的双重态稳定 0.96, 0.83, 0.59 eV,几何结构的对称性分别为 C_{2v}, C_s, C_{2v}。在图 4-13(a, b, c) 中所示的三种结构中金属钒与乙炔的结合能分别为 2.41, 2.24, 1.93 eV。在 B3LYP/6-311++G (3df, 3pd) 理论水平下自由乙炔分子中的 C≡C 键长为 1.20 Å。V-η^2-C_2H_2, HC≡C-VH 和 H_2C_2V 配合物中 C≡C 键长分别为 1.35, 1.22, 1.32 Å,均比自由乙炔分子中的 C≡C 键长长,说明金属钒与乙炔之间有较强的作用。

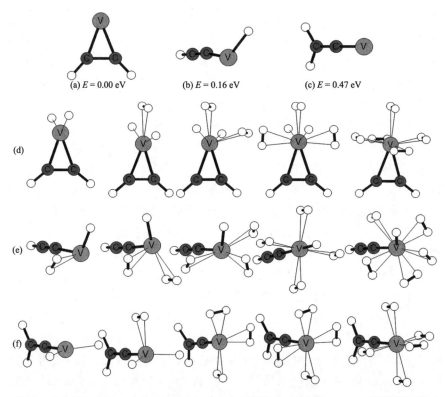

(a) $E = 0.00$ eV　　　(b) $E = 0.16$ eV　　　(c) $E = 0.47$ eV

图 4-13　B3LYP/6-311++G (3df，3pd) 理论水平下单体 C_2H_2V 的优化结构
(a) π 型结构 $V\text{-}\eta^2\text{-}C_2H_2$；(b) 插入型结构 $HC \equiv C\text{-}VH$；(c) 亚乙烯基结构
H_2C_2V 及它们与氢分子结合后的几何构型；(d) $V\text{-}\eta^2\text{-}C_2H_2(H_2)_n(n=1\sim5)$；
(e) $HC \equiv C\text{-}VH(H_2)_n(n=1\sim5)$；(f) $H_2C_2V(H_2)_n(n=1\sim5)$

　　在金属钒与乙炔形成配合物过程中，钒与乙炔间发生电荷转移，部分电荷从钒转移到乙炔体系，使钒原子处于阳离子状态。NBO 分析表明，$V\text{-}\eta^2\text{-}C_2H_2$，$HC \equiv C\text{-}VH$ 和 H_2C_2V 配合物中钒原子所带电荷分别为 0.674 |e|，1.047 |e|，0.573 |e|。处于阳离子状态的钒原子极化率很高。它们可以极化周围氢分子，并与氢分子产生静电作用。此外，轻过渡金属钒有可用的空 d 轨道来填充氢分子提供的电子，从而通过 Kubas 作用吸附氢分子。

　　接下来通过吸附氢分子数目和平均氢分子结合能来研究 $V\text{-}\eta^2\text{-}C_2H_2$，$HC \equiv C\text{-}VH$ 和 H_2C_2V 配合物对氢气的吸附性能。同样考虑了钒乙炔体系吸附不同氢分子后在不同多重度下的各种几何结构，结果显示获得的最稳定吸附结构中，$V\text{-}\eta^2\text{-}C_2H_2(H_2)_n$ 和 $H_2C_2V(H_2)_n$ 均为双重态，而 $HC \equiv C\text{-}VH(H_2)_n$ 均为四重态。

　　对于 $V\text{-}\eta^2\text{-}C_2H_2$，它与第一个被吸附的氢分子以强烈的结合能 (1.64 eV/2H) 键合形成稳定的二氢化物 ($V\text{-}\eta^2\text{-}C_2H_2(2H)$)，其中 V-H 键长均为 1.68 Å。$V\text{-}\eta^2\text{-}C_2H_2(2H)$ 的同分异构体 $V\text{-}\eta^2\text{-}C_2H_2(H_2)$，V-H 键长均为 1.79/1.85Å，

平均氢分子结合能约 0.77 eV/H$_2$。V-η^2-C$_2$H$_2$(2H) 还可以继续以分子形式吸附 4 个氢分子。吸附第二个氢分子的结合能为 0.13 eV，被吸附的氢分子居于钒原子顶部，V-H$_2$ 距离为 1.86 Å，H—H 键长从自由氢分子的 0.74 Å 拉长为 0.81 Å。吸附第三个氢分子的结合能为 0.24 eV，被吸附的氢分子移到了钒原子的一侧，V-H$_2$ 距离为 1.94 Å，H—H 键长为 0.77 Å。吸附第四个氢分子的结合能为 0.12 eV，第四个 H$_2$ 吸附到钒原子的另一边形成 V-η^2-C$_2$H$_2$(2H-3H$_2$)，V-H$_2$ 距离 1.86 Å，呈现 C$_{2v}$ 对称性。当继续吸附第五个氢分子时，即从反应物 V-η^2-C$_2$H$_2$(2H-3H$_2$)+H$_2$ 到生成物 V-η^2-C$_2$H$_2$(2H-4H$_2$) 的过程，需要释放能量 0.36 eV。振动频率计算显示图 4-13(d) 所示的 V-η^2-C$_2$H$_2$(5H$_2$) 结构是非常稳定的，V-H$_2$ 距离 1.78~1.95 Å，为 C$_{2v}$ 对称性，其中钒原子周围的 V-H$_2$ 距离 1.78-1.81 Å，H—H 键长为 0.81 Å。与周围的氢分子相比，钒原子顶端的 V-H$_2$ 距离 1.95 Å，H—H 键长为 0.77 Å，较长的 V-H$_2$ 距离和较短的 H—H 键长说明 V-η^2-C$_2$H$_2$ 与周围 4 个氢分子的作用比顶端的氢分子要强。V-η^2-C$_2$H$_2$ 吸附 5 个氢分子的平均氢分子结合能为 0.37 eV/H$_2$。

与 V-η^2-C$_2$H$_2$ 不同的是，HC≡C-VH 吸附第一个氢分子时只会形成一种稳定结构，即 HC≡C-VH(H$_2$)，此时 V-H$_2$ 距离为 1.94 Å，H—H 键长为 0.77 Å，吸附能为 0.18 eV，这样的结合能非常适合在常温下吸/脱附氢分子。HC≡C-VH 有五个空 d 轨道，因此可以与 5 个氢分子结合，平均氢分子结合能为 0.13 eV/H$_2$。5 个被吸附的氢分子有不同的取向且不对称。与 V-η^2-C$_2$H$_2$(5H$_2$) 结构相似，HC≡C-VH(5H$_2$) 中钒周围的氢分子与顶部的氢分子相比具有较短的 V-H$_2$ 距离和较长的 H—H 键。

H$_2$C$_2$V 配合物也可以吸附 5 个氢分子。第一个被吸附的氢分子与 H$_2$C$_2$V 配合物形成稳定的二氢化物 (H$_2$C$_2$V(2H))，V—H 键长也为 1.68 Å。H$_2$C$_2$V(2H) 以 0.28 eV 的结合能吸附第二个氢分子，使其居于钒原子一侧，V-H$_2$ 距离为 1.88 Å，H—H 键长拉长为 0.79 Å。当吸附第三个氢分子后，三个氢分子都以分子形式存在。H$_2$C$_2$V(3H$_2$) 继续吸附两个氢分子形成 C$_{2v}$ 对称性的 H$_2$C$_2$V(5H$_2$)。与 V-η^2-C$_2$H$_2$(5H$_2$) 和 HC≡C-VH(5H$_2$) 不同的是，H$_2$C$_2$V(5H$_2$) 中 H$_2$C$_2$V 与顶端的氢分子作用较强，因此钒顶端的氢分子具有较短的 V-H$_2$ 距离和较长的 H—H 键。

综上所述，三个稳定的钒乙炔配合物 V-η^2-C$_2$H$_2$，HC≡C-VH，H$_2$C$_2$V 都可以吸附 5 个氢分子，满足 18-electron 规则[40]，对应理论吸附量 11.57%。V-η^2-C$_2$H$_2$ 吸附氢分子后 C≡C 键缩短 5%，C—V 键拉长 9%，而 HC≡C—VH 和 H$_2$C$_2$V 配合物在吸附氢分子前后 C≡C 和 C—V 键键长几乎没有变化。这大概是由于 V-η^2-C$_2$H$_2$ 与氢分子作用较强，大量电荷从金属钒转移到了氢分子上，使得 V—C 键变弱，金属与乙炔之间作用减弱。零点能校正前后的结合能对比可以看出零点能对吸附结构的能量影响较大,最大达到 0.79 eV。

　　另一个重要的问题在于 B3LYP 方法是否能够很好地处理既含有过渡金属原子又含有氢分子的体系,得到精确的结合能。以 $V\text{-}\eta^2\text{-}C_2H_2$ 和 $HC\equiv C\text{-}VH$ 吸附 5 个氢分子的平均作用能为研究对象讨论了不同方法对吸附能的影响,来检查 B3LYP 方法的可靠性。这些方法包括二阶微扰理论(MP2),杂化密度泛函理论(PBE1PBE),色散修正密度泛函(DFT-D)(wB97XD),长程校正泛函(LC-DFT)(CAM-B3LYP)和耦合簇理论 CCSD(T)。如表 4-6 所示,零点能校正前后结合能的最大差异为 0.21 eV,说明在估算氢分子结合能时零点能校正时必不可少的。$V\text{-}\eta^2\text{-}C_2H_2$ 和 $HC\equiv C\text{-}VH$ 吸附 5 个氢分子的平均作用能均在 0.13~0.46 eV/H_2 的范围内,这表明 $V\text{-}\eta^2\text{-}C_2H_2$ 和 $HC\equiv C\text{-}VH$ 是理想的适用于室温下储存氢气的材料。另外,不同方法下得到的同一结构的平均吸附能能量受方法的影响也很大,最大差值是 0.33 eV,不可忽略。$V\text{-}\eta^2\text{-}(C_2H_2)(H_2)_5$ 的 ΔE_{ZPE} 值从大到小排列顺序为:PBE1PBE > MP2 > wB97XD > cam-B3LYP > CCSD(T) > B3LYP;$HC\equiv C\text{-}VH(H_2)_5$ 的 ΔE_{ZPE} 值从大到小排列顺序为:PBE1PBE > wB97XD > cam-B3LYP > MP2 = B3LYP > CCSD(T)。这表明吸附能量不仅取决于使用的计算方法,而且与计算的具体对象有关。尽管不同方法下的吸附能有差别,但总体来说,如果以 CCSD(T) 理论水平的结果为参考,B3LYP 方法可以有效估算钒乙炔配合物对氢气的吸附性能。

表 4-6　MP2 方法以及 B3LYP,PBEPBE,CAM-B3LYP 和 wB97XD 理论水平下 $V\text{-}\eta^2\text{-}C_2H_2$ 和 $HC\equiv C\text{-}VH$ 与吸附的 5 个氢分子之间的平均作用能。(ΔE 代表未经过任何校正的结合能;ΔE_{ZPE} 表示进行零点能修正的结合能,单位为 eV/H_2)

ΔE						
	MP2	PBE1PBE	cam-B3LYP	wB97XD	B3LYP	CCSD(T)
$V\text{-}\eta^2\text{-}(C_2H_2)(H_2)_5$	0.65	0.63	0.55	0.57	0.49	0.54
$HC\equiv C\text{-}VH(H_2)_5$	0.38	0.65	0.52	0.55	0.36	0.31
ΔE_{ZPE}						
	MP2	PBE1PBE	cam-B3LYP	wB97XD	B3LYP	CCSD(T)
$V\text{-}\eta^2\text{-}(C_2H_2)(H_2)_5$	0.44	0.46	0.38	0.41	0.32	0.37
$HC\equiv C\text{-}VH(H_2)_5$	0.18	0.46	0.34	0.36	0.18	0.13

4.3.3.2 $(C_2H_2)V_2$ 的结构稳定性与储氢性能

接下来考虑两个钒原子与乙炔分子形成的配合物,得到的两个稳定结构如图4-14 (a,b)所示,均呈现C_{2v}对称性。钒与乙炔的结合能分别为1.19,1.12 eV,V—V 键长分别为2.00. 2.05 Å,均大于V_2二聚体中的V—V键长(1.70 Å)。最稳定的$(C_2H_2)V_2$(图4-14 (a))中每个钒原子可以吸附5个氢分子,对应吸附量为7.30%。当$(C_2H_2)V_2$ (a)中每个钒原子吸附一个氢分子时,两个氢分子解离为四个氢原子的结构能量最低,其中两个氢原子与两个钒原子键合,形成V—H—V桥键。比氢分子未解离的$(C_2H_2)V_2$ $(H_2)_2$ (a)结构能量高出0.66 eV。$(C_2H_2)V_2$ (a)每个钒原子吸附第二个氢分子后的稳定结构中只存在一个V—H—V桥键,而且在$(C_2H_2)V_2$ (a)吸附10个氢分子后这一桥键仍然存在。

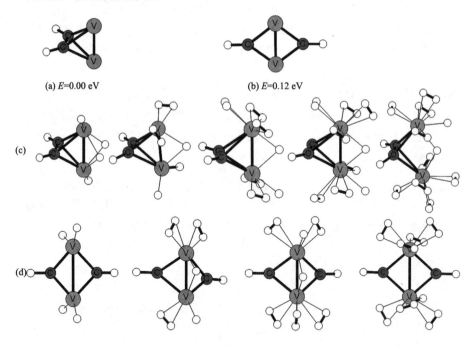

(a) E=0.00 eV (b) E=0.12 eV

(c)

(d)

图 4-14 **B3LYP/6-311++G (3df,3pd) 理论水平下的优化结构 (a)/(b) $(C_2H_2)V_2$; (c)/(d) $(C_2H_2)V_2(H_2)_{2n}$(n=1~5,4)**

次稳定的$(C_2H_2)V_2$(图4-14 (b))中每个钒原子可以吸附4个氢分子,对应吸附量为5.93%。$(C_2H_2)V_2$ (b)中每个钒原子吸附一个氢分子时,也存在两种结构,即氢原子配体形式和氢分子配体形式。氢原子存在的结构$(C_2H_2)V_2$(4H) (b) 比氢分子存在的结构$(C_2H_2)V_2(H_2)_2$ (b)能量低0.19 eV。$(C_2H_2)V_2$(4H) (b)继续吸附氢分子后的稳定结构中也会形成V—H—V桥键。但每个钒原子吸附四个氢分子后,所有的氢分子都以分子形式存在,结构如图 4-14 (d)。表 4-7 B3LYP 理论水平下 $(C_2H_2)V_2$ 与氢分子之间的平均作用能,很明显,当吸附的氢分子未解离时,吸附能较小,而当吸附的氢分子解离时,吸附能就较大。

表 4-7 B3LYP/6-311++G(3df, 3pd) 理论水平下 $(C_2H_2)V_2$ 与氢分子之间的平均作用能（ eV/H_2 ）及储氢质量分数 (wt%)。括号内数据为氢分子都以分子形式存在时的结构对应的平均氢分子结合能

	ΔE_{ZPE}					储氢质量分数
	n=2	n=4	n=6	n=8	n=10	
$(C_2H_2)V_2(H_2)_n$(a)	0.69（0.36）	0.42	0.35	0.28	0.10	7.30
$(C_2H_2)V_2(H_2)_n$(b)	0.28（0.11）	0.29	0.22	0.09		5.93

4.3.3.3 $(C_2H_2)_nV(n$=2~4) 的结构稳定性与储氢性能

由于在合成金属有机物的实验中,激光消融后的金属钒原子与乙炔气体在超氩环境下进行反应,因此单个钒原子有可能与多个乙炔配体聚合,为此接下来讨论 $(C_2H_2)_nV(n$=2~4) 的结构稳定性与储氢性能。图 4-15(a-f) 是 $(C_2H_2)_2V$ 的稳定结构,钒原子与乙炔分子的结合能分别为 3.91,3.78,3.42,3.42,2.96,2.35 eV。其中结构 a 和结构 b 相对稳定,适合作为储氢材料。最稳定的 $(C_2H_2)_2V$ 可以看做是由一个 V-η^2-C_2H_2 分子和一个乙炔分子聚合而成,两个乙炔分子分别居于钒原子的两侧,呈现 C_{2v} 对称性。它可以以 0.16 eV/H_2 的平均氢分子结合能吸附 3 个氢分子,如图 4-15(h),吸附量为 5.55%（表 4-8）。次稳定结构 b 由乙炔分子与 HC ≡ C-VH 聚合而成,它也可以吸附 3 个氢分子,如图 4-15(i),吸附量为 5.55%。结构 c-f 虽然是最稳定的结构,但是相对能量较高,例如乙炔分子与 HC ≡ C-VH 聚合后可以形成另一个结构 f,它的能量比最稳定的结构 a 高出 1.56 eV,因此不宜作为储氢材料。

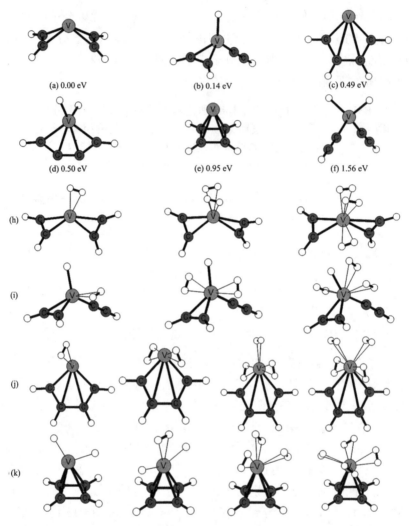

(a) 0.00 eV

(b) 0.14 eV

(c) 0.49 eV

(d) 0.50 eV

(e) 0.95 eV

(f) 1.56 eV

(h)

(i)

(j)

(k)

图 4-15 B3LYP/6-311++G (3df, 3pd) 理论水平下 (a)-(f) $(C_2H_2)_2V$ 的优化结构;
(h)-(k) $(C_2H_2)_2V(H_2)_n(n=1\sim3，4)$ 的优化结构

表 4-8 B3LYP/6-311++G (3df, 3pd) 理论水平下 $(C_2H_2)_2V$ 配合物的平均氢
分子结合能（eV/H_2）及储氢质量分数 (wt%)

	ΔE_{ZPE}				储氢质量分数
	$n=1$	$n=2$	$n=3$	$n=4$	
$(C_2H_2)_2V(H_2)_n(a)$	0.58	0.40	0.16		5.55
$(C_2H_2)_2V(H_2)_n(b)$	0.12	0.08	0.01		5.55

续表

	ΔE_{ZPE}				储氢质量分数
	$n=1$	$n=2$	$n=3$	$n=4$	
$(C_2H_2)_2V(H_2)_n(c)$	0.59	0.32	0.36	0.27	7.26
$(C_2H_2)_2V(H_2)_n(e)$	1.22*	0.78	0.56	0.50	7.26

注：*表示吸附结构中存在氢原子。

在以前的文献中当研究体系为 TM-C_4H_4 时，作者只提到了结构 c 和结构 e，而没有考虑结构 a 和结构 b。例如四川大学 Guo Jinghua[54]利用密度泛函理论 B3LYP 和 B3PW91 计算了锥形和插入型 CoC_mH_m 和 $NiC_mH_m(m=4,5)$ 对氢气的吸附性能，结果显示对于 CoC_4H_4 和 NiC_4H_4，插入型结构比锥形结构稳定 1.39 eV 和 1.41 eV，插入型 CoC_4H_4 可以吸附 2 个氢分子，平均氢分子吸附能为 1.22 eV/H_2，锥型 CoC_4H_4 可以吸附 3 个氢分子，平均氢分子吸附能为 0.41 eV/H_2。插入型 NiC_4H_4 和锥型 NiC_4H_4 都可以吸附 2 个氢分子，平均氢分子吸附能分别为 1.37 eV/H_2，0.61 eV/H_2。在 2006 年，Puru Jena 小组计算了 $TiC_nH_n(n=4,5,8)$ 对氢气的吸附性能[25]，指出 TiC_4H_4 有锥形和平面两种构型，平面结构比锥形结构稳定 0.35 eV，随着吸附氢分子数目的增加，两种结构间能量差变小，当吸附两个氢分子时，能量差降低为 0.07 eV，继续吸附氢分子时，平面结构比锥形结构高出 0.30 eV。最终，锥型 TiC_4H_4 可吸附 5 个氢分子，平均氢分子结合能为 0.55 eV/H_2。因此这里也详细计算了插入型（图 4-15(c)）和锥型（图 4-15(e)）$(C_2H_2)_2V$ 对氢气的吸附性能。如图 4-15 所示，插入型 $(C_2H_2)_2V$ 结构比锥型结构稳定 0.46 eV，它们都可以吸附 4 个氢分子，平均氢分子吸附能分别为 0.27，0.50 eV/H_2。图 4-15(j,k)展示了插入型和锥型 $(C_2H_2)_2V$ 吸附氢分子后的优化结构，插入型 $(C_2H_2)_2V$ 吸附的氢分子都以分子形式存在，而锥型 $(C_2H_2)_2V$ 与氢分子作用较强，吸附第一个氢分子的作用能为 1.22 eV，致使 H—H 键断裂。

4.3.4　小结

稳定的 C_2H_2V 只存在红外观测到的 π 型结构 V-η^2-C_2H_2，插入型结构 HC≡C-VH 和亚乙烯基结构 H_2C_2V。这三种结构均为四重态，吸附氢分子后 V-η^2-$C_2H_2(H_2)_n$ 和 $H_2C_2V(H_2)_n$ 均为双重态，而 HC≡C-VH$(H_2)_n$ 均为四重态。它们都可以通过 Kubas 作用和静电作用吸附 5 个氢分子，吸附量为 11.57%。π 型结构 V-η^2-C_2H_2 和亚乙烯基结构 H_2C_2V 与氢分子作用较强，第一个被吸附的氢分子解离,对应平均氢分子结合能分别为 0.32~1.64 eV/H_2,0.17~0.23 eV/H_2。插入型结构 HC≡C-VH 吸附的氢分子均为分子状态,平均氢分子结合能为 0.12~0.25 eV/H_2。

吸附能量不仅取决于使用的计算方法,而且与计算的具体对象有关;如果以 CCSD(T)理论水平的结果为参考,B3LYP 方法可以有效估算钒乙炔配合物对氢气的吸附性能。稳定的 $(C_2H_2)_2V_2$ 结构中 V—V 键长均大于 V_2 二聚体中的 V—V 键长(1.70 Å)。从 $(C_2H_2)V$ 结构中最稳定的 V-η^2-C_2H_2 结构将是钒乙炔低聚物中最基本的结构单元。最稳定的 $(C_2H_2)V_2$ 可以吸附 5 个氢分子,平均氢分子结合能为 0.10~0.69 eV/H_2,对应吸附量为 7.30%。最稳定的 $(C_2H_2)_2V$ 可以看做是由一个 V-η^2-C_2H_2 分子和一个乙炔分子聚合而成,两个乙炔分子分别居于钒原子的两侧,呈现 C_{2v} 对称性。它可以以 0.16 eV/H_2 的平均氢分子结合能吸附 3 个氢分子,吸附量为 5.55%。

4.4 Zr-η^2-(C_2H_2)与Zr-η^2-$(C_2H_2)^+$的储氢性能[4]

4.4.1 引言

Chakraborty[55] 利用重过渡金属代替轻过渡金属研究了铱修饰的单壁碳纳米管与氢分子之间的作用,发现每个重过渡金属铱原子可以吸附 6 个氢分子,更重要的是,这 6 个氢分子在 51 K 时开始脱附,当温度升高到 612 K 时可以完全脱附,这在钛修饰的单壁碳纳米管体系中[56] 是不可能实现的。这一结果使我们想到重过渡金属与有机小分子结合形成的配合物是不是也会出现类似的结果,是否在储氢方面比轻过渡金属更有优势。为此选择锆-乙炔体系作为研究对象。值得注意的是,锆-乙炔金属有机配合物在实验上已经成功合成[19]。这对于研究其储氢性能是非常重要的,因为基底的稳定性是保证储氢材料能够在实际中真正应用的前提。以前关于金属修饰的 C_{60}、碳纳米管、石墨烯等作为储氢材料的研究都是基于金属能够均匀修饰的假设,在实验中并没有合成。

另外带正电荷的 TM-C_2H_4(TM=Sc,Ti,V)体系与对应的中性体系的对比研究中发现,离子化可以增加体系的吸附量[57-59]。锆-乙炔配合物是否可以作为潜在的储氢材料?其储氢性能是否优于钛-乙炔体系?是否能够在温和的条件下实现 100% 脱附?离子化以后的锆-乙炔体系是否也可以改进吸附量?为此本书用杂化密度泛函理论 B3LYP 方法计算了锆-乙炔体系及其正电荷体系对氢气的吸附性能。首先,利用动力学模拟验证实验中观测到的两种锆-乙炔体系在 300 K 下的稳定性。接下来详细估算了 Zr-η^2-

(C₂H₂)及其正离子与氢气的作用。最后,通过不同方法的比较来说明本书所使用方法的可靠性。本书的结果可能对为研究者设计含重过渡金属的储氢材料提供指导。

4.4.2　计算方法

所有中性、带电荷的锆 - 乙炔体系和其吸附氢分子后的几何结构均使用杂化密度泛函理论 B3LYP[31-33]进行优化其中 H 原子和 C 原子使用双极化弥散基组 6-311++G(3df, 3pd),Zr 原子使用赝势基组 SDD[60]。整个几何优化过程中没有使用对称性限制,且通过振动频率计算确认所得到的最稳定结构没有虚频。原子所带电荷通过自然键轨道(NBO)分析得到[48]。为验证使用方法的可靠性,本章使用的对比方法有纯密度泛函理论 PBEPBE[29,30,61],色散修正密度泛函 wB97XD[36],长程修正的杂化密度泛函理论方法 cam-B3LYP[35],二阶微扰理论 MP2[20,22-24]和耦合簇理论 CCSD(T)[62,63]。为了获得精确的能量值,在相应的各种方法下分别做了零点能(ZPE)校正和基组误差校正(BSSE)以及 298.15K 下的自由能校正。所有计算均使用高斯 09 程序[28]完成。

4.4.3　结果与讨论

4.4.3.1　锆–乙炔体系在 300 K 的稳定性

首先,利用 B3LYP 方法对 Zr-η^2-(C₂H₂)和 HC ≡ C-ZrH 的结构进行优化,结果显示三重态比对应的单重态更稳定,几何结构的对称性分别为 Cs、C₂ᵥ,这与文献中的结果相一致[19]。在 PBEPBE,cam-B3LYP,wB97XD 和 MP2 理论水平下计算,结果同样显示三重态比对应的单重态更稳定。各种方法的计算结果均显示实验中观测到的这两种锆 - 乙炔配合物在 0 K 时足够稳定,且 Zr-η^2-(C₂H₂)结构比 HC ≡ C-ZrH 结构稳定约 0.67 eV。为了验证 Zr-η^2-(C₂H₂)和 HC ≡ C-ZrH 在 300 K 时的稳定性,对这两个结构分别进行了分子动力学模拟。使用 CP2K 程序将 B3LYP 的最终优化结果在 300 K 下优化 10 000 步,经历时长为 0.5 飞秒。结果如图 4-16 所示,在模拟过程中 HC ≡ C-ZrH 的结构向 Zr-η^2-(C₂H₂)的结构转变。主要表现为 HC ≡ C-ZrH 配合物中∠C-C-Zr 在优化过程中从 175.07° 逐渐变为 71.25° 。这可能是由于 HC ≡ C-ZrH 到 Zr-η^2-(C₂H₂)的结构转变放热 0.67 eV,且能垒仅为 2.66 eV,因此 Zr-η^2-(C₂H₂)在温度升高时更容易稳定存在。动力学结果表明 Zr-η^2-(C₂H₂)适合作为室温下储氢的候选材料。

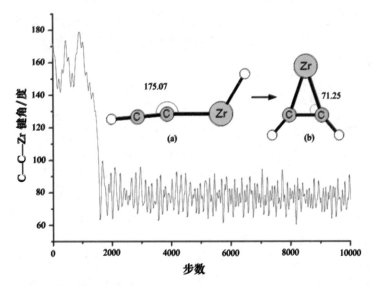

图4-16　使用CP2K动力学模拟计算得到的HC ≡ C-ZrH配合物中∠ C—C—Zr 随优化步数的变化

4.4.3.2　Zr-η^2-(C$_2$H$_2$) 与 Zr-η^2-(C$_2$H$_2$)$^+$ 对氢气的吸附性能

首先,本书对 Zr-η^2-(C$_2$H$_2$)(H$_2$)$_n$ 和 Zr-η^2-(C$_2$H$_2$)$^+$(H$_2$)$_n$ 的几何结构进行优化。无论中性结构还是正离子结构,都可以稳定吸附6个氢分子,对应吸附量为9.35 wt%。满足美国能源部设定的最终储氢要求。

对于中性结构,当第一个氢分子靠近锆原子时,H—H键断裂。两个H原子分别位于锆原子的两边,Zr—H键长均为1.85 Å。这一过程释放能量1.27 eV。稳定的 Zr-η^2-(C$_2$H$_2$)(2H) 结构可以吸附5个氢分子,并且这5个氢分子都以分子形式存在。当 Zr-η^2-(C$_2$H$_2$) 吸附第6个氢分子后形成 Zr-η^2-(C$_2$H$_2$)(H$_2$)$_6$ 稳定结构时,6个被吸附的氢分子都变为分子形式,H—H键长范围为0.76~0.81 Å,比自由氢分子键长0.74 Å稍长,对应的 Zr—H键长为2.39~2.45 Å。如图4-17所示,Zr-η^2-(C$_2$H$_2$)(H$_2$)$_6$ 说明离子化可以改变氢分子的吸附状态。结构呈 C$_2$ 对称性,其中4个被吸附的氢分子几乎位于同一平面,另外两个氢分子位于锆原子的顶端。

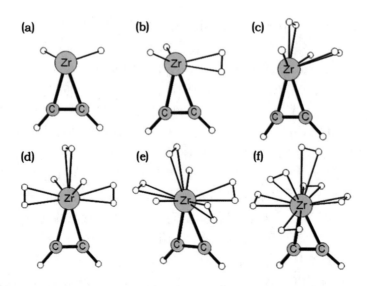

图 4-17　使用 B3LYP 方法计算得到的 Zr-η^2-(C₂H₂)(H₂)$_n$ (*n*=1~6) 稳定结构

Zr-η^2-(C₂H₂)$^+$也可以稳定吸附 6 个氢分子。与中性结构不同的是，Zr-η^2-(C₂H₂)$^+$吸附的第一个氢分子以分子形式存在，且氢分子结合能为 0.46 eV。与中性结构相比，第一个氢分子很容易在温和条件下脱附。Zr-η^2-(C₂H₂)$^+$(H₂)₆结构呈 C₂ᵥ 对称性，锆原子周围的 4 个氢分子中，两个垂直 C≡C 键轴，两个平行 C≡C 键轴。可见，离子化 Zr-η^2-(C₂H₂) 可改变氢分子的吸附状态，使中性体系时的原子吸附变为分子吸附。锆-乙炔体系与氢分子之间的结合机制与钛-乙炔吸附氢分子的机制类似，均为 Kubas 作用。图 4-18 中可以明显看到氢分子的 σ 电子与锆原子的非占据 d 轨道的作用 (4a, 4b) 和氢分子的 σ* 与氢分子占据 d 轨道的作用 (4c, 4d)。

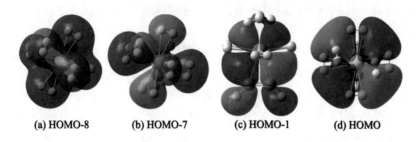

(a) HOMO-8　　(b) HOMO-7　　(c) HOMO-1　　(d) HOMO

图 4-18　使用 B3LYP 方法计算得到的 Zr-η^2-(C₂H₂) (H₂)₆ 部分前线轨道

DFT 定量计算阐明 Zr-η^2-(C₂H₂) 及其离子吸附氢分子的最大数目可以通过 18 电子规则[40]得以解释。18 电子规则用公式可以描述为：$2n_{max} + n_v[\text{Zr}] + n_v[\text{C}_2\text{H}_2] = 18/17$

式中n_v[Zr]和n_v[C$_2$H$_2$]分别表示钛原子的最外层电子数和乙炔提供的共价电子数。乙炔是中性的,认为其提供的共价电子数为2,金属锆最外层有4个电子(Zr: 4d^{2}5s^2),所以中性Zr-η^2-(C$_2$H$_2$) (H$_2$)$_6$的所有共价电子总数为18 (2+4+2×6=18),Zr-η^2-(C$_2$H$_2$)$^+$ (H$_2$)$_6$的所有共价电子总数为17 (2+3+2×6=17)。

与Zr-η^2-(C$_2$H$_2$)$^+$相比,Zr-η^2-(C$_2$H$_2$)吸附氢分子时氢原子的出现可以通过锆原子的电离势进行解释。在中性Zr-η^2-(C$_2$H$_2$)配合物中,锆原子所带电荷为0.695 |e|。当氢分子靠近时,锆原子有足够的电荷转移到氢分子的反键轨道上,促使H—H键分离。被吸附氢分子的每个H原子上带 –0.295电荷,Zr原子由于失去电子,正电性更强,为1.212 |e|。当更多的氢分子接近锆原子时,由于第二电离势比第一电离势大,显正电状态的锆原子很难释放电子到周围的氢分子上,因而继续吸附氢分子时,H—H键都不会解离。同理,在Zr-η^2-(C$_2$H$_2$)$^+$体系中,锆原子已经是正电荷状态,自然键轨道分析显示锆原子所带电荷为1.604 |e|。因此当氢分子接近Zr-η^2-(C$_2$H$_2$)$^+$时,锆原子与氢分子之间几乎没有电荷转移。例如在Zr-η^2-(C$_2$H$_2$)$^+$(H$_2$)体系中,被吸附氢分子的每个H原子上带 –0.031电荷,Zr原子带1.441电荷。这些结果说明金属有机配合物中金属的带电状态对吸附氢分子的状态有很大影响。

接下来讨论了Zr-η^2-(C$_2$H$_2$)和Zr-η^2-(C$_2$H$_2$)$^+$与氢分子的结合能。在B3LYP方法下,详细比较了零点能校正后的平均氢分子吸附能和吉布斯自由能校正后的平均氢分子吸附能。计算公式分别为:

$$\Delta E = \{E\,[\text{M}] + n\,E\,[\text{H}_2] - E\,[\text{M(H}_2)_n]\}/n;$$
$$\Delta G = \{G\,[\text{M}] + n\,G\,[\text{H}_2] - G\,[\text{M(H}_2)_n]\}/n$$

其中,M代表中性或带一个正电荷的Zr-η^2-(C$_2$H$_2$),n表示吸附氢分子的数目。表4-9中同时列出无修正的平均氢分子吸附能、零点能修正后的平均氢分子吸附能以及同时有零点能修正和重叠误差校正的平均氢分子吸附能。从表4-9中可以很清楚地看到零点能校正范围在0.04~0.15 eV,重叠误差校正不超过0.01 eV。表4-10中吉布斯自由能校正在0.06~0.28 eV,这些数据说明零点能在精确估算氢分子结合能时是绝对不能忽略的,同时在考虑热力学计算时吉布斯自由能校正也是非常重要的。因此表4-10中罗列了零点能修正后的吸附能 ΔE_{ZPE} 和298.15 K下吉布斯自由能校正后的吸附能 ΔG_{ZPE},利用这些数据从不同角度讨论了Zr-η^2-(C$_2$H$_2$)和Zr-η^2-(C$_2$H$_2$)$^+$与氢分子结合的可能性。从表4-10中可以明显看到Zr-η^2-(C$_2$H$_2$)与氢分子之间的结合能比对应的Zr-η^2-(C$_2$H$_2$)$^+$大,说明离子化可以改进氢分子与吸附剂的作用能。对于中性结构结合能在0.25~1.27 eV,而正离子结构对应的结合能为0.23~0.46 eV。其中Zr-η^2-(C$_2$H$_2$) (H$_2$)$_6$和Zr-η^2-(C$_2$H$_2$)$^+$ (H$_2$)$_6$的平均氢分子结合能分别为0.25,0.23 eV/H$_2$,均在室温储氢理想结合能的范围之内。进一步研究 Zr-η^2-(C$_2$H$_2$)(H$_2$)$_6$ 和 Zr-η^2-(C$_2$H$_2$)$^+$(H$_2$)$_6$ 的热力学能随温度变化的影响。如图4-9所示，Zr-η^2-(C$_2$H$_2$) 和 Zr-η^2-(C$_2$H$_2$)$^+$ 吸附6个氢分子分别在 260 K，250 K 下是热力学允许的。在以前的文献报道中，Liu 预测 Ti(C$_5$H$_5$)(H$_2$)$_4$ 与 Ti(C$_5$H$_5$)$^+$(H$_2$)$_4$ 的平均氢分子结合能分别为 0.72、0.65 eV/H$_2$。 Chaudhari[57-59] 的计算结果显示 Ti(C$_2$H$_4$)(H$_2$)$_5$ 和 Ti(C$_2$H$_4$)$^+$(H$_2$)$_6$ 的平均氢分子结合能分别为 0.15、0.18 eV/H$_2$；V(C$_2$H$_4$)(H$_2$)$_5$ 和 V(C$_2$H$_4$)$^+$(H$_2$)$_6$ 的平均氢分子结合能分别为 0.21、0.19 eV/H$_2$；Sc(C$_2$H$_4$)(H$_2$)$_6$ 和 Sc(C$_2$H$_4$)$^+$(H$_2$)$_7$ 的平均氢分子结合能分别为 0.06、0.07 eV/H$_2$。与这些结构的比较说明 Zr-η^2-(C$_2$H$_2$) 和 Zr-η^2-(C$_2$H$_2$)$^+$ 都适合在温和条件下储氢。

表 4-9　Zr-η^2-(C$_2$H$_2$)(H$_2$)$_n$ (n=1~6) 的平均氢分子吸附能 (包括无修正的结果 $\triangle E$、零点能修正后的结果 $\triangle E_{ZPE}$、同时又零点能修正和重叠误差校正的结果 $\triangle E_{ZPE+BSSE}$) (单位：eV)

结构	$\triangle E$	$\triangle E_{ZPE}$	$\triangle E_{ZPE+BSSE}$
Zr-η^2-(C$_2$H$_2$)(H$_2$)	1.31	1.27	1.26
Zr-η^2-(C$_2$H$_2$)(H$_2$)$_2$	1.08	0.98	0.98
Zr-η^2-(C$_2$H$_2$)(H$_2$)$_3$	0.55	0.62	0.41
Zr-η^2-(C$_2$H$_2$)(H$_2$)$_4$	0.55	0.41	0.40
Zr-η^2-(C$_2$H$_2$)(H$_2$)$_5$	0.47	0.33	0.32
Zr-η^2-(C$_2$H$_2$)(H$_2$)$_6$	0.39	0.25	0.24

表 4-10　Zr-η^2-(C$_2$H$_2$)(H$_2$)$_n$ 和 Zr-η^2-(C$_2$H$_2$)$^+$(H$_2$)$_n$ (n=1~6) 的平均氢分子吸附能 (单位：eV)

结构	$\triangle E_{ZPE}$	$\triangle G_{ZPE}$	结构	$\triangle E_{ZPE}$	$\triangle G_{ZPE}$
Zr-η^2-(C$_2$H$_2$)(H$_2$)	1.27	1.00	Zr-η^2-(C$_2$H$_2$)$^+$(H$_2$)	0.46	0.20
Zr-η^2-(C$_2$H$_2$)(H$_2$)$_2$	0.98	0.71	Zr-η^2-(C$_2$H$_2$)$^+$(H$_2$)$_2$	0.39	0.12
Zr-η^2-(C$_2$H$_2$)(H$_2$)$_3$	0.62	0.35	Zr-η^2-(C$_2$H$_2$)$^+$(H$_2$)$_3$	0.35	0.07
Zr-η^2-(C$_2$H$_2$)(H$_2$)$_4$	0.41	0.25	Zr-η^2-(C$_2$H$_2$)$^+$(H$_2$)$_4$	0.33	0.05
Zr-η^2-(C$_2$H$_2$)(H$_2$)$_5$	0.33	0.14	Zr-η^2-(C$_2$H$_2$)$^+$(H$_2$)$_5$	0.29	0.02
Zr-η^2-(C$_2$H$_2$)(H$_2$)$_6$	0.25	-0.04	Zr-η^2-(C$_2$H$_2$)$^+$(H$_2$)$_6$	0.23	-0.05

根据表4-10中0 K时的氢分子结合能、玻尔兹曼常数k_B、氢气从气相到液相的熵变$\Delta S^{[64]}$及气体常数R可以通过范特霍夫方程获得一个大气压下的脱附温度T_D。计算公式为：

$$T_D = (\Delta E_n / k_B)(\Delta S/R - \ln p)^{-1}$$

计算结果显示Zr-η^2-(C$_2$H$_2$)脱附第一个吸附的氢分子需要温度上升到1619.3 K而离子化以后的结构可以在586.5 K时将所有吸附的6个氢分子完全脱附。在以前有关的报道中显示，TiC$_5$H$_5^+$和TiC$_2$H$_4^{+[57]}$也可以大量吸附氢分子，但是由于结合能较大，分别为0.56、0.80 eV，因此脱附第一个氢分子需要非常高的温度，不能在温和条件下将所有吸附的氢分子脱附。

图4-19展示了Zr-η^2-(C$_2$H$_2$)(H$_2$)$_n$和Zr-η^2-(C$_2$H$_2$)$^+$(H$_2$)$_n$ ($n = 1\sim6$)的能隙(HOMO-LUMO gaps)随吸附氢分子数目的变化。可以看出，无论是中性体系还是带电体系，总体上能隙随着吸附氢分子数目的增加而增加。Zr-η^2-(C$_2$H$_2$)(H$_2$)$_5$和Zr-η^2-(C$_2$H$_2$)$^+$(H$_2$)$_6$两种配合物的能隙分别对应最大值。说明这两种结构在动力学上相当稳定。

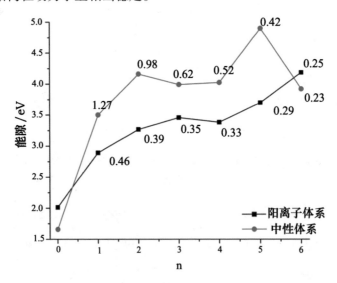

图4-19 Zr-η^2-(C$_2$H$_2$)(H$_2$)$_n$和Zr-η^2-(C$_2$H$_2$)$^+$(H$_2$)$_n$ ($n = 1\sim6$)配合物的能隙随氢分子数目的变化曲线

4.4.3.3 不同方法对Zr–η^2-(C$_2$H$_2$)和Zr–η^2-(C$_2$H$_2$)$^+$吸附氢分子的影响

对于研究锆 - 乙炔体系储氢的另一个重要问题是选用方法的可靠性。这里以Zr-η^2-(C$_2$H$_2$)$^+$与氢分子的平均氢分子结合能为例，通过不同方法的比较来说明 B3LYP 的可靠性。这里的不同方法主要包括二阶微扰方法 MP2，纯密度泛函理论方法 PBEPBE，长程修正杂化密度泛函方法 wB97XD，cam-B3LYP 和偶合簇方法 CCSD(T)。从表 4-11 中可以看出，平均氢分子结合能受计算方法的影响，不同方法之间的差值高达 0.38 eV。纯密度泛函 PBE 方法下计算得到的平均氢分子吸附能偏高。Okamato[9] 也曾经在文献中指出泛函中 HF 成分越大，计算得到的结合能就越低。虽然长程杂化密度泛函 wB97XD 方法考虑了交换相关能对吸附能的影响，加入了弱相互作用和长程作用的修正，但是不能很好地描述锆 - 乙炔体系对氢气的吸附性能。以 CCSD(T) 值作为参考，MP2 和 B3LYP 方法得出的结合能应该更准确，且值较低。另外 Charles[65] 在研究 $Co^+(H_2)_n$(n=1~6) 体系时指出 B3LYP 方法不但节省计算时间，而且与 MP2 方法相比较可以得出更可靠的几何结构。同样 Philippe[66] 研究 $V^+(H_2)_n$(n=1~6) 体系过程中也发现 B3LYP 结果与实验数据一致。进一步计算了实验中观测到的三重态 $Zr\text{-}\eta^2\text{-}(C_2H_2)$ 对应的振动频率。从表 4-12 中可以明显看到纯密度泛函理论方法 PBEPBE 方法和杂化密度泛函 B3LYP 所得到的振动频率与实验观测值[19] 非常接近。氢分子结合能与振动频率的结果一致说明 B3LYP 方法可以很好地描述锆 - 乙炔体系对氢气的吸附性能。

表 4-11　在不同理论水平下 $Zr\text{-}\eta^2\text{-}(C_2H_2)(H_2)_n$ 和 $Zr\text{-}\eta^2\text{-}(C_2H_2)^+(H_2)_n$ (n=1-6) 配合物经过零点能修正后的平均氢分子吸附能 (单位：eV)

结构	ΔE_{ZPE}					
	wB97XD	PBEPBE	cam-B3LYP	B3LYP	MP2	CCSD(T)
$Zr\text{-}\eta^2\text{-}(C_2H_2)^+(H_2)$	1.98	0.82	0.46	0.46	0.41	0.37
$Zr\text{-}\eta^2\text{-}(C_2H_2)^+(H_2)_2$	1.22	0.61	0.33	0.39	0.36	0.32
$Zr\text{-}\eta^2\text{-}(C_2H_2)^+(H_2)_3$	0.69	0.53	0.38	0.35	0.33	0.29
$Zr\text{-}\eta^2\text{-}(C_2H_2)^+(H_2)_4$	0.68	0.49	0.37	0.33	0.33	0.28
$Zr\text{-}\eta^2\text{-}(C_2H_2)^+(H_2)_5$	0.66	0.44	0.33	0.29	0.30	0.26
$Zr\text{-}\eta^2\text{-}(C_2H_2)^+(H_2)_6$	0.59	0.37	0.27	0.23	0.25	0.21

表 4-12 Zr-η^2-(C$_2$H$_2$) 处于 ^{3}A$_2$ 电子态时利用不同方法 (B3LYP，PBEPBE，CAM-B3LYP，wB97XD 和 MP2) 得到的振动频率，单位：cm^{-1}

Zr-η^2-(C$_2$H$_2$)				^{3}A$_2$		
振动描述	obs[a]	B3LYP	PBEPBE	CAM -B3LYP	wB97XD	MP2
A$_1$ C-H 拉伸	2993.2	3149.6	3086.65	3185.32	3193.75	3202.08
A$_1$ C-C 拉伸	1316.9	1425.32	1360.13	1464.55	1442.82	1421.89
A$_1$ HCCH 弯曲		814.88	772.95	824.45	818.37	811.12
A$_1$ ZrC$_2$拉伸	541.3	555.3	551.93	570.37	571.51	563.35
A$_2$ HCCH 弯曲		935.25	879.07	965.72	963.98	964.70
B$_1$ HCCH 弯曲	633.7	654.93	625.98	670.69	682.47	658.06
B$_2$ C-H 拉伸	2966.2	3122.63	3060.42	3158.71	3166.59	3175.34
B$_2$ HCCH 弯曲	1061.7	1086.34	1036.49	1114.77	1107.7	1094.81
B$_2$ ZrC$_2$ 拉伸	588.6	569.67	578.68	574.93	577.37	572.17

4.4.4 小结

Zr-η^2-(C$_2$H$_2$) 和 Zr-η^2-(C$_2$H$_2$)$^+$ 都能够稳定吸附6个氢分子，吸附量达 9.35%，且平均氢分子结合能分别为0.25，0.23 eV，均在室温储氢理想结合能的范围之内。Zr-η^2-(C$_2$H$_2$)(H$_2$)$_6$ 和 Zr-η^2-(C$_2$H$_2$)$^+$(H$_2$)$_6$ 的热力学能结果表明 Zr-η^2-(C$_2$H$_2$) 和 Zr-η^2-(C$_2$H$_2$)$^+$ 吸附6个氢分子分别在260 K，250 K下是热力学允许的。但是，对于中性体系，当第一个氢分子靠近锆原子时，发生了与 Ti-η^2-(C$_2$H$_2$) 储氢类似的结果，即氢分子解离。而 Zr-η^2-(C$_2$H$_2$)$^+$ 吸附的6个氢分子都以分子形式存在。通过范特霍夫方程计算一个大气压下的脱附温度。结果显示 Zr-η^2-(C$_2$H$_2$) 脱附第一个吸附的氢分子需要温度上升到1619.3 K而离子化以后的结构可以在586.5 K时将所有吸附的6个氢分子完全脱附。这些结果一致说明 Zr-η^2-(C$_2$H$_2$) 和都可以作为高吸附量的吸附剂，但要想在温和条件下将吸附的氢分子100%脱附，离子化的 Zr-η^2-(C$_2$H$_2$)$^+$ 更有优势。

Zr-η^2-(C$_2$H$_2$) (H$_2$)$_n$ 和 Zr-η^2-(C$_2$H$_2$)$^+$ (H$_2$)$_n$ (n=1~6) 配合物的能隙证实了吸附结构的稳定性。以 Zr-η^2-(C$_2$H$_2$)$^+$ 与氢分子的平均氢分子结合能为例，

通过不同密度泛函方法、二阶微扰和耦合簇方法的比较来说明 B3LYP 预测锆 - 乙炔体系储氢的可靠性。平均氢分子结合能受计算方法的影响,不同方法之间的差值高达 0.38 eV。氢分子结合能与振动频率的结果一致说明 B3LYP 方法可以很好地描述锆 - 乙炔体系对氢气的吸附性能。另外,零点能在精确估算氢分子结合能时是绝对不能忽略的,同时在考虑热力学计算时吉布斯自由能校正也是非常重要的。

4.5　线性配合物 HC≡C-TMH(TM=Sc-Ni) 的储氢性能[5]

4.5.1　引言

安全有效的储氢是将氢气应用于实际中的关键[67-69]。在过去的几年里,通过理论研究设计了各种固体材料[70-73],但这些材料还没有成功合成。最近,许多研究小组设计了过渡金属三明治配合物[74-77]、过渡金属团簇[78-85]和过渡金属乙烯[8,9,57,58]。有机小分子不仅是碳纳米材料的基本单元[6,86-88],也是一些 MOFs[89] 和 COFs[90] 材料的重要连接体。在这方面,TMs 修饰有机小分子形成的 TMC_nH_m 配合物吸附氢的研究受到了广泛的关注[8,9]。基于密度泛函理论计算,TMC_2H_4 配合物[8,9,57,58] 可以通过 Dewar-Kubas 相互作用吸附许多氢分子。过渡金属修饰的甲基苯胺(Sc,Ti,V 和 Cr)最多可以吸附 7 个氢分子,储氢量分别为 16.7 wt%、16.0 wt%、13.2 wt% 和 13.0 wt%[80]。$TM-C_3H_3$(TM=Sc[91],Ti[92],V)的储氢质量分数分别为 10.71%、8.5% 和 10.07%。CoC_mH_m 和 NiC_mH_m(m=4,5)储氢量为 3.49 wt%。配合物 TMC_nH_n(TM=Sc,Ti,V;n=4,5,6,8)的储氢质量分数可达 9.30%[25,27]。此外,TiC_2H_4[16] 和 TiC_6H_6 的储氢量分别为 14 wt% 和 12 wt%。

对 3d 过渡金属 - 乙炔配合物(TMC_2H_2,TM=Ⅲ,Ⅳ,Ⅴ B 族过渡金属原子)进行了许多实验研究,并从实验和理论上鉴定了 TMC_2H_2 产物(包括 π 型单体和线性单体)[40,41,43]。在 TMC_2H_2 中带正电荷的过渡金属原子可以通过 Kubas 和静电相互作用吸附多个氢分子[93]。先前的研究表明,π 型单体 TM-η^2-(C_2H_2)(M=Sc[2]、Ti[1]、V[3] 和 Zr[4])的最大储氢量分别为 14.60%、14.06%、11.57% 和 9.35%。Ajay 的分子动力学模拟表明,在 300 K 时,4 个 H_2 分子仍然吸附在 π 型配合物 TiC_2H_2 上[94],π 型配合物 NiC_2H_2 甚至在 600 K 时也能吸附两个 H_2 分子[44]。然而,对线性单体 (HC≡C-TMH) 的储氢能力的研究较少。事实上,这两种过渡金属修饰乙炔配合物的实验光谱数据表明,线性单体在共沉积和光解过程中更容易产生[41,19]。因此,本书研究了从 Sc 到 Ni 的 3d 金属在 HC ≡ C-TMH 上的氢饱和构型、ZPE 校正的平均吸附能、解吸温度、77~300 K 处吸附 H_2 分子的最大数量以及相应的储氢量。这对储氢材料的设计具有一定的指导意义。

4.5.2 计算方法

用 B3LYP 泛函[31-33]对 HC ≡ C-TMH(TM=Sc-Ni) 配合物及其吸附氢分子的结构进行优化。其中,Sc-Ni 原子使用赝势基组 SDD[60],C 原子和 H 原子使用双极化弥散基组 6-311++G (3df,3pd)。在整个优化过程中考虑了不同的自旋多重度,没有使用对称性限制。对所有系统进行了频率计算,以确定它们是势能面上的稳定点,并提供零点能(ZPE)。使用 ADMP[95-98]对 300 K 下高达 0.3 fs 进行了从头算分子动力学模拟(MD)。所有的计算均使用高斯 09 程序[28]完成。

计算了 TM 原子与乙炔分子之间的结合能:

$$E_b = E[\mathrm{TM}] + E[\mathrm{C_2H_2}] - E[\mathrm{HC \equiv C\text{-}TMH}]。$$

用以下公式计算 ZPE 校正的平均吸附能(ΔE_n):

$$\Delta E_n = \{E[\mathrm{HC \equiv C\text{-}TMH}] + n\,E[\mathrm{H_2}] - E[\mathrm{HC \equiv C\text{-}TMH(H_2)}_n]\}/n,$$

其中,$E[\mathrm{X}]$ 是相应结构的总能量,n 是吸附 H_2 分子的数目。

4.5.3 结果与讨论

4.5.3.1 HC ≡ C-TMH(TM=Sc–Ni) 的几何结构

如图 4-20 所示,从 Sc 到 Ni 的所有 3d 金属原子都与单个乙炔分子结合,形成具有 Cs 对称性的稳定 HC ≡ C-TMH。在 HC ≡ C-TMH 配合物中,C ≡ C 键长为 1.21~1.22 Å,C-TM 键长为 1.86~2.15 Å(表 4-13)。当 TM 从 Sc 到 Ni 时,HC ≡ C-TMH 配合物的优选自旋多重度为 2,3,4,3,3,2 和 3,这与 TM-η^2-($\mathrm{C_2H_2}$)[1] 的自旋多重度相同。此外,HC ≡ C-TMH(TM=Sc,Ti,V) 的多重度通过实验和计算得到证实[19,41]。计算得到 Sc-Mn 与 $\mathrm{C_2H_2}$ 的结合能(E_b) 分别为 1.35,1.15,1.20,1.22 和 0.79 eV,比在相同水平上得到的 TM-$\mathrm{C_2H_4}$ 配合物的结合能高,而 Fe-Ni 与 $\mathrm{C_2H_2}$ 的结合能分别为 0.54,0.06 和 0.56 eV,弱于 TM-$\mathrm{C_2H_4}$ 配合物的结合能[99]。

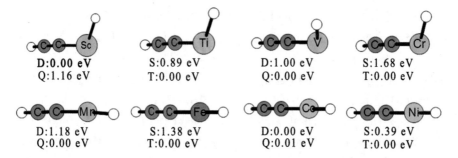

图 4-20　HC ≡ C-TMH(TM=Sc-Ni) 配合物的几何结构。根据基态来计算相对能量。S，D，T，Q 分别表示单重态、双重态、三重态和四重态

表 4-13　HC ≡ C-TMH(TM=Sc-Ni) 配合物的结构参数

HC≡C-MH (多重度)	C≡C	C-TM	∠CCTM	HC≡C-MH-nH_2 (多重度)	C≡C	C-TM	∠CCTM
Sc(2)	1.22	2.15	177.78	Sc(2)	1.22	2.23	177.57
Ti(3)	1.22	2.09	172.39	Ti(3)	1.22	2.14	177.61
V(4)	1.22	2.02	172.57	V(4)	1.22	2.08	179.97
Cr(3)	1.22	1.95	175.42	Cr(3)	1.21	2.02	178.94
Mn(4)	1.22	1.95	179.10	Mn(4)	1.22	1.98	178.14
Fe(3)	1.21	1.86	176.07	Fe(3)	1.21	1.96	179.87
Co(2)	1.21	1.95	179.94	Co(2)	1.21	1.87	170.36
Ni(3)	1.21	1.89	179.75	Ni(3)	1.21	1.88	179.93

4.5.3.2　氢分子在 HC ≡ C−TMH(TM=Sc−Ni) 上的吸附

关于 HC ≡ C-TMH(TM=Sc-Ni) 异构体的吸氢性能,虽然 Fe-Ni 与乙炔分子的结合能很小,但也考虑了它们的氢吸附。

第一个 H_2 分子吸附在 HC ≡ C-TMH(TM=Sc-Ni) 基态上是分子形式的。之前对 π 单体 TM-η^2-(C_2H_2)(M=Sc, Ti) 的研究表明,吸附的 H_2 分子首先在 Ti/Sc 上解离,然后迁移到 C 原子上形成 CH_2 基团,从而降低了储氢量[10,99]。因此,吸附 H_2 分子中的 H—H 键被拉长而不断裂是非常重要的。然而,吸附在单重态 HC ≡ C-TiH 上的第一个 H_2 分子倾向于解离成两个 H 原子。单重态 HC ≡ C-TiH 的氢结合能为 1.55 eV,大于三重态 (0.40 eV),这种现象可以用 Kubas 相互作用来解释,其特征是 H_2 的 σ 电子向金属空 d 轨道的转移

和金属d电子向H_2的$\sigma*$轨道的反馈。在图4-21中列出了$HC \equiv C\text{-}TiH$在单重态和三重态的重要价层轨道。很明显,它们的分子轨道非常相似。所有的分子轨道主要由钛原子的空d轨道杂化组成。然而,单重态$HC \equiv C\text{-}TiH$的最高分子占据轨道是由两个电子占据的第18分子轨道,三重态$HC \equiv C\text{-}TiH$的最高分子占据轨道是由一个电子占据的第19分子轨道。因此,单重态$HC \equiv C\text{-}TiH$的更多的电子反馈使吸附的第一个H_2分子解离。这一现象对于V和Cr也是如此。因此,在储氢研究中必须考虑吸附剂的多重度。Philippe研究的$TiC_6H_6\text{-}4H_2$的每个H_2分子的吸附能为0.67 eV[27],与文献[100]中提到的0.37 eV不同。这是由于没有考虑吸附剂多重度。

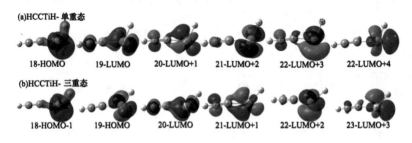

(a)HCCTiH- 单重态

18-HOMO 19-LUMO 20-LUMO+1 21-LUMO+2 22-LUMO+3 22-LUMO+4

(b)HCCTiH- 三重态

18-HOMO-1 19-HOMO 20-LUMO 21-LUMO+1 22-LUMO+2 23-LUMO+3

图 4-21 $HC \equiv C\text{-}TiH$ 的重要价态轨道

$HC \equiv C\text{-}TMH(TM=Sc\text{-}Ni)$配合物最大吸收$H_2$分子的优化几何结构如图4-22所示。图中所有吸附的H_2分子都是分子形式,H—H键长为0.76-0.83 Å。$HC \equiv C\text{-}TMH\text{-}H_2(TM=Sc\text{-}Ni)$配合物的结构参数表明,与$HC \equiv C\text{-}TMH(TM=Sc\text{-}Ni)$相比,C-C键距离几乎不变,C-TM键被拉长0.03~0.10 Å。这些数据表明,即使在最大限度吸附H_2分子之后,分离的配合物也几乎保持完整。

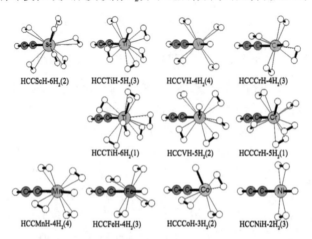

HCCScH-6H₂(2) HCCTiH-5H₂(3) HCCVH-4H₂(4) HCCCrH-4H₂(3)

HCCTiH-6H₂(1) HCCVH-5H₂(2) HCCCrH-5H₂(1)

HCCMnH-4H₂(4) HCCFeH-4H₂(3) HCCCoH-3H₂(2) HCCNiH-2H₂(3)

图 4-22 $HC \equiv C\text{-}TMH(TM=Sc\text{-}Ni)$ 配合物的最大吸收 H_2 分子数几何结构。括号中的数字表示多重度

基态 HC ≡ C-TiH(TM=Sc-Co) 的储氢质量分数在 6.65%~14.56%，达到了美国能源部设定的 5.5% 的目标[38]。当 HC ≡ C-TiH(TM=Ti，V，Cr) 配合物分别处于单重态、双重态和单重态时，它们可以比基态多吸附一个 H_2 分子。这一结果可以通过 18 电子规则[40] 和 Kubas 相互作用来说明。根据 18 电子规则，Ti 原子的配位数为 2，Ti 原子向价层贡献 4 个电子。因此，单重态 HC ≡ C-TiH 最多可以吸附 6 个氢分子，贡献额外的 12 个电子。而在三重态 HC ≡ C-TiH 中，又有一个 d 轨道被占据，一个较少未占据的 d 轨道如图 4-22 所示，证实了考虑吸附剂多重度对 H_2 储氢量的重要性。

表 4-14 列出了 HC ≡ C-TMH(TM=Sc-Ni) 配合物在 ZPE 校正的平均吸附能 (ΔE_n) 和重量储氢量。HC ≡ C-ScH-nH_2 和 HC ≡ C-NiH-nH_2 的 ΔE_n 从 0.01 eV 到 0.11 eV。对于在环境条件下储氢来说太小了。HC ≡ C-TMH(TM=Ti-Co) 的 ΔE_n 为 0.07~0.49 eV。当 HC ≡ C-TMH(TM=Ti，V) 分别为单重态和双重态时，ΔE_n 可达 1.50 eV，储存的氢很难发生解吸。

根据 van't Hoff 方程，近似估计了 HC ≡ C-TMH(TM=Sc-Ni) 配合物的解吸温度：

$$T_D = (\Delta E_{ZPE}/k_B)(\Delta S/R - \ln p)^{-1}$$

ΔE_{ZPE} 来自表 4-14，Boltzmann 常数 k_B 为 1.38×10^{-23} J/K，ΔS 为从气相到液相的 H_2 熵的变化[64]，气体常数 R 为 8.31 J/(K·mol)，平衡压力为 1 atm。利用吸附的第一个和最后一个 H_2 分子的结合能，也可以确定最低 (TDL) 和最高 (TDH) 温度，如表 4-15 所示。

表 4-14　ZPE 校正后 HC ≡ C-TMH(TM=Sc-Ni) 的平均吸附能 (ΔE_n)(单位 :eV) 和最大吸附 H_2 分子的储氢质量分数（%）

TM(多重度)	ΔE_n of HC ≡ C-TMH (TM = Sc - Ni)						%
	n=1	n=2	n=3	n=4	n=5	n=6	
Sc(2)	0.11	0.01	0.10	0.06	0.03	0.01	14.56
Ti(1)a	1.55	0.39	0.52	0.38	0.29	0.18	14.06
Ti(3)	0.40	0.25	0.22	0.16	0.10		12.00
V(2)a	1.50	0.93	0.67	0.50	0.39		11.58
V(4)	0.21	0.09	0.16	0.16			9.48
Cr(1)a	0.49	0.36	0.35	0.35	0.30		11.44
Cr(3)	0.16	0.09	0.18	0.17			9.37

续表

TM(多重度)	ΔE_n of HC≡C-TMH (TM = Sc - Ni)						%
	$n=1$	$n=2$	$n=3$	$n=4$	$n=5$	$n=6$	
Mn(4)	0.36	0.20	0.13	0.07			9.06
Fe(3)	0.43	0.29	0.19	0.14			8.97
Co(2)	0.48	0.30	0.21				6.65
Ni(3)	0.01	0.03					4.54

注：[a] The first adsorbed H_2 is dissociated.

表 4-15 在 T_{DL} 和 ADMP-MD 模拟的基础上，HC≡C-TMH-nH$_2$(TM=Sc-Ni) 的最高 (T_{DH}) 和最低 (T_{DL}) 解吸温度（单位 :K），77~300 K(N_{max}) 吸附 H$_2$ 分子的最大数量以及相应的储氢质量分数 (%)

	HC≡C-TMH-nH$_2$ (TM = Sc - Ni)										
TM	Sc(2)	Ti(1)	Ti(3)	V(2)	V(4)	Cr(1)	Cr(3)	Mn(4)	Fe(3)	Co(2)	Ni(3)
TDH	140.25	1976.25	510.00	1912.50	267.75	624.75	229.50	459.00	548.25	612	38.25
TDL	12.75	229.50	127.50	497.25	114.75	382.5	114.75	89.25	178.5	267.75	12.75
N_{max}	2	5	5	2	4	2	4	3	3	3	0
%	5.37	12.00	12.00	4.98	9.48	4.91	9.37	6.95	6.88	6.65	0

估算的 HC≡C-ScH-nH$_2$ 的 T_{DL} 和 T_{DH} 分别为 12.75 K 和 140.25 K，表明部分吸附的 H$_2$ 分子在低温下可以很容易地解吸。HC≡CNiH-nH$_2$ 的 T_{DH} 值 (38.25 K) 表明，即使在 77 K 下，这两个吸附的 H$_2$ 分子也不能被吸附。基态 HC≡C-TMH(TM=Ti-Co) 的氢吸附可以发生在 127.50~510.00，114.75~267.75，114.75~229.50，89.25~459.00，178.50~548.25 和 267.75~612.00 K 的温度范围内，这表明在室温附近多个 H$_2$ 分子可以进行可逆吸附。

为了估计 300 K 下可逆吸附 H$_2$ 分子的最大数量，对 HC≡C-TMH-nH$_2$(TM=Sc-Ni) 进行了高达 0.3 fs 的 ADMP-MD 模拟，并在图 4-23 中给出了 HC≡C-TMH-nH$_2$(TM=Ti，V，Cr) 对应的时间演化轨迹。在基态情况下，第一个 H$_2$ 分子以分子形式结合，在 300 K 时解吸很容易发生。然而，当 HC≡C-TMH(TM=Ti，V，Cr) 为单重态、双重态或单重态时，部分吸附的 H$_2$ 分子在其平衡 TM—H 键长度附近振荡，没有任何不稳定性迹象。分子动力学模拟结果表明，单重态 HC≡C-TiH 能结合 6 个氢分子，在 300 K 时释放 5 个氢分子。V 和 Cr 也有类似的结果。双重态 HC≡C—VH 和单重态 HC≡C-CrH

都能结合 5 个氢分子,在 300 K 时才能释放 2 个氢分子。对于四重态 HC≡C-VH 和三重态 HC≡C-CrH,所有吸附的 H_2 分子在大约 0.2 fs 下释放。

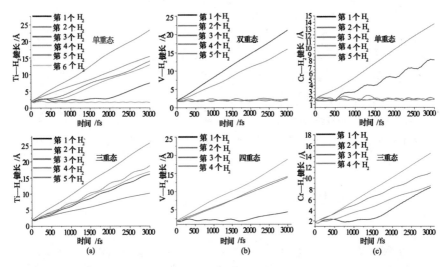

图 4-23 不同多重度时,$HC≡C-TMH-nH_2$ 中 TM-H 键长在 300 K 随时间变化的轨迹图 (a)Ti,(b)V,(c)Cr

根据 ADMP-MD 模拟和估计的 T_{DL},表 4-15 列出了 HC≡C-TMH(TM=Sc-Ni) 在 77~300 K 下的最大吸附 H_2 分子数量和相应的最大可逆储氢密度。这些热力学估计表明,在 HC≡C-TiH(单重态和三重态)、HC≡C-VH(四重态)、HC≡C-CrH(三重态)、HC≡C-MnH(四重态)、HC≡C-FeH(三重态)和 HC≡C-CoH(二重态)上可以有效地吸附和完全解吸多个 H_2 分子,其相应的最大可逆储氢量分别为 12.00、9.48、9.37、6.95、6.88 和 6.65 wt%。

4.5.4 结论

综上所述,利用密度泛函理论和从头算分子动力学模拟,对多个 H_2 分子在线性配合物 HC≡C-TMH(TM=Sc-Ni) 上的物理吸附进行了系统和全面的研究。研究了 HC≡C-TMH(TM=Sc-Ni) 的稳定几何结构、氢饱和结构、平均吸附能、解吸温度、77~300 K 下吸附 H_2 分子的最大数量以及相应的最大可逆储氢密度。

从 Sc 到 Ni 的所有 3d 金属原子都可以与单个乙炔分子结合,形成 Cs 对称性的 HC≡C-TMH,键能为 0.06~1.35 eV。HC≡C-TMH(TM=Sc-Ni) 的多重度为 2,3,4,3,4,3,2 和 3。

氢饱和结构表明,HC≡C-TMH(TM=Sc-Ni) 配合物可以吸附多个 H_2 分子,储氢量为 4.54~14.56 wt%。值得注意的是,基态 HC≡C-TMH(TM=Sc-

Ni) 中所有吸附的 H_2 分子都是分子形式。当 HC ≡ C-TMH(TM=Ti, V, Cr) 为单重态、二重态和单重态时,它们的第一个 H_2 分子被解离。因此,本书强调在储氢研究中必须考虑吸附剂的多重度。

平均氢吸附能和解吸温度表明,即使在 77 K 下,HC ≡ C-NiH 也很难吸附 H_2 分子。基态 HC ≡ C-TMH(TM=Ti-Co) 的 ΔE_n 为 0.07~0.49 eV,最高解吸温度为 510.00, 267.75, 229.50, 459.00, 548.25 和 612 K。因此,在环境条件下,可以释放多个吸附在基态 HC ≡ C-TMH(TM=Ti-Co) 上的 H_2 分子。0.3 fs 的 ADMP-MD 模拟也证实了基态 HC ≡ C-TMH(TM=Ti-Co) 配合物在 77-300 K 处的最大可逆储氢量为 12.00, 9.48, 9.37, 6.95, 6.88 和 6.65 wt%。

4.6 本章小结

(1) 基于 MP2/6-311++G (3df, 3pd) 计算研究了红外光谱中观测到的乙炔基金属氢化物 (HC ≡ C-TiH) 和相应的 π 配合物 (Ti-η^2-(C_2H_2)) 的储氢行为。DFT 定量计算显示这两种配合物可以通过 Kubas 作用在室温下大量吸附氢分子,每个钛原子可以吸附 6 个氢分子,平均氢分子吸附能介于 0.20~0.42 eV,最大吸附量可达 14.06%。热力学能随温度变化的影响 Ti-η^2-(C_2H_2) 和 HC ≡ C-TiH 吸附 6 个氢分子分别在 315 K, 275 K 下是热力学允许的。二阶微扰方法 MP2,纯密度泛函理论方法 PBEPBE,杂化密度泛函方法 B3LYP,长程修正杂化密度泛函方法 cam-B3LYP,色散校正密度泛函方法 wB97XD 和耦合簇方法 CCSD(T) 的对比计算显示氢气的吸附能与使用的密度泛函交换相关势有关,甚至不同的储氢体系与密度泛函的相关程度不同。计算结果还显示钛 - 乙炔体系中会发生二聚现象,最稳定的二聚体 Ti(C_2H_2)$_2$ 和 (TiC_2H_2)$_2$ 的吸附量分别为 5.71%, 7.56%。

(2) 用 wB97XD/6-311++G(3df, 3pd) 方法计算了钪 - 乙炔体系所有可能存在的稳定结构和过渡态,重新解释了合成实验观测到的现象。CCSD(T) // wB97XD 理论水平下的计算结果显示 Sc-η_2-(C_2H_2) 和 HC ≡ C-ScH 结构可以吸附 6 个氢分子形成稳定结构,结合能范围为 0.14~1.35 eV/H_2,对应吸附量为 14.56%。而且当吸附 6 个氢分子后,钪原子仍然与乙炔分子强烈结合。在吸附过程中,Kubas 作用和静电作用都有贡献,其中 Sc-η^2-C_2H_2 与氢气作用时 Kubas 作用贡献较大,HC ≡ C-ScH 与氢气作用时静电作用贡献较大。Sc-η^2-C_2H_2(H_2)$_n$ 结构中强烈的反馈作用使其中的一个氢分子解离而 HC ≡ C-ScH 与氢分子之间的作用较弱,与静电作用相近。HC ≡ C-ScH

(H_2) 与离子 $HC \equiv C\text{-}ScH^-$ $(2H)$ 的对比计算结果表明可以通过改变吸附材料中钪原子上的电荷来调节反馈作用的强弱,进而控制氢分子与吸附材料的作用能和氢分子作用后的状态。希望这些结果可以为研究者设计理想储氢材料提供新的思路。经过吉布斯自由能修正和基组误差校正的结合能数据表明在一个大气压下,只有 $Sc\text{-}\eta^2\text{-}C_2H_2$ $(H_2)_6$ 结构中的后两个氢分子和 $HC \equiv C\text{-}ScH(H_2)_6$ 结构中的前 4 个氢分子可以很容易在 77 K 下吸附,并在 298.15 K 下脱附,对应的最大可逆吸附量为 5.37%,10.20%。另外,计算结果预测,在凝聚相中,钪-乙炔的二聚体有可能产生。在本章中考虑到的二聚体都可以吸附至少 6 个氢分子。尤其是最稳定的二聚体 $(C_2H_2Sc)_2$ 可以以 0.28 eV/H_2 的平均氢分子结合能吸附 10 个氢分子,吸附量达到 12.43 wt%。热力学计算结果显示 $Sc(C_2H_2)_2$ 和 $(C_2H_2Sc)_2$ 在室温下的可逆吸附量分别为 7.67%,7.85%。

(3) 利用杂化密度泛函理论 B3LYP/6-311++G(3df,3pd) 全面考虑了 $(C_2H_2)_nV_m$ $(n=m=1,2)$ 的各种同分异构体,并计算了它们对氢气的吸附性能。计算结果显示稳定的 C_2H_2V 只存在红外观测到的 π 型结构 $V\text{-}\eta^2\text{-}C_2H_2$,插入型结构 $HC \equiv C\text{-}VH$ 和亚乙烯基结构 H_2C_2V。这三种结构均为四重态,吸附氢分子后 $V\text{-}\eta^2\text{-}C_2H_2(H_2)_n$ 和 $H_2C_2V(H_2)_n$ 均为双重态,而 $HC \equiv C\text{-}VH(H_2)_n$ 均为四重态。它们都可以通过 Kubas 作用和静电作用吸附 5 个氢分子,吸附量为 11.57%。π 型结构 $V\text{-}\eta^2\text{-}C_2H_2$ 和亚乙烯基结构 H_2C_2V 与氢分子作用较强,第一个被吸附的氢分子解离,对应平均氢分子结合能分别为 0.32~1.64 eV/H_2,0.17~0.23 eV/H_2。插入型结构 $HC \equiv C\text{-}VH$ 吸附的氢分子均为分子状态,平均氢分子结合能为 0.12~0.25 eV/H_2。以 $V\text{-}\eta^2\text{-}C_2H_2$ 和 $HC \equiv C\text{-}VH$ 吸附 5 个氢分子的平均作用能为研究对象讨论了 B3LYP,PBE1PBE,wB97XD,CAM-B3LYP,MP2 和 CCSD(T) 不同方法对吸附能的影响。结果显示零点校正前后结合能的最大差异为 0.21 eV;同一结构的平均吸附能能量受方法的影响也很大,最大差值是 0.33 eV;吸附能量不仅取决于使用的计算方法,而且与计算的具体对象有关;如果以 CCSD(T) 理论水平的结果为参考,B3LYP 方法可以有效估算钒乙炔配合物对氢气的吸附性能。稳定的 $(C_2H_2)_nV_2(n=1,2)$ 结构中 V—V 键长均大于 V_2 二聚体中的 V—V 键长 (1.70 Å)。从 $(C_2H_2)_2V$ 和结构中可以粗略认为最稳定的 $V\text{-}\eta^2\text{-}C_2H_2$ 结构将是钒乙炔低聚物中最基本的结构单元。最稳定的 $(C_2H_2)V_2$ 可以吸附 5 个氢分子,平均氢分子结合能为 0.10~0.69 eV/H_2,对应吸附量为 7.30%。最稳定的 $(C_2H_2)_2V$ 可以看做是由一个 $V\text{-}\eta^2\text{-}C_2H_2$ 分子和一个乙炔分子聚合而成,两个乙炔分子分别居于钒原子的两侧,呈现 C_{2v} 对称性。它可以以 0.16 eV/H_2 的平均氢分子结合能吸附 3 个氢分子,吸附量为 5.55%。

(4) 通过动力学模拟验证了实验中合成的锆 - 乙炔配合物 $Zr\text{-}\eta^2\text{-}(C_2H_2)$ 在 300 K 时的结构稳定性。使用杂化密度泛函理论 B3LYP 方法和赝势基组 SDD 计算了 $Zr\text{-}\eta^2\text{-}(C_2H_2)$ 和 $Zr\text{-}\eta^2\text{-}(C_2H_2)^+$ 对氢气的吸附性能。结果显示 $Zr\text{-}\eta^2\text{-}(C_2H_2)$ 和 $Zr\text{-}\eta^2\text{-}(C_2H_2)^+$ 都能够稳定吸附 6 个氢分子,吸附量达 9.35%,且平均氢分子结合能分别为 0.25,0.23 eV,均在室温储氢理想结合能的范围之内。$Zr\text{-}\eta^2\text{-}(C_2H_2)(H_2)_6$ 和 $Zr\text{-}\eta^2\text{-}(C_2H_2)^+(H_2)_6$ 的热力学能结果表明 $Zr\text{-}\eta^2\text{-}(C_2H_2)$ 和 $Zr\text{-}\eta^2\text{-}(C_2H_2)^+$ 吸附 6 个氢分子分别在 260 K,250 K 下是热力学允许的。但是对于中性体系,当第一个氢分子靠近锆原子时,发生了与 $Ti\text{-}\eta^2\text{-}(C_2H_2)$ 储氢类似的结果,即氢分子解离。而 $Zr\text{-}\eta^2\text{-}(C_2H_2)^+$ 吸附的 6 个氢分子都以分子形式存在。通过范特霍夫方程计算一个大气压下的脱附温度。结果显示 $Zr\text{-}\eta^2\text{-}(C_2H_2)$ 脱附第一个吸附的氢分子需要温度上升到 1619.3 K 而离子化以后的结构可以在 586.5 K 时将所有吸附的 6 个氢分子完全脱附。这些结果一致说明 $Zr\text{-}\eta^2\text{-}(C_2H_2)$ 和都可以作为高吸氢量的吸附剂,但要想在温和条件下将吸附的氢分子 100% 脱附,离子化的 $Zr\text{-}\eta^2\text{-}(C_2H_2)^+$ 更有优势。$Zr\text{-}\eta^2\text{-}(C_2H_2)(H_2)_n$ 和 $Zr\text{-}\eta^2\text{-}(C_2H_2)^+(H_2)_n$ ($n=1\sim6$) 配合物的能隙证实了吸附结构的稳定性。以 $Zr\text{-}\eta^2\text{-}(C_2H_2)^+$ 与氢分子的平均氢分子结合能为例,通过不同密度泛函方法、二阶微扰和耦合簇方法的比较来说明 B3LYP 预测锆 - 乙炔体系储氢的可靠性。平均氢分子结合能受计算方法的影响,不同方法之间的差值高达 0.38 eV。氢分子结合能与振动频率的结果一致说明 B3LYP 方法可以很好地描述锆 - 乙炔体系对氢气的吸附性能。另外,零点能在精确估算氢分子结合能时是绝对不能忽略的,同时在考虑热力学计算时吉布斯自由能校正也是非常重要的。

(5) 用密度泛函理论系统地研究了线性 $HC\equiv C\text{-}TMH(TM=Sc\text{-}Ni)$ 配合物的结构和吸氢性能。$HC\equiv C\text{-}TMH(TM=Sc\text{-}Ni)$ 配合物的基态分别为 2,3,4,3,4,3,2 和 3。这些 $HC\equiv C\text{-}TMH(TM=Sc\text{-}Ni)$ 配合物基态的储氢量为 4.54%~14.56%。从头算分子动力学模拟表明,基态 $HC\equiv C\text{-}TMH(TM=Ti\text{-}Co)$ 配合物在 77~300 K 处的最大可逆储氢量为 6.65~12.00 wt%,相应的平均吸附能为 0.07~0.49 eV/H_2。$HC\equiv C\text{-}TMH(TM=Ti\text{-}Co)$ 配合物具有良好的储氢量和理想的结合能,被认为是一种适宜的常温储氢介质。当 $HC\equiv C\text{-}TMH(TM=Ti,V,Cr)$ 为非基态结构时,它们能比基态多吸附一个 H_2 分子。本节强调了吸附剂多重度对储氢的重要性。

参考文献

[1] Ma L J, Jia J, Wu H S, et al. Ti–η^2-(C_2H_2) and HC $\equiv$ C–TiH as high capacity hydrogen storage media[J]. Int. J. Hydrogen Energy, 2013, 38(36):16185-16192.

[2] Ma L J, Jia J, Wu H S. Computational investigation of hydrogen storage on scandium–acetylene system[J]. Int. J. Hydrogen Energy, 2015, 40(1):420-428.

[3] Ma L J, Han M, Wang J, et al. Oligomerization of Vanadium-acetylene systems and its effect on hydrogen storage[J]. Int. J. Hydrogen Energy, 2017, 42(20):14188-14198.

[4] Ma L J, Jia J, Wu H S. Computational investigation of hydrogen adsorption/desorption on Zr-η^2-(C_2H_2) and its ion[J]. Chem. Phys, 2015, 457(18):57-62.

[5] Ma L J, Wang J, Han M, et al. Linear complex HC $\equiv$ C-TMH (TM=Sc-Ni): A simple and efficient adsorbent for hydrogen molecules[J]. Int. J. Hydrogen Energy, 2019, 44(33):18145-18152.

[6] Zhao Y, Kim Y H, Dillon A C, et al. Hydrogen Storage in Novel Organometallic Buckyballs[J]. Phys. Rev. Lett, 2005, 94(15):155504.

[7] Sun Q, Wang Q, Jena P, et al. Clustering of Ti on a C_{60} Surface and Its Effect on Hydrogen Storage[J]. J. Am. Chem. Soc, 2005, 127(42):14582-14583.

[8] Durgun E, Ciraci S, Zhou W, et al. Transition-Metal-Ethylene Complexes as High-Capacity Hydrogen-Storage Media[J]. Phys. Rev. Lett, 2006, 97(22):226102.

[9] Yasuharu O. Can Ti_2-C_2H_4 Complex Adsorb H_2 Molecules?[J]. J. Phys. Chem, C 2008, 112(45):17721-17725.

[10] Zhou W, Yildirim T, Durgun E, et al. Hydrogen absorption properties of metal-ethylene complexes[J]. Phys. Rev, B 2007, 76(8):085434-085442.

[11] Sun Q, Jena P, Wang Q, et al. First-Principles Study of Hydrogen Storage on $Li_{12}C_{60}$[J]. J. Am. Chem. Soc, 2006, 128(30):9741-9745.

[12] Teprovich J A, Wellons M S, Lascola R, et al. Synthesis and Characterization of a Lithium-Doped Fullerane (Li_x-C_{60}-H_y) for Reversible Hydrogen Storage[J]. Nano Lett, 2012, 12(2):582-589.

[13] Wang Q, Jena P. Density Functional Theory Study of the Interaction of Hydrogen with Li_6C_{60}.[J] J. Phys. Chem. Lett, 2012, 3(9):1084-1088.

[14] Yoon M, Yang S, Hicke C, et al. Calcium as the Superior Coating Metal in Functionalization of Carbon Fullerenes for High-Capacity Hydrogen Storage[J]. Phys. Rev. Lett, 2008, 100(20):206806.

[15] Wang Q, Sun Q, Jena P, et al. Theoretical Study of Hydrogen Storage in Ca-Coated Fullerenes[J]. J. Chem. Theory Comput, 2009, 5(2):374-379.

[16] Phillips A B, Shivaram B S. High capacity hydrogen absorption in transition-metal ethylene complexes: consequences of nanoclustering[J]. Nanotechnology, 2009, 20(20):204020.

[17] Jeon K J, Moon H R, Ruminski A M, et al. Air-stable magnesium nanocomposites provide rapid and high-capacity hydrogen storage without using heavy-metal catalysts[J]. Nat. Mater, 2011, 10(4):286-290.

[18] Pilme J, Silvi B. Comparative Study of the Bonding in the First Series of Transition Metal 1:1 Complexes M−L (M=Sc, ..., Cu ; L = CO, N_2, C_2H_2, CN^-, NH_3, H_2O, and F^-)[J]. J. Phys. Chem, A 2005, 109(44):10028-10037.

[19] Cho H G, Kushto G P, Andrews L, et al. Infrared Spectra of HC ≡ C-MH and $M-\eta^2-(C_2H_2)$ from Reactions of Laser-Ablated Group- 4 Transition-Metal Atoms with Acetylene[J]. J. Phys. Chem, A 2008, 112(28):6295-6304.

[20] Head-Gordon M, Pople J A, Frisch M J. MP2 energy evaluation by direct methods[J]. Chem Phys Lett, 1988, 153(6):503-506.

[21] Saebø S, Almlöf J. Avoiding the integral storage bottleneck in LCAO calculations of electron correlation[J]. Chem Phys Lett, 1989, 154(1):83-89.

[22] Frisch M J, Head-Gordon M, Pople J A. Direct MP2 gradient method[J]. Chem Phys Lett, 1990, 166(3):275-280.

[23] Frisch M J, Head-Gordon M, Pople J A. Semi-direct algorithms for the MP2 energy and gradient[J]. Chem Phys Lett, 1990, 166(3):281-289.

[24] Head-Gordon M, Head-Gordon T. Analytic MP2 Frequencies Without Fifth Order Storage: Theory and Application to Bifurcated Hydrogen Bonds in the Water Hexamer[J]. Chem Phys Lett, 1994, 220(1-2):122-128.

[25] Kiran B, Kandalam A K, Jena P. Hydrogen storage and the 18-electron rule[J]. J. Chem. Phys, 2006, 124(22):224703.

[26] Kalamse V, Wadnerkar N, Deshmukh A, et al. C_2H_2M(M=Ti, Li) complex: A possible hydrogen storage material[J]. Int. J. Hydrogen Energy,

2012,37(4):3727-3732.

[27] Wecka P F,Kumar T J D. Computational study of hydrogen storage in organometallic compounds[J]. J. Chem. Phys,2007,126(9):094703-094706.

[28] Frisch M J,Trucks G W,Schlegel H B,et al. Gaussian 09[M]. Revision A.1,2009.

[29] Perdew J P,Burke K,Ernzerhof M. Generalized Gradient Approximation Made Simple[J]. Phys Rev Lett,1996,77(18):3865-3868.

[30] Perdew J P,Burke K,Ernzerhof M. Errata: Generalized gradient approximation made simple[J]. Phys Rev Lett,1997,78(7):1396.

[31] Becke A D. Density-functional exchange-energy approximation with correct asymptotic behavior[J]. Phys. Rev,A 1988,38(6):3098-3100.

[32] Becke A D. Density-functional thermochemistry. III. The role of exact exchange[J]. J. Chem. Phys,1993,98(7):5648-5652.

[33] Becke A D. Density-functional thermochemistry. V. Systematic optimization of exchange-correlation functionals[J]. J. Chem. Phys,1997,107(20):8554-8560.

[34] Okamoto Y,Miyamoto Y. Ab Initio Investigation of Physisorption of Molecular Hydrogen on Planar and Curved Graphenes[J]. J. Chem. Phys,B 2001,105(17):3470-3474.

[35] Yanai T,Tew D,Handy N. A new hybrid exchange-correlation functional using the Coulomb-attenuating method (CAM-B3LYP)[J]. Chem Phys Lett,2004,393(1-3):51-57.

[36] Chai J D,Head-Gordon M. Long-range corrected hybrid density functionals with damped atom-atom dispersion corrections[J]. Phys Chem Chem Phys,2008,10(44):6615-6620.

[37] Pople J A,Head-Gordon M,Raghavachari K. Quadratic configuration interaction - a general technique for determining electron correlation energies[J]. J. Chem. Phys,1987,87(10):5968-5975.

[38] http://www.eere.energy.gov/hydrogenandfuelcells/mypp.

[39] Kubas G J. Metal Dihydrogen and Bond Complexes-Structure,Theory and Reactivity,Kluwer Academic/Plenum Publishing[M]. New York,2001.

[40] Beckhaus R. The Organometallic Chemistry of Transition Metals[M]. Synthesis -Stuttgart-. 1993.

[41] Cho H G,Andrews L. Infrared Spectra of M-η^2-C$_2$H$_2$,HM-C $\equiv$ CH, and HM-C $\equiv$ CH$^-$ Prepared in Reactions of Laser-Ablated Group 3 Metal

Atoms with Acetylene[J]. J. Phys Chem, A 2012, 116(45):10917-10926.

[42] Wang X, Andrews L. Infrared Spectra of Rh Atom Reaction Products with C_2H_2: The HRhCCH, RhCCH, RhCCH$_2$, and Rh-η^2-C_2H_2 Molecules[J]. J. Phys Chem. A 2011, 115(34):9447-9455.

[43] Cho H G, Andrews L. Infrared Spectra of HC $\equiv$ C−MH and M-η^2-(C_2H_2) Produced in Reactions of Laser-Ablated Group 5 Transition-Metal Atoms with Acetylene[J]. J. Phys Chem, A 2010, 114(37):10028-10039.

[44] Kalamse V, Wadnerkar N, Deshmukh A, et al. Interaction of molecular hydrogen with Ni doped ethylene and acetylene complex[J]. Int. J. Hydrogen Energy, 2012, 37(6):5114-5121.

[45] Gonzalez H B C, Schlegel H B. Reaction Path Following in Mass-Weighted Internal Coordinates[J]. J Phys Chem, 1990, 94(14):5523-5527.

[46] Gonzalez C, Schlegel H B. An improved algorithm for reaction path following[J]. J. Chem. Phys, 1989, 90(4):2154-2161.

[47] Huber K P, Herzberg G. Molecular Spectra and Molecular Structure. IV. Constants of Diatomic Molecules[J]. J. Mol. Struct, 1979, 99-116.

[48] Howell S L, Scott S M, Flood A H, et al. The Effect of Reduction on Rhenium(I) Complexes with Binaphthyridine and Biquinoline Ligands: A Spectroscopic and Computational Study[J]. J. Phys. Chem, A 2005, 109(16):3745-3753.

[49] Chandrakumar K R S, Ghosh S K. Alkali-Metal-Induced Enhancement of Hydrogen Adsorption in C_{60} Fullerene: An ab Initio Study[J]. Nano Lett, 2008, 8(1):13-19.

[50] Wang Z, Yao M, Pan S, et al. A Barrierless Process from Physisorption to Chemisorption of H_2 Molecules on Light-Element-Doped Fullerenes[J]. J Phys Chem, C 2007, 111(11):4473-4476.

[51] Pupysheva O V, Farajian A A, Yakobson B I. Fullerene Nanocage Capacity for Hydrogen Storage[J]. Nano Lett, 2007, 8(3):767-774.

[52] Pumera M. Graphene-Based Nanomaterials for Energy Storage[J]. Energy Environ Sci, 2011, 4(3):668-674.

[53] Adamo C, Barone V. Toward reliable density functional methods without adjustable parameters: The PBE0 model[J]. J Chem Phys, 1999, 110(13):6158-6169.

[54] Guo J H, Wu W D, Zhang H. Hydrogen binding property of Co- and Ni-based organometallic compounds[J]. Struct Chem, 2009, 20(6):1107-1113.

[55] Chakraborty B, Modak P, Banerjee S. Hydrogen Storage in Yttrium-Decorated Single Walled Carbon Nanotube[J]. J. Phys. Chem, C 2012, 116(42):22502-22508.

[56] Durgun E, Ciraci S, Yildirim T. Functionalization of carbon-based nanostructures with light transition-metal atoms for hydrogen storage[J]. Phys. Rev, B 2008, 77(8):085405-085409.

[57] Wadnerkar N, Kalamse V, Chaudhari A. Higher hydrogen uptake capacity of $C_2H_4Ti^+$ than C_2H_4Ti: a quantum chemical study[J]. Theor Chem Acc, 2010, 127(4):285-292.

[58] Wadnerkar N, Chaudhari A. Hydrogen Uptake Capacity of C_2H_4Sc and its Ions: A Density Functional Study[J]. J. Comput. Chem, 2010, 31(8):1656-1661.

[59] Kalamse V, Wadnerkar N, Chaudhari A. Hydrogen Storage in C_2H_4V and $C_2H_4V^+$ Organometallic Compounds[J]. J. Phys. Chem, C 2010, 114(10):4704-4709.

[60] Andrae D, Haeussermann U, Dolg M, et al. Energy-adjusted ab initio pseudopotentials for the second and third row transition-elements[J]. Theor Chem Acc, 1990, 77(2):123-141.

[61] Hay P J, Wadt W R. Ab initio effective core potentials for molecular calculations. Potentials for K to Au including the outermost core orbitals[J]. J. Chem. Phys, 1985, 82(1):299.

[62] Purvis III G D, Bartlett R J. A Full Coupled-Cluster Singles and Doubles Model: The Inclusion of Disconnected Triples[J]. J. Chem. Phys, 1982, 76(4):1910-1918.

[63] Raghavachari K, Trucks G W, Pople J A, et al. A Fifth Order Perturbation Comparison of Electron Correlation Theories[J]. Chem Phys Lett, 1989, 157(6):479-483.

[64] Lide D R. Handbook of Chemistry and Physics[M]. CRC: New York, 1994.

[65] Charles W B J, Philippe M. Structure of $Co(H_2)^+$ Clusters for n=1-6[J]. J Phys Chem, A 1995, 99(11):3444-3447.

[66] Maitre P, Charles W, Bauschlicher J. Structure of $V(H_2)_n^+$ clusters for n=1-6[J]. J Phys Chem, 1995, 99(18):6836-6841.

[67] David W I F. Effective hydrogen storage: a strategic chemistry challenge[J]. Faraday Discuss, 2011, 151:399-414.

[68] Liu C, Li F, Ma L P, et al. Advanced materials for energy storage[J]. Adv Mater, 2010, 22(8):28-62.

[69] Satyapal S, Petrovic J, Read C, et al. The U.S. department of energy's national hydrogen storage project: progress towards meeting hydrogen-powered vehicle requirements[J]. Catal Today, 2007, 120(3-4):246-256.

[70] Shiraz H G, Tavakoli O. Investigation of graphene-based systems for hydrogen storage[J]. Renew Sustain Energy Rev, 2017, 74:104-109.

[71] Ensafi A A, Jafari-Asl M, Nabiyan A, et al. Hydrogen storage in hybrid of layered double hydroxides/ reduced graphene oxide using spillover mechanism[J]. Energy, 2016, 99(15):103-114.

[72] Pedicini R, Schiavo B, Rispoli P, et al. Progress in polymeric material for hydrogen storage application in middle conditions[J]. Energy, 2014, 64(1):607-614.

[73] Sun Q, Wang Q, Jena P, et al. Clustering of Ti on a C_{60} surface and its effect on hydrogen storage[J]. J Am Chem Soc, 2005, 127(42):14582-14583.

[74] Zhu H, Chen Y, Li S, et al. Novel sandwich-type dimetallocenes: toward promising candidate media for highcapacity hydrogen storage[J]. Int J Hydrogen Energy, 2011, 36(18):11810-11814.

[75] Han Y, Meng Y, Zhu H, et al. First-principles predictions of potential hydrogen storage materials: novel sandwich-type ethylene dimetallocene complexes[J]. Int J Hydrogen Energy, 2014, 39(35):20017-20023.

[76] Meng Y, Han Y, Zhu H, et al. Two dimetallocenes with vanadium and chromium: electronic structures and their promising application in hydrogen storage[J]. Int J Hydrogen Energy, 2015, 40(36):12047-12056.

[77] Zhu H, Han Y, Suo B, et al. All-metal binuclear sandwich complexes $Al_4Ti_2Al_4$: high capacity hydrogen storage through multicenter bonds[J]. Int J Hydrogen Energy, 2017, 42(8):5440-5446.

[78] Du J, Sun X, Jiang G, et al. The hydrogen storage on heptacoordinate carbon motif CTi_7^{2+}[J]. Int J Hydrogen Energy, 2016, 41(26):11301-11307.

[79] Huang H, Wu B, Gao Q, et al. Structural, electronic and spectral properties referring to hydrogen storage capacity in binary alloy ScB_n (n=1-12) clusters[J]. Int J Hydrogen Energy, 2017, 42(33):21086-21095.

[80] Ray S S, Sahoo S R, Sahu S. Hydrogen storage in scandium doped small boron clusters (B_nSc_2, n=3-10): a density functional study[J]. Int J

Hydrogen Energy,2019,44(12):6019-6030.

[81] Guo C,Wang C. Remarkable hydrogen storage on $Sc_2B_4^{2+}$ cluster: a computational study[J]. Vacuum,2018,149:134-139.

[82] Guo C,Wang C. Computational investigation of hydrogen storage on B_6Ti^{3+}[J]. Int J Hydrogen Energy,2018,43(3):1658-1666.

[83] Guo C,Wang C. A theoretical study on cage-like clusters ($C_{12}Ti_6$ and $C_{12}Ti_6^{2+}$) for dihydrogen storage[J]. Int J Hydrogen Energy,2019, 44(21):10763-10769.

[84] Pham H T,Tam N M,Pham-Hoc M P,et al. Stability and bonding of the multiply coordinated bimetallic boron cycles: $B_8M_2^{2-}$,B_7NM_2 and $B_6C_2M_2$ with M=Sc and Ti[J]. RSC Adv,2016,6(57):51503-51512.

[85] Du J,Sun X,Jiang G,et al. Hydrogen capability of bimetallic boron cycles: a DFT and ab initio MD study[J]. Int J Hydrogen Energy,2019, 44(13):6763-6772.

[86] Guo J,Liu Z,Liu S,et al. High-capacity hydrogen storage medium: Ti doped fullerene[J]. Appl Phys Lett,2011,98(2):023107-023113.

[87] Valencia H,Gil A,Frapper G. Trends in the hydrogen activation and storage by adsorbed 3d transition metal atoms onto graphene and nanotube surfaces: a DFT study and molecular orbital analysis[J]. J Phys Chem,C 2015, 119(10):5506-5522.

[88] Kalamse V,Wadnerkar N,Chaudhari A. Multi-functionalized naphthalene complexes for hydrogen storage[J]. Energy,2013,49(1):469-474.

[89] Dixit M,Adit M T,Ghatak K,et al. Scandiumdecorated MOF-5 as potential candidates for roomtemperature hydrogen storage: a solution for the clustering problem in MOFs[J]. J Phys Chem,C 2012,116(33):17336-17342.

[90] Zou X,Zhou G,Duan W,et al. A chemical modification strategy for hydrogen storage in covalent organic frameworks[J]. J Phys Chem,C 2010, 114(31):13402-13407.

[91] Wadnerkar N,Kalamse V,Chaudhari A,et al. Hydrogen adsorption on C_3H_3-TM (TM=Sc,Ti) organometallic compounds[J]. Struct Chem,2013, 24(2):369-374.

[92] Wadnerkar N,Kalamse V,Lee S L,Chaudhari A,et al. Verification of DFT-predicted hydrogen storage capacity of VC_3H_3 complex using molecular dynamics simulations[J]. J Comb Chem,2011,33(2):170-174.

[93] Tavhare P,Wadnerkar N,Kalamse V,et al. H_2 interaction with

C$_2$H$_2$TM (TM=Sc,Ti,V) complex using quantum chemical methods[J]. Acta Phys Pol,A 2016,129:1257-1262.

[94] Tavhare P,Kalamse V,Bhosale R,et al. Interaction of molecular hydrogen with alkali and transition metal-doped acetylene complexes[J]. Struct Chem ,2014,26(3):823-829.

[95] Martyna G,Cheng C,Klein M L. Electronic states and dynamic behavior of lixen and csxen clusters[J]. J Chem Phys,1991,95(2):1318-1336.

[96] Lippert G,Hutter J,Parrinello M. A hybrid Gaussian and plane wave density functional scheme[J]. Mol Phys,1997,92(3):477-488.

[97] Lippert G,Hutter J,Parrinello M. The Gaussian and augmented-plane-wave density functional method for ab initio molecular dynamics simulations[J]. Theor Chem Acc,1999,103(2):124-140.

[98] Schlegel H B,Iyengar S S,Li X,et al,Voth GA,Scuseria GE,Frisch MJ. Ab initio molecular dynamics: propagating the density matrix with Gaussian orbitals. III. Comparison with Born-Oppenheimer dynamics[J]. J Chem Phys,2002,117(19):8694-8704.

[99] Ma L J,Han M,Wang J,et al. Density functional theory study of the interaction of hydrogen with TMC$_2$H$_2$ (TM=Sc-Ni)[J]. Int J Hydrogen Energy,2017,42(49):29384-29393.

[100] Zuliani F,Bernasconi L,Baerends E J. Titanium as a potential addition for high-capacity hydrogen storage medium[J]. J Nanotechnol,2012,2012:1-9.

第5章　过渡金属乙炔配合物的化学储氢性能[1, 2]

M-C_nH_m与氢分子之间除了存在吸附和被吸附的关系,是否会像Li_6C_{60}一样还存在氢分子的解离和C—H键的形成? 即H原子与一个端基C原子相连,形成类似于不饱和有机分子的加氢结构。如果这样的加氢结构可以稳定存在,那么加氢与吸氢之间就会存在激烈的竞争关系,从而严重影响体系吸附氢分子的量。氢气是先被吸附在金属原子上还是先解离使不饱和有机配体氢化? 吸附结构和氢化结构间的转化势垒是多少?在以前的这些研究中,都没有考虑吸氢体系特定分子式下的最稳定结构以及同分异构体间的转化势垒。所以对M-C_nH_m吸附氢分子过程中的动力学行为还有待进一步的研究。

在实验领域,2009年Shivaram等人[3,4]利用脉冲激光沉积(PLD)设备蒸发金属钛,使其在乙烯气氛下溅射沉积成的单层膜在室温下具有快速储氢的性能。在较低的乙烯压强下测得该物质常温下吸氢质量分数为14%,对应$Ti_2C_2H_4$吸附10个氢分子的储氢量。但是当乙烯压强增加时数值逐渐降低,气相质谱显示吸附剂质量数为78对应分子式为TiC_2H_4。利用同样的方法,Phillips还进行了金属-苯储氢体系的储氢实验[5],结果显示在35millitorr时储氢质量分数为6%,由于实验装置精度有限,初步认为吸附剂为$Ti-(C_6H_6)_2$。遗憾的是,在理论上,6%的储氢量对应$Ti-(C_6H_6)$吸附4个氢分子的量,对于$Ti-(C_6H_6)_2$,需要每个钛原子吸附6个氢分子才行,但理论计算认为这是不可能的[6,7]。这些研究中的矛盾,激发我们进一步思考金属与乙烯/苯气体的具体结合行为。

本章采用量子化学理论计算方法,结合已有实验数据,对第一系列过渡金属、与有机分子形成的金属有机配合物结构的稳定性及它们与氢气分子之间的作用进行理论计算研究,期望了解金属有机配合物与氢分子之间吸氢与加氢的竞争关系,从热力学和动力学角度详细分析每一步的机制,明确金属有机配合物作为储氢材料应用的真实可行性,同时探索如何使理论与实验有效结合,正确评估体系储氢性能的策略和步骤。项目的主要研究内容包括:(1)以金属离子吸附氢分子的实验数据为依据找出金属有机配合物适用的计算方法;(2)搜索金属有机配合物实验合成的结构;(3)应用合适的计算方法配上应有的数据矫正,考虑吸氢结构的同分异构体和转化势垒,考虑各种反应途径,绘制相关势能面图;(4)动力学模拟吸氢、反应、脱氢过程,探索压力、温度对结果的影响。

5.1　氢与TMC$_2$H$_2$(TM=Sc-Ni)相互作用的密度泛函理论研究[1]

5.1.1　引言

寻找安全高效的储氢材料是一个非常重要的研究课题[8-13]。在过去的几年里,通过理论研究设计出了许多有前途的固体材料,但在实践中成功实现的很少[14]。这可能是由于在理论上使用了以下两个假设:(1)金属笼状簇合物可以成功合成;(2)金属能完全均匀覆盖合适的位点。

与金属修饰的C$_{60}$或纳米管[14]不同,TMC$_2$H$_2$体系较小,可以避免金属掺杂位点的选择。更重要的是,实验中已经合成气相TMC$_2$H$_2$(TM=3d,4d,5d过渡金属原子),并对TMC$_2$H$_2$产物进行了实验和理论探究[15-17]。密度泛函理论计算发现,TMC$_2$H$_4$配合物[3,4,18-21]和TM-C$_n$H$_n$(n=1,3,4,5,6,8)[5-7,22-25]配合物,与3d过渡金属-乙炔配合物(TMC$_2$H$_2$)相似,通过Dewar-Kubas相互作用可以吸附许多氢分子。例如,使用6-311++G (3df,3pd)基组,配合纯密度泛函方法PBEPBE、杂化密度泛函B3LYP、混合密度泛函wB97XD、二阶微扰理论MP2和耦合簇理论CCSD(T)方法等不同方法,均可得到TiC$_2$H$_2$的储氢密度是14.06%。在CCSD(T)/6-311++G (3df,3pd)水平下,ScC$_2$H$_2$的平均氢分子吸附能为0.29~1.35 eV,重量存储容量为14.60%。C$_2$H$_2$V单体在B3LYP/6-311++G (3df,3pd)水平[26]最多能捕获5个氢分子,平均氢分子吸附能为0.13~0.46 eV/H$_2$。ZrC$_2$H$_2$具有较好的存储容量(9.35%)和理想的平均氢分子吸附能(0.25 eV/H$_2$)。在MP2/DGDZVP水平上,Ajay Chaudhari预测TMC$_2$H$_2$(TM= Ti,Sc,V)的储氢容量分别为12%,12.43%和9.48%,对应的平均氢分子吸附能分别为0.10~1.44 eV,0.09~0.74 eV和0.08~0.62 eV[22]。动力学模拟ADMP显示,4个氢分子在300 K时仍吸附在TiC$_2$H$_2$配合物上[22],50 K 时 LiC$_2$H$_2$ 的储氢量为 19.62%[27]。在 PBEPBE/6-31g (d, p) 水平,NiC$_2$H$_2$ 最多能吸附 2 个氢分子,平均氢分子吸附能为 1.18 eV/H$_2$,对应的储氢量为 4.54%[20]。

文献报道表明,TMC$_2$H$_2$ 可以作为高容量储氢介质。但仍有一些基本问题未得到解答:(1)上述计算均是利用氢饱和构象估算最大储氢容量,但有些氢饱和结构虽然在势能面上是极小点,但并不是最小能量结构。如果是这样,氢饱和构象能否准确评估 TMC$_2$H$_2$ 系统的储氢容量?(2)如果 TMC$_2$H$_2$ 发生了加氢反应,那么氢原子在什么位置呢?它们以什么形式存在?是形成 TM-H 键还是形成 C-H 键? (3)H 原子会发生的溢流反应吗?如果形成了新的稳定结构,是否可以作为更好的新型储氢材料?(4)钛所得到的结果是否适用于其他金属? 本节将通过对 TMC$_2$H$_2$(TM = Sc-Ni)进行详细的 DFT 计算,一一回答这些问题。

5.1.2　计算方法

对 TMC$_2$H$_2$ 及其氢吸附同分异构体用 B3LYP 泛函[28-30],C 和 H 原子采用 6-311++G (3df, 3pd) 基组,Sc-Ni 原子采用 SDD 基组[31]。在不考虑任何对称约束的情况下,考虑不同的自旋多重度,对结构进行优化。红外频率计算确保稳定基态结构是没有虚频的能量最小值,而过渡态是只有一个虚频的势能面鞍点。在得到稳定的几何构型和反应路径之后,进行基于原子密度矩阵 (ADMP) 的从头算 MD 模拟[32-36],以确定结构稳定。ADMP 采用 B3LYP/6-311G (d, p) 方法计算。所有的优化和 MD 模拟使用高斯 09 程序包[36]。

TM 原子与乙炔/乙烯分子的结合能计算公式为:

$$E_b = E[\text{TM}] + E[\text{C}_2\text{H}_2] - E[\text{TMC}_2\text{H}_2]$$

298.15 K 时的平均吸附能 (AE_n)、连续吸附能 (ΔE_n) 和 ZPE 修正后的吉布斯自由能 (ΔG) 由下式计算:

$$AE_n = \{E[\text{TMC}_2\text{H}_2] + nE[\text{H}_2] - E[\text{TMC}_2\text{H}_2\,(\text{H}_2)_n]\}/n,$$

$$\Delta E_n = E[\text{TMC}_2\text{H}_2(\text{H}_2)_{n-1}] + E[\text{H}_2] - E[\text{TMC}_2\text{H}_2(\text{H}_2)_n]$$

$$\Delta G = \{G[\text{TMC}_2\text{H}_2] + n\,G[\text{H}_2] - G[\text{TMC}_2\text{H}_2(\text{H}_2)_n]\}/n$$

式中,$E[\text{X}]$、$G[\text{X}]$ 分别为对应 298.15 K 时结构的总能和吉布斯自由能。n 表示 H$_2$ 分子的数量。

5.1.3 结果和讨论

5.1.3.1 TMC$_2$H$_2$ (TM=Sc–Ni) 的结构

合成的 TMC$_2$H$_2$(TM=Sc-Ni) 配合物的自旋多重度和 TM 与乙炔分子的金属结合能 (E_b) 如表 5-1 所示。所有 3d 过渡金属原子都能在 E_b 为 0.43~1.73 eV 范围内与乙炔形成稳定的 TMC$_2$H$_2$ 配合物。TMC$_2$H$_2$ 配合物均为 C$_{2v}$ 点群。所有的过渡金属原子与 C$_2$H$_2$ 的相互作用均强于 TM 与 C$_2$H$_4$ 配合物之间的相互作用。

表 5-1 TMC$_2$H$_2$/TMC$_2$H$_4$ (TM=Sc - Ni) 配合物的自旋多重度及乙炔 / 乙烯分子与 TM 在 B3LYP/SDD(TM) 水平上的结合能 (E_b)

	TM	Sc	Ti	V	Cr	Mn	Fe	Co	Ni
TMC$_2$H$_2$	自旋多重度	2	3	4	3	4	3	2	3
	E_b/eV	1.60	1.73	1.26	0.70	0.90	1.20	0.43	0.90
TMC$_2$H$_4$	自旋多重度	2	1	4	3	4	5	4	1
	E_b/eV	0.72	0.34	0.52	0.57	0.40	0.89	0.30	0.68

TMC$_2$H$_2$(TM=Sc-Ni) 配合物的所有氢饱和结构如图 5-1 所示。CrC$_2$H$_2$ 中 C—C 键大大缩短 5%，C—Cr 键增长了 15%。其他 C=C 键从 1.28~1.34 Å，缩短到 1.25~1.31 Å，C-TM 键从 1.83~2.05 Å 伸长到 1.90~2.15 Å（表 5-2）。这些数据表明，TMC$_2$H$_2$(TM=Sc-Ni) 配合物的结构在氢分子最大吸附量后几乎保持完整。如图 5-1 所示，所有氢分子均以分子形式吸附在 TMC$_2$H$_2$ (TM=Sc-Ni) 配合物上，TM—H 键长为 1.62~2.42 Å，H—H 键长为 0.76~0.83 Å 比自由氢分子键长 0.74 Å 略长。稳定的吸附结构表明，TMC$_2$H$_2$ 能吸附大量的氢分子，最多可达 5 个氢分子。研究表明 H$_2$ 的最大吸附数目受[37]18 电子规则的约束。此外，在 MP2/6-311++G (3df, 3pd) 水平下 TiC$_2$H$_2$ 可以结合到 6 个氢分子，而在 MP2/DGDZVP[5-7, 22-26] 和 MP2/TZVP[22] 和 B3LYP/SDD(TM) 计算水平下吸附 5 个氢分子。这说明基组会影响最大氢分子数目的计算结构。

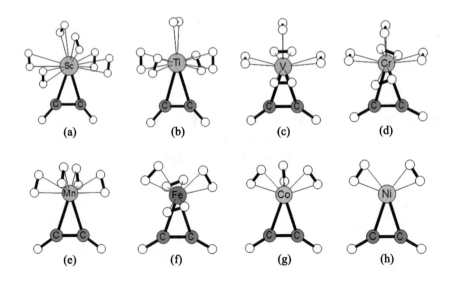

图 5-1　B3LYP/SDD(TM) 水平下 TMC$_2$H$_2$ (TM=Sc-Ni) 配合物的氢饱和结构

表 5-2　TMC$_2$H$_2$ (TM=Sc-Ni) 及吸附体系 TMC$_2$H$_2$(H$_2$)$_n$ 的相关结构参量（键长单位是 Å，键角单位是度）

TMC$_2$H$_2$	C≡C	C-TM	∠CCTM	TMC$_2$H$_2$(H$_2$)$_n$	C≡C	C-TM	∠CCTM
Sc	1.34	2.05	70.93	Sc	1.31	2.15	72.20
Ti	1.33	1.97	70.20	Ti	1.30	2.01	73.37
V	1.34	1.93	69.61	V	1.28	2.04	71.67
Cr	1.32	1.83	68.78	Cr	1.25	2.11	72.77
Mn	1.32	1.88	69.46	Mn	1.27	1.98	71.34
Fe	1.28	1.87	69.98	Fe	1.26	2.02	71.80
Co	1.29	1.85	69.50	Co	1.27	1.93	70.78
Ni	1.32	1.88	69.40	Ni	1.26	1.90	70.67

　　正确评价储氢性能具有十分重要的意义。表 5-3 列出了两种相互作用能：平均氢分子吸附能（ΔE_n）和经过 ZPE 校正的连续氢分子吸附能（ΔE_n）。TMC$_2$H$_2$(TM=Sc-Mn) 吸附的第一个 H$_2$ 吸附既可以由于强烈的反键作用呈现解离状态，对应结合能为 0.26~1.69 eV；也可以是分子状态，对应结合能为 0.40~0.77 eV。TMC$_2$H$_2$(TM=Sc-Ni) 对应的储氢容量，平均吸附能列于表 5-3，TMC$_2$H$_2$(TM=Sc-Co) 配合物的储氢密度在 6.65%~12.43% 范

围内,达到了美国能源部[38]规定的5.5%的最新标准。NiC_2H_2(4.54%)与文献[20]的理论结果非常吻合。众所周知,当相互作用能很小或为负时,H_2的吸附是困难的。虽然TiC_2H_2可以吸附5个H_2分子,但从第三个H_2分子吸附开始变得困难。

表 5-3　在 B3LYP/SDD(TM) 计算水平下,TMC_2H_2 (TM = Sc - Ni) 的平均氢分子吸附能 (AE_n) 和连续氢分子吸附能 ($\triangle E_n$),298.15 K 下经过吉布斯自由能矫正的平均氢分子吸附能 ($\triangle G$) 以及储氢质量分数

TM(自旋多重度)	AE_n ($\triangle E_n$)						$\triangle G$	%
	n=1	n=2	n=3	n=4	n=5	n=6		
Sc(2)[a]	0.26(0.26)	0.14(0.02)	0.07(-0.07)	0.06(0.03)	0.03(-0.11)	-0.01(-0.18)	-0.29	12.43
Ti(1)[a]	1.02(1.02)	0.87(0.71)	0.57(-0.02)	0.45(0.10)	0.34(-0.11)		0.05	12.00
V(2)[a]	1.66(1.66)	0.87(0.08)	0.62(0.13)	0.50(0.12)	0.31(-0.44)		0.02	11.58
Cr(3)[a]	1.69(1.69)	0.49(0.69)	0.43(0.32)	0.37(0.20)			0.08	9.36
Mn(4)[a]	1.02(1.02)	0.60(0.17)	0.39(-0.04)	0.28(-0.03)			0.05	9.06
Fe(3)	0.40(0.40)	0.45(0.51)	0.28(-0.06)	0.21(-0.01)			-0.03	8.96
Co(2)	0.77(0.77)	0.61(0.45)	0.40(0.00)				0.12	6.65
Ni(1)	0.76(0.76)	0.59(0.41)					0.29	4.54

注:[a]表示第一个吸附的氢分子是解离的。

5.1.3.2　H原子的位置以及H_2与TiC_2H_2之间可能的反应路径

稳定的几何构型和吸附能都预测TMC_2H_2 (TM= Sc-Ni)可作为高容量储氢介质。接下来,本书对H_2和TiC_2H_2的反应机理进行详细研究。

首先来优化了TiC_2H_2中H原子的首选位置。将H置于Ti和C原子的顶部分别形成TiC_2H_2-H和TiC_2H_3得到的构象。定义H和TiC_2H_2之间的结合能为$E_b[H] = E[TiC_2H_2] + E[H] - E[TiC_2H_2$-H]。H到Ti位点的结合能为3.48 eV,大于H到C位点的结合能(2.54 eV)。这表明H原子倾向于结合在顶部Ti位点,这与LiC_{60}中一个H原子的首选位点Ti不同。

接下来研究TiC_2H_2-2H配合物的不同异构体之间转变的最小能量路径和能垒。本书讨论路径1和路径2的竞争:路径1代表H_2与C原子结合。路径2表示H连接到顶部Ti位点。两种路径的自由能分布如图5-2所

示。路径 2 实际上是"溢出效应"，一个氢分子首先在 Ti 上解离形成结构
1(TiC$_2$H$_2$-2H)，然后两个 H 原子中的一个 H 与 C 成键形成结构 2(TiC$_2$H$_3$-H)。
这个过程只有一个很低的能垒 6.50 kcal/mol（0.28 eV）。另一个 H 原子继续
迁移，形成结构 3(TiC$_2$H$_4$)，但这个过程的最小能量路径给出了 16.81 kcal/mol
(0.73 eV) 的势垒。对于路径 1，氢分子附着在 C 原子上，以二氢形式分离。
其中一个 H 原子从 C 转移到 Ti 形成结构 5 (CH$_3$-C-TiH)。由于得到的结构 4
(CH$_3$-CH-Ti) 比结构 1 (TiC$_2$H$_2$-2H) 的能量高 12.54 kcal/ mol (0.54 eV)，路径
2 应该比路径 1 更有利。这些结果表明，H 倾向于附着在 Ti 中心，并且由于
能垒较低，很容易形成 TiC$_2$H$_3$-H(结构 2)。

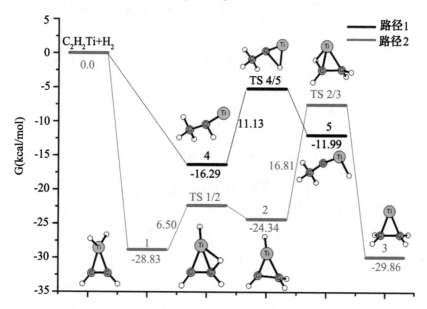

图 5-2　B3LYP/SDD(TM) 水平下 H$_2$+TiC$_2$H$_2$ 同分异构体相互转变的势能面图

　　为了研究 TiC$_2$H$_2$-2H 的稳定性并进一步明确反应路径，本书使用
Gaussian 09 软件包将得到的几何结构在 300 K 下进行了从头算动力学模
拟。从图 5-3 确实观察到了溢出效应。TiC$_2$H$_2$-2H(结构 1)中的一个 H 原子
附着在 C 上，形成了一个 CH$_2$ 基团，但由于在 300 K 处具有更高的势垒，没
有形成 TiC$_2$H$_4$。这与前面讨论的 TiC$_2$H$_3$-H(结构 2)形成过程相同。此外，
结构 2 一旦形成，CCTi 键角非常容易变化。

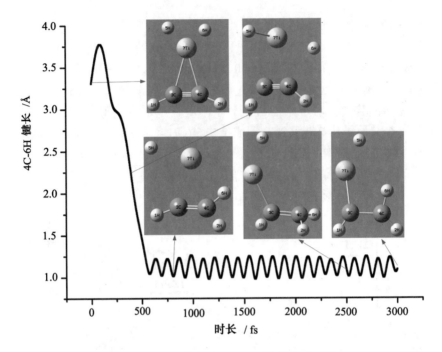

图 5-3   300 K 时 TiC$_2$H$_2$-2H 体系中 4C-6H 键长轨迹的 ADMP-MD 模拟

　　由于 TiC$_2$H$_3$-H 很容易形成,因此估测这个新配合物是否仍然具有高容量的储氢性能是很重要的。只有第一个被 TiC$_2$H$_3$-H 吸附的 H$_2$ 解离形成 TiH$_3$ 结构,结合能约为 1.31 eV/H$_2$。根据理论计算,TiH$_3$ 中的 H 原子会向碳原子迁移,但得到的最低能量路径中能垒很大,为 16.65 kcal/mol (0.72 eV)。300 K 下的从头算动力学 MD 模拟也证实了 TiC$_2$H$_3$-H$_3$ 不存在"溢出效应"。TiC$_2$H$_3$-H 可以以分子形式束缚 4 个 H$_2$,平均氢分子吸附能为 0.28 eV/H$_2$。TiC$_2$H$_3$-H 的储氢质量分数为 9.60%。与 TiC$_2$H$_3$-H-4H$_2$ 相比,TiC$_2$H$_2$-5H$_2$ 的能量高 0.92 eV,表明氢饱和构象不是同分异构体中的最低能量结构。

　　图 5-4 显示了 300 K 下对 TiC$_2$H$_3$-H-4H$_2$ 进行了高达 3 ps 的 MD 模拟。最初,一个 H$_2$ 分子被释放,大约 2.5ps 时另外两个 H$_2$ 分子被释放。在 3ps 模拟时间内,Ti 和第四个 H$_2$ 分子的 Ti—H 键长 (Ti-7H, Ti-8H) 几乎没有变化。MD 结果表明,TiC$_2$H$_3$-H 是非常稳定的,可以先吸附 4H$_2$ 分子,然后在 300 K 时释放 3H$_2$ 分子。

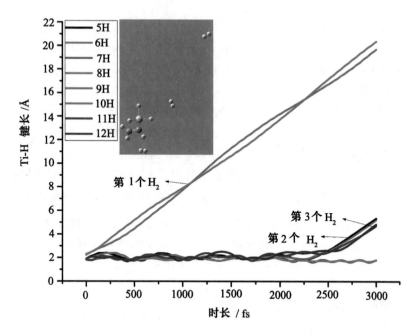

图 5-4　300 K MD 模拟时 TiC$_2$H$_3$-H-4H$_2$ 中的 Ti—H 键长变化曲线图

5.1.3.3　H 的位置选择和 H$_2$ 与 TMC$_2$H$_2$ 之间可能的反应路径 (TM=Sc，V–Ni)

接下来研究了 TMC$_2$H$_2$-H 到 TMC$_2$H$_3$ (TM =Sc，V-Ni) 反应路径中 H 的位置选择和活化能。表 5-4 所列数据表明，TMC$_2$H$_2$ 的 H 原子与 TM 原子之间的相互作用强于 H 原子与 C 原子之间的相互作用，表明 H 原子明显倾向于与 TM 顶部位点结合。

表 5-4　TMC$_2$H$_2$-H 与 TMC$_2$H$_3$ 的相对能差 ΔE 以及 H 和 TMC$_2$H$_2$ 的结合能 (E_b，单位：eV)

TM	Sc	Ti	V	Cr	Mn	Fe	Co	Ni
ΔE	0.44	0.94	0.82	0.49	1.00	0.27	0.54	0.60
E_b-1[a]	2.40	2.54	1.88	3.79	1.27	2.85	1.56	2.75
E_b-2[b]	2.84	3.48	2.70	4.28	2.27	3.12	2.10	3.35

注：[a] E_b-1 表示 H 与 TMC$_2$H$_2$ 中的 C 键合；
　　[b] E_b-2 表示 H 与 TMC$_2$H$_2$ 中的 TM 键合。

对 TMC$_2$H$_2$-2H(TM=Sc，V，Cr，Mn) 和 TMC$_2$H$_2$-H$_2$(TM=Fe，Co，Ni) 进行 300 K 时的从头算 MD 模拟 3 ps。在 ScC$_2$H$_2$-2H 中也观察到类似的结

果，一个解离的H原子与C原子键合形成ScC_2H_3-H结构。从ScC_2H_2-2H到ScC_2H_3-H的最小能量路径显示存在11.36 kcal/mol (0.49 eV)的能垒。ScC_2H_3-H也能吸附$3H_2$的分子,结合能为0.17 eV/H_2(表5-5),这导致ScC_2H_2的氢吸收能力降低10.13%。这与氢饱和构象(ScC_2H_2-$6H_2$)预测的12.43%的储氢容量存在较大差异,说明氢饱和构象不能准确评价ScC_2H_2的储氢容量。对于V,Cr,Mn过渡金属结合氢分子来说,第一个氢分子是解离态,但没有"溢出效应"。这可能是由于从TMC_2H_2-2H到相应的TMC_2H_3-H有更大的反应能垒（对于TM =V,Cr,Mn能垒分别为17.13, 19.24, 和11.99 kcal/mol)。对于TM =Fe,Co,Ni第一个氢分子以分子结合,在300 K时很容易解离。

表5-5 在B3LYP/SDD(TM)计算水平下，ScC_2H_3-H 和 TiC_2H_3-H 的平均氢分子吸附能 (AE_n) 和连续氢分子吸附能 (ΔE_n)，298.15 K 下经过吉布斯自由能矫正的平均氢分子吸附能 (ΔG)

体系(自旋多重度)	AE_n(ΔE_n)				ΔG
	n=1	n=2	n=3	n=4	
ScC_2H_3-H-nH_2(2)	0.33(0.33)	0.12(-0.09)	0.17(0.27)		-0.11
TiC_2H_3-H-nH_2(1) [a]	1.31(1.31)	0.55(-0.21)	0.41(0.13)	0.28(-0.10)	0.00

注：[a] 表示第一个吸附的氢分子是解离的。

ScC_2H_3-H-$3H_2$ 和 VCH_2-2H-$4H_2$体系的从头算动力学MD结果显示由于较弱的氢分子吸附能(0.12~0.33 eV/H),ScC_2H_3-H在300 K时释放了所有吸附的H_2,并恢复到ScC_2H_3-H构型。VC_2H_2-2H-$4H_2$模拟过程H_2分子的逐步解吸过程表明第四个氢分子(V-11H、V-12H)的V-H键长大于2.2 Å。如果继续运行MD模拟,剩下的附着在V原子上的H_2分子很可能会脱附。

5.1.4 结论

氢饱和构象和相应的平均吸附能表明TMC_2H_2 (TM = Sc-Co)配合物能吸附多个H_2分子,其储氢量为6.65%~12.43%,达到美国能源部规定的5.5%的目标。对可能反应路径的计算表明,H_2更倾向于结合到TM位点。第一个吸附的H_2既可能解离(TM= Sc-Mn),也可能不解离(TM=Fe-Ni)。MD模拟结果表明,TMC_2H_2-2H中解离的H原子(TM = Sc,Ti)向C原子迁移,形成TMC_2H_3-H结构。TMC_2H_3-H能结合4个氢分子,平均结合能为0.28 eV;ScC_2H_3-H能结合3个氢分子,平均结合能为0.17 eV。对于TMC_2H_2(TM =V,Cr,Mn),第一个氢分子吸附为解离态,但TMC_2H_2-2H到

相应的TMC₂H₃-H构象的高能垒使其不存在"溢出效应"。对于TMC₂H₂
(TM = Fe, Co, Ni),第一个氢分子以分子形式吸附。

　　本节的研究说明氢饱和构象不能直接评价储氢容量。研究氢储存过
程中必须考虑H的位置选择和C-H键的形成。本节的研究结果如H₂的解
离和TMC₂H₃-H的形成可以适用于其他过渡金属修饰的纳米材料。

5.2　H₂分子在Ti-乙炔/乙烯配合物上的最佳吸附路径[2]

5.2.1　引言

　　表5-6列出了文献中关于Ti -C₂H₂/C₂H₄配合物使用的交换相关函数、
氢分子吸附状态、第一个H₂的结合能(ΔE_a)、储氢质量分数、储氢机制。
从表5-6可以发现吸附的第一个H₂总是解离的。Yildirim[40]讨论了Ti在
TiC₂H₄储氢过程中有趣的催化作用。他发现H₂首先在TiC₂H₄上解离,然后
其中一个H原子以34.59 kcal/mol的能垒转移到碳上。TMC₂H₂(TM = Sc,
Ti)也存在溢出效应[44]。对TiC₆H₆连续加氢过程的研究表明,可以通过溢
出而不是分子吸附快速实现氢气添加和释放的轻松切换[45]。这些研究表
明,在TM修饰有机配合物的储氢过程中也会发生氢化。

**表 5-6　文献中 Ti -C₂H₂/C₂H₄ 配合物计算使用的交换相关函数、氢分子吸附
状态、第一个 H₂ 的结合能 (ΔE_a)、储氢质量分数和储氢机制**

体系	泛函	H₂状态	ΔE_a/eV	质量分数/%	储氢机制	文献
TiC₂H₂	B3LYP/ GDZVP	解离	1.12	12.00	Kubas作用	[22]
	MP2/DGDZVP	解离	1.44	12.00	Kubas作用	[22]
	MP2/6-311++g(3df, 3pd)	解离	—	14.06	Kubas作用	[39]
TiC₂H₄	PWSCF程序包PBE泛函	解离	1.18	11.72	Spillover	[40]
	B3LYP和MP2方法,6-311+G(d, p)基组	—	—	11.72	—	[41]
	B3LYP/DGDZVP	解离	2.76	11.72	Kubas作用	[42]
	PBEPBE/DGDZVP	解离	3.01	11.72	Kubas作用	[42]

体系	泛函	H_2状态	ΔE_a/eV	质量分数/%	储氢机制	文献
	PBEPBE/6-311++G(d, p)	解离	2.99	11.72	Kubas作用	[42]
	B3LYP/DGDZVP	—	—	11.72		[19]
	C, H用B3LYP/6-311++g(3df, 3pd), Ti用SDD赝势	解离	—	11.72	Spillover	[44]
$Ti_2C_2H_4$	PWSCF程序包PBE泛函	解离	1.45	14.00	Kubas作用	[43]
	PBE/6-31G(d, p)	—	—	14.00	—	[18]
	B3LYP 和MP2方法,6-311+G(d, p)基组	—	—	11.53	—	[41]
$Ti-C_2H_4$	实验	—	—	12.00	—	[3] [4]

了解微观吸氢过程对设计新的储氢材料非常重要。本书详细研究了多个H_2分子在TiC_2H_2和TiC_2H_4上的吸附机理,包括活化和迁移。计算方法在第2节描述。在第3节将展示H_2在TiC_2H_2和TiC_2H_4上吸附过程中的最小能量路径和能垒。结论见第4节。

5.2.2 计算方法

所有优化和动力学计算均基于高斯09程序[36]。DFT计算采用Becke的三参数混合方法与Lee、Yang和Parr 梯度校正相关泛函(B3LYP)进行[29,30]。C、H和Ti原子用的是6-311+g (d,p)全电子基组。计算得到了自旋多重度、振动频率、零点能和吉布斯自由能修正值。用QST2方法确定过渡态的几何构型[46]。对于反应路径,进行了内在反应坐标(IRC)[47,48]跟踪计算,以验证每个鞍点连接两个最小值。

B3LYP 对于估算 TiC_2H_2/TiC_2H_4 配合物的储氢性能是非常有效的[15,19,,22,39,41,44]。此外,文献 [49] 利用 B3LYP/6-31G*水平研究钛硅及其与水和甲醇的相互作用的结构、电子性质得到很好的结果。B3LYP/6-31+G (d,p)方法还被用来研究碱金属离子装饰硼酸的储氢容量[50]。

以 CCSD (T)/6-311+g (d,p)结果为标准,TiC_6H_6逐步吸附氢分子的能量比较显示B3LYP方法比M06-2X方法更加可靠[45]。计算显示B3LYP /6-311+g (d,p)方法应用于解离的H_2和H原子迁移是一个很可靠的计算方法

[51]。分别采用B3LYP / 6-311+g (d, p)和CCSD(T)[52] / 6-311+g (d, p)水平进行对比。两种方法显示了相同的反应路线和变化趋势。因此,之前的研究[15,39,44,51]和其他小组的研究[41,19,22]都证明了B3LYP方法可以获得可靠的结构和势能面。从头算分子动力学模拟(ADMP)[32-35,53]验证了计算得到的吸附途径。

0 K、298.15 K、1 atm 条件下的连续吸附能定义为:

$$\Delta G_a = G[TiC_2H_2(H_2)_n] - G[TiC_2H_2(H_2)_{n-1}] - G[H_2], n=1\sim7$$

反应能(ΔG)和活化势垒(G_a)的定义如下:

$$\Delta G = G_P - G_R ; G_a = G_{TS} - G_R$$

其中,G_P、G_R、G_{TS}分别表示吸附反应物、生成物和过渡态在0 K和298.15 K时的吉布斯自由能。

为了考虑温度的影响,自由能变化可以由 $\Delta G = \Delta E_0 + \Delta G_0 (T)$,$\Delta E_0$是0 K标准的能量变化,$\Delta G_0 (T)$是从0 K - T K自由能变化的温度修正。随着温度的增加,中间体和过渡态的能量逐渐增加。但它们的G_a和ΔG变化不大,可以假定不变。

5.2.3　结果与讨论

5.2.3.1　TiC$_2$H$_2$(nH$_2$) (n = 1~7)配合物的构型

TiC$_2$H$_2$的三重态比单重态稳定。B3LYP/6-311 + g (d, p)水平下吉布斯自由能差值为28.24 kcal/mol,CCSD (T)/6-311 + g (d, p)水平时吉布斯自由能差值为25.89 kcal/mol。TiC$_2$H$_2$(H$_2$)$_n$ (n = 1~7)在298.15 K和1 atm时的优化构型及其相对吉布斯自由能如图5-5,图5-6,和图5-7所示。

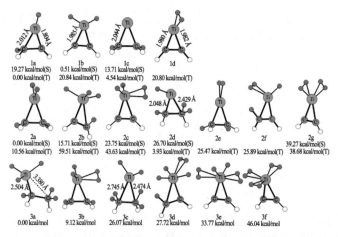

图5-5　TiC$_2$H$_2$(nH$_2$) (n=1~3) 在 B3LYP/6-311+g(d, p)计算水平下的优化构型,图中数据为 298.15 K 和 1 atm 下的吉布斯自由能

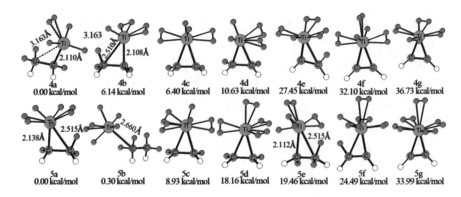

图 5-6 TiC₂H₂(nH₂) (n=4，5) 在 B3LYP/6-311+g(d，p) 计算水平下的优化构型，图中数据为 298.15 K 和 1 atm 下的吉布斯自由能

$图 5-6 TiC_2H_2(nH_2) (n=4，5) 在 B3LYP/6-311+g(d，p) 计算水平下的优化构型，图中数据为 298.15 K 和 1 atm 下的吉布斯自由能$

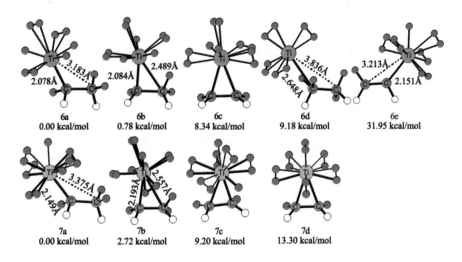

图 5-7 TiC₂H₂(nH₂) (n=6，7) 在 B3LYP/6-311+g(d，p) 计算水平下的优化构型，图中数据为 298.15 K 和 1 atm 下的吉布斯自由能

1a (T) 是 $TiC_2H_2(H_2)$ 的基态，是具有一个 CH_2 基团的三重态，与文献[44]结果一致。在研究 TiC_2H_2 的储氢能力时，通常认为 1b 和 1d 异构体是稳定的吸附构型[41,22]。1b(T) 和 1d(T) 的能量分别比 1a (T) 高 20.84 和 20.80 kcal/mol。构型 1b (S) 是最稳定的单重态，仅比 1a (T) 能量高 0.51 kcal/mol。$TiC_2H_4(1c)$ 的单重态和三重态都不是最稳定的异构体，尽管它在很多文献中被认为是潜在的储氢介质[3,4,19,22,40-42]。

对于 $TiC_2H_2(2H_2)$，热力学数据表明单重态异构体 2a 为基态，即 TiC_2H_4 与一个解离的 H_2 分子结合的构型。2b 和 2f 是 1a 上吸附一个 H_2 分子的异构体。2c 和 2g 可以认为是含有两个 H_2 分子的 TiC_2H_2。最稳定的三重态异构体是2d,与参考文献[40]一致。它的能量比基态结构2a(S)高3.93 kcal/mol。三重态异构体2e是具有一个活化H_2分子的TiC_2H_4。计算没有发现2e和2f的单重态。

$TiC_2H_2(nH_2)$的同分异构体(n= 3~7)均为单重态。$TiC_2H_2(3H_2)$的基态为3a(S),可以认为是含有一个二氢配体的2d(S)。由于Ti与H的强相互作用以及CH的存在,连接CH_2的Ti-C键被拉长至2.504 Å,包含CH_3的Ti-C键伸长到3.380 Å。3b是TiC_2H_4具有一个二氢配体和一个活化的H_2分子的结构;3d是1a(S)吸附两个H_2分子的构型。3e和3f是TiC_2H_2上吸附三个H_2分子的构型。最有趣的异构体是3c。虽然两个C原子都被4个键配位,但它们仍能以15.17 kcal/mol的结合能与TiH_2结合。TiH_6与C_2H_6的结合能可由下列公式定义:$G_b = G(3c)-G(C_2H_6)-G(TiH_2)$,其中$G(3c)$为3c在298.15 K时的总吉布斯自由能,$G(C_2H_6)$和$G(TiH_2)$是3c中无结构弛豫的$C_2H_6$和$TiH_2$的能量。

2d(S)和3c的键合轨道(通过内部原子轨道分析[54]确定)显示其中一个C原子包含5个定域键,包括1个C—C键、1个C-Ti键和3个C—H键。这些定域电子稳定了2d(S)和3c。

对于$TiC_2H_2(4H_2)$,4a和4b被认为是2d(S)吸附两个H_2分子的构型。由于H_2分子的解离,4a的能量降低了6.14 kcal/mol。类似地,4f和4g都有3个H_2分子,但它们的能量差高达4.63 kcal/mol。4c和4d都有两个活化的H_2,但由于两个活化的H_2在不同方向上,能量差为4.23 kcal/mol。4e可以看作是1a(S)附加了3个H_2分子。

$TiC_2H_2(5H_2)$的同分异构体中,5a和5e的基态可以看作是2d(S)吸附三个H_2分子。5a由于H_2分子的解离,能量降低19.46 kcal/mol。与异构体3c一样,虽然5b中的1个C原子被4个键配位,但仍能与$TiH_4(H_2)$结合,结合能为4.13 kcal/mol。5c,5d可视为TiC_2H_4与4个H_2结合,能量差为9.23 kcal/mol。5f可以认为是1a(S)与4个H_2分子结合。5g可以认为是TiC_2H_2与5个H_2分子结合。

对于$TiC_2H_2(6H_2)$,6a和6b都可以被认为是2d(S)与3个活化的H_2分子和1个二氢配体结合形成,它们在3个H原子的不同方向上的能量相差仅0.78 kcal/mol。6c可以被认为是TiC_2H_4与5个H_2结合。与3c和5e的同分异构体一样,6d中的两个C原子仍能与$Ti(H_2)_4$结合,结合能为3.99 kcal/mol。

对于$TiC_2H_2(7H_2)$,7a和7b都可以看作是2d(S)与5个活化的H_2分子结合,由于5个活化H_2分子的方向不同,它们的能量相差2.72 kcal/mol。7c和7d可以认为是TiC_2H_4与6个H_2分子结合。7c由于H_2分子的解离,能量降低了4.10 kcal/mol。7a的吉布斯自由能比乙烷(C_2H_6)和$Ti(H_2)_5$的吉布斯自由能之和高 19.39 kcal/mol。

为了更加清晰地区分这些构型,本书根据形成 C-H 键的数目和活化 H_2 分子数目对 $TiC_2H_2(nH_2)$ (n=1~7) 的构型进行了分类。如表 5-7 所示,通常,对于含有一定数量 C-H 键的构型,含解离 H_2 配合物的能量总是比相应的含活化 H_2 配合物更稳定。这可能就是为什么最稳定的 $TiC_2H_2(nH_2)$ 配合物中活性 H_2 分子较少的原因。

表 5-7　根据形成 C—H 键的数目和活化 H_2 分子数目对 $TiC_2H_2(nH_2)$ (n=1~7) 的构型进行分类。括号中的值表示活化 H_2 的数目

形成C—H 键的数目	n=1	n=2	n=3	n=4	n=5	n=6	n=7
0	1b(0) 1d(1)	2c(1) 2g(2)	3e(2) 3f(3)	4f(3) 4g(4)	5g(5)		
1	1a(0)	2b(0) 2f(1)	3d(1)	4e(3)	5f(4)	6e(5)	7c(5) 7d(6)
2	1c(0)	2a(0) 2e(1)	3b(1)	4c(2) 4d(2)	5c(3) 5d(4)	6c(5)	7a(5) 7b(5)
3		2d(0)	3a(0)	4a(1) 4b(2)	5a(2) 5e(3)	6a(3) 6b(3)	
4			3c(0)		5b(1)	6d(4)	

$TiC_2H_2(nH_2)$(n=1~7)的最稳定构型表明,TiC_2H_2/TiC_2H_4 可以连续键合多个 H_2,直到最稳定构型为 7a ($C_2H_5TiH(H_2)_5$)。TiC_2H_2 和 TiC_2H_4 的储氢容量分别为 16.03wt% 和 13.74 wt%。需要注意的是,通常的物理吸附路径例如 $TiC_2H_2 + 5H_2 \rightarrow 1b+4H_2 \rightarrow 2c/2g+3H_2 \rightarrow 3e/3f+2H_2 \rightarrow 4f/4g+H_2 \rightarrow 5g$ 或 $1c+4H_2 \rightarrow 2a/2e+3H_2 \rightarrow 3b+2H_2 \rightarrow 4c/4d+H_2 \rightarrow 5c/5d$,或 $1a+4H_2 \rightarrow 2b/2f+3H_2 \rightarrow 3d+2H_2 \rightarrow 4e+H_2 \rightarrow 5f$,其中中间吸附构型并不是同分异构体的最稳定的构型。这就提出了一个有趣的问题:是不是还存在其他更低的吸附路径? TiC_2H_2/TiC_2H_4 的最佳氢吸附路径应该是什么?因此,本节继续研究了氢吸附的最小能量路径和能垒。

5.2.3.2　TiC_2H_2 吸附多个 H_2 分子

1.第一个 H_2 分子的吸附

当第一个 H_2 分子吸附到三重态 $TiC_2H_2(T)$ 时,H_2 分子在 Ti 位 (1b (T)) 上解离,解离能垒为 19.53 kcal/mol,而在单重态 TiC_2H_2 吸附时不存在解离能

垒。随后,其中一个H原子迁移到碳原子上形成一个CH$_2$基团(1a (T)),其迁移能垒非常低,为5.28 kcal/mol。这个过程类似于Ti的催化作用。另一个H原子继续迁移形成1c(T)结构,跨越33.22 kcal/mol的能垒。

对于单重态路径,中间体1b (S)的能量比TiC$_2$H$_2$+H$_2$(S)的能量低42.97 kcal/mol。氢原子先迁移后分子继续吸附的势垒为21.09 kcal/mol,大于氢分子先继续吸附后迁移的势垒(2.97 kcal/mol)。这表明1b (T)先进行氢分子继续吸附后发生氢分子解离迁移形成CH$_2$基团。本书在0.3 fs范围内进行了分子动力学MD模拟比较TiC$_2$H$_2$单重态和三重态上H原子迁移的难易程度。图5-8给出了300 K时TiC$_2$H$_2$(2H)中1C-6H的时间演化轨迹。在0.3 fs后,1b (T)的C-H键从3.330 Å下降到1.336 Å,而1b (S)的C-H键仍在3.000 Å左右波动。说明三重态TiC$_2$H$_2$上H原子迁移更容易。1b (S)中的H原子继续迁移形成1c(S)结构,跨越16.75 kcal/mol的能垒。

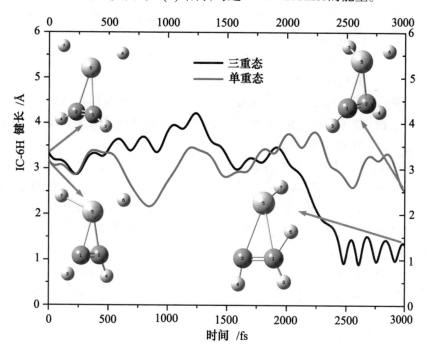

图5-8　300 K 时 TiC$_2$H$_2$(2H)(1b) 中 1C-6H 键长随时间的演化轨迹

2.第二H$_2$分子的吸附

1a、1b和1c都是进一步吸氢的基元,因此对于第二个H$_2$分子可以考虑5种不同的H$_2$吸附途径,包括3种单重态途径和2种三重态途径。

第一条单重态路径从1b (S)+H$_2$开始。第二个H$_2$分子吸附在1b (S)的Ti原子上形成2c (S)。然后,活化的H$_2$解离,四个H原子中的一个迁移到碳上,越过2.97 kcal/mol的能垒,形成2b (S)结构。另一个H原子的2b (S)跨越14.94 kcal/mol的能垒继续迁移,形成2a (S)。另两个可能的途径是(S)+H_2→2b (S)→2a (S)和途径1c(S)+H_2→2a(S)。不论三个途径中的哪一个,由此产生的稳定吸附结构2a(S)都低于TiC_2H_2 (S)+$2H_2$能量62.36 kcal/mol。中间产物2a(S)能重排为2d(S),越过37.91 kcal/mol的能垒,这个能垒非常大,这表明在室温下不容易得到2d(S)。

对于三重态途径,1b(T)由于能量较高,不适合作为吸氢前体。第一条三重态路径从1a(T)+H_2开始。第二个H_2分子吸附在1a (T)的Ti原子上形成2f(T),然后,H原子迁移到碳上,越过26.23 kcal/mol的能垒,形成2e(T)结构。活化的H_2解离能垒为5.45 kcal/mol。然后,其中一个H原子迁移到碳上,跨过7.82kcal/mol的能垒,形成结构2d (T)。其他三重态路径从1c(T)+H_2→2a(T)开始。Yildirim[40]还指出,H_2分子首先在TiC_2H_4上解离,然后其中一个H原子通过一个仅为3.46 kcal/mol的极低势垒转移到碳上,释放热量13.83 kcal/mol,这与本书的三重态结果一致。

以上5个途径的比较后,发现最优路径应该是TiC_2H_2 (T)+$2H_2$→1b(S)+H_2→2c(S)→2b(S)→2 (S),有一个旋转交叉。整个反应过程在ΔG计算中放热33.46 kcal/mol,最大活化能垒为14.94 kcal/mol,反应速度较快。此外,2c(S)→2b(S)→2a(S)中活化的H_2分子数量随着氢分子的分解和H的迁移而减少。

3.其他5个H_2分子的连续吸附

在室温下,2a(S)可以与H_2结合生成配合物3b,其结合能为4.59 kcal/mol。3b中的一个H原子向碳原子迁移,并越过一个仅2.62 kcal/mol的极低位垒,形成3a结构。从3a到3c的H迁移越过33.17 kcal/mol的势垒,在室温下吸热26.07 kcal/mol。3a可以在室温下以7.79 kcal/mol的结合能结合H_2形成4a。

同样,4a可以在室温下以9.34 kcal/ mol的结合能与H_2结合形成5a。一个H原子在4a中的迁移需要越过16.27 kcal/mol的能垒。所以4a+H_2→5a的吸附途径更容易发生。

5a能与H_2在室温下结合,结合能为7.56 kcal/mol,形成6a。一个H原子在6a中的进一步迁移需要越过20.60 kcal/mol的能垒才能形成6d。一个H原子在5a中的进一步迁移需要越过13.02 kcal/mol的能垒才能形成5b。5b可以与H_2在室温下结合,结合能为16.44 kcal/mol,形成6d。

比较5a+H_2→5b+H_2→6d路径和5a+H_2→6a→6d路径,发现最优路径应该是5a+H_2→5b+H_2→6d。前者的能垒是16.44 kcal/mol,而后者的能垒是20.60 kcal/mol。

6a在室温下能结合13.77 kcal/mol的H_2形成7a。这一过程在室温下热力学上是不利的,需要较高的氢气压力和较低的温度。7a 的能量比 $C_2H_6+Ti\ (H_2)_5$ 高 19.39 kcal/mol。计算表明,从 7a 到 $C_2H_6+Ti(H_2)_5$ 的过渡能垒是 29.08 kcal/mol,这意味着这个过程是很困难的。图 5-9 在 300 K 的 MD 模拟可以看出,7a 的解吸放热为 38.46 kcal/mol,可以在不破坏 3a 结构的情况下轻松释放 4 个 H_2 分子。6d 吸附氢分子后,在 300 K 下结构会解散形成乙烷和 Ti 的氢化物。Yildirim[40] 曾提到 7a,并指出 7a 可以释放多个 H_2 分子。由于本书的吸附剂是 2d (C_2H_5TiH) 而不是 3a ($C_2H_5TiH_3$),因此书中 H_2 分子的数量是 5 个而不是 4 个。造成这一结果的可能原因是分子吸附 ($2a+H_2\rightarrow3b$) 和 H 原子迁移 ($2a\rightarrow2d$) 之间的竞争。

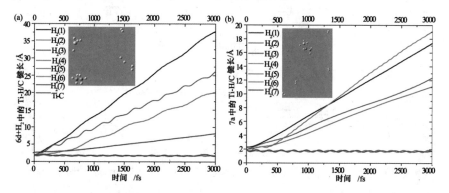

图 5-9　300K 时 6d+H₂ (a) 和 Ti—H in 7a (b) 中 Ti—H/C 的时间 ADMP-MD 演化轨迹。键长单位为 Å

根据上述分析,图 5-10(a)-(d) 为 7 个 H_2 分子在 TiC_2H_2 上吸附的最小能量路径。为了更好地了解 TiC_2H_4 的吸附过程,图 5-10 也标记了 1c 所在的位置。图 5-11 提供了相应的中间体构型示意图。结果表明:(1) 有 7 个 H_2 分子连续吸附在 TiC_2H_2 上。能量最低的氢分子吸附路径是 TiC_2H_2 (T)→1 b→1c→2b→2a→3b→3a→4a→5a→5b→6d→$C_2H_6+Ti(H_2)_5$。整个反应过程的 △ G 计算表示放热 18.92 kcal/mol,最大能垒为 16.44 kcal/mol,反应速度较快。(2)TiC_2H_4 的连续吸附氢分子的最低能量路径应该是 TiC_2H_4(1 c)→2a →3b→3a→4a→5a→5b→6d→$C_2H_6+Ti(H_2)_5$。整个反应过程的 △ G 计算显示放热 18.01 kcal/mol,最大活化能垒为 16.44 kcal/mol,反应也较快进行。(3)7a 和 $C_2H_6+Ti(H_2)_5$ 均显示 14 wt % 的储氢量,与实验 TiC_2H_4 的室温储氢[3,4]结果完全一致。(4)H_2 分子在 TiC_2H_2/TiC_2H_4 上的吸附路径既有化学吸附也有物理吸附。(5)对于 TiC_2H_2,文献中提到的 2d 和 7a 都不是氢吸附最小势能面的中间产物。(6)最小能量总路径表明最终形成乙烷,图 5-9(a) 中的 MD 模拟表明整个吸附过程是不可逆的。因此,整个过程可以看作是 Ti 原子催化 TiC_2H_2/TiC_2H_4 加氢的过程。对于所选的最小能量路径,同样采用

CCSD(T)/6-311+g(d,p)/耦合簇方法和wB97XD[55]/6-311+ g(d,p)水平进行了计算验证。三种方法同样显示了相同的反应路线和变化趋势(参见图5-9)。

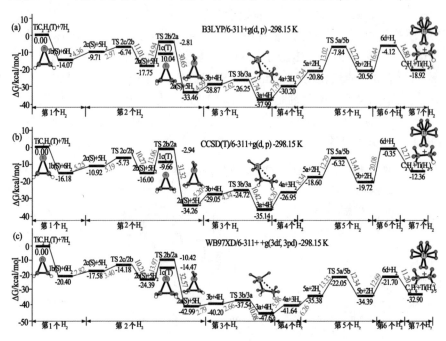

图 5-10　TiC₂H₂ 吸附 7 个 H₂ 的最低能量路径的总势能面
(a) 298.15 K，B3LYP/6-311+g (d，p) 计算水平，(b) 298.15 K，CCSD(T)/6-311+g (d，p) 计算水平，(c) 298.15 K，wB97XD/6-311++g (3df，3pd) 计算水平．正反应的能垒用红色表示，逆反应的能垒用蓝色表示

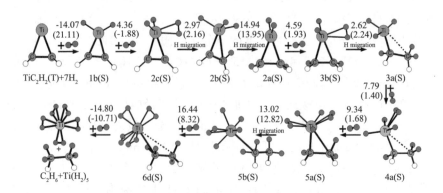

图 5-11　7 个 H₂ 分子在 TiC₂H₂ 上吸附的化学反应中间体结构图。势能面的相对能量 (kcl/mol) 和迁移势垒 (kcl/mol) 也列于图中。括号中的值是在 0 K 处获得的

5.2.3.3 元素键、离子强度、温度对最佳吸附路径的影响

最优吸附路径所含 $TiC_2H_2(nH_2)$ ($n=1\sim7$) 异构体的几何参数计算如表 5-8 所示。TiC_2H_2 被 H_2 包围后，C—C 键从 1.313 Å 分别伸长到 1.318 Å(1b)，1.474 Å(2c)，1.438 Å(3b)，1.531 Å(4a)，1.519 Å(5a) 和 1.529 Å(6d)。C—Ti 键从 1.968 Å 分别伸长到 1.985Å(1b)，2.045Å(2 c)，2.167Å(3 b)，3.040Å(4a)，2.540Å(5a) 和 3.836Å(6d)。这些数据表明，C_2H_2 与 Ti 原子之间的相互作用强度随 H_2 分子数量的变化而变化。这一趋势与 Ti 掺杂的联吡啶类似[56]。显然，C—H 键的形成导致 C 原子与 Ti 原子的配位数减少。这种情况的最终结果是 C—Ti 键被削弱，Ti 原子向 C_2H_2 的一侧倾斜。这种趋势与氢气吸附后 Ti-Zr-Ni 合金体积的增大相一致[57]。Ti 被 H_2 分子饱和后，C—Ti 键很容易断裂并形成乙烷。由图 5-9 和图 5-10 可知，2c→2b、2b→2a、3b→3a、5a→5b 的 H 迁移势垒分别为 2.97 kcal/mol、14.94 kcal/mol、2.62 kcal/mol、13.02 kcal/mol，CCSD(T) 的计算结果显示 H 迁移势垒分别为 5.19 kcal/mol、13.06 kcal/mol、4.34 kcal/mol、12.29 kcal/mol。这一结果似乎表明，当 C—H 键长很接近时，H 很容易迁移。

表 5-8 $TiC_2H_2(nH_2)$ ($n=1\sim7$) 的最低能量吸附路径中的中间体和过渡态的几何结构参量

体系	Ti的电荷 |e|	C—C/Å	C—Ti/Å		H—Ti/Å	
			最长	最短	最长	最短
TiC_2H_2(t)	1.38	1.313	1.968	1.968		
1b(s)	0.96	1.318	1.985	1.985	1.742	1.742
2c(s)	0.61	1.474	2.045	2.045	1.740	1.740
TS2c/2b	0.51	1.300	2.118	2.009	1.827	1.723
2b	0.65	1.327	2.376	2.020	1.719	1.707
TS2b/2a	0.62	1.360	2.306	1.954	2.102	1.743
2a	1.05	1.474	2.045	2.045	1.740	1.740
3b	0.70	1.438	2.167	2.075	1.979	1.739
TS3b/3a	0.63	1.445	2.248	2.087	1.788	1.727
3a	0.91	1.530	3.100	2.032	1.711	1.71
4a	0.53	1.531	3.040	2.042	1.951	1.716
5a	-0.26	1.519	2.540	2.058	1.934	1.716
TS5a/5b	-0.21	1.517	2.025	3.461	1.976	1.735
5b	0.20	1.528	3.871	2.635	2.091	1.682
6d	-0.54	1.529	3.836	2.648	1.855	1.811

1.离子强度

第一个 H_2 的解离是自发的,这与 Ni 吸附的 $Mg_{17}Al_{12}(100)$ 表面[58]一致,结合能为 21.11 kcal/mol (0.92 eV),大于 Ti(0001) 表面的结合能 (0.48 eV)[59]。为了了解 Ti 和 H_2 分子之间的相互作用,$TiC_2H_2(2H)$ 中的 Ti 原子和吸附 H 原子的 PDOS 图和主要分子轨道显示吸附的 H_2 主要受 Kubas 相互作用控制,这与 Ti 修饰的 MgMOF-74 一致[60]。这种相互作用包括填充的 H_2 的 s- σ 轨道向空的 Ti 的 3d 轨道的贡献(对应的能量约为 –8.10 eV)和从填充的 Ti 的 3d 轨道向 H_2 的 σ* 轨道的反贡献(对应的峰中心约为 –7.7 eV)。TiC_2H_2 和 $TiC_2H_2(2H)$ 中的 Ti 原子分别携带 +1.38 |e| 和 +0.96 |e|,高于掺 Ti 石墨烯 (0.48 |e|) 和 Ti- 石墨烯 (H_2) (0.29 |e|)[61]。因此,除了 Kubas 相互作用外,Ti^+ 离子还使周围的 H_2 分子极化,并通过静电相互作用将其结合。

对于 $n=2\sim7$,随后吸附的 H_2 分子首先以分子形式结合。这是因为电子反馈是氢吸附态的唯一决定因素[26],而 Ti^+ 离子难以将更多电子转移到 H_2 分子。这表明 Kubas 相互作用减弱。因此,d 轨道部分填充是金属 -H_2 配合物形成的必要条件。这就是为什么修饰了 Ti 和 Ni 的碳纳米管与氢分子的相互作用不完全相同的原因[62]。如表 5-8 所示 Ti 在 TiC_2H_2 的电荷,1b、2a、3a、4a 和 5a 分别是 1.38 |e|,0.96 |e|,1.04 |e|,0.91 |e|,0.53 |e| 和 –0.26 |e|。这种变化表明,随着 H_2 的增加,Ti 中心的正电荷减少,静电相互作用也减弱。这种趋势与碱金属离子修饰的团簇有很大不同[50]。与 Al_2O_3 上的氢解离类似[63],除了 Kubas 型键合和静电相互作用外,储氢容量的提高归因于 C-H 的形成。如表 5-8 所示,Ti 的电荷在 2c,2b 和 2a 分别是 0.61 |e|,0.65 |e| 和 1.05 |e|,在 3b 和 3a 分别是 0.70 |e| 和 0.91 |e|,这也表明,随着 Ti 中心 H_2 数量的增加,Ti 的电荷增加。

2.温度

氢存储容量的提高归因于不同的机制,包括 Kubas 型键合、静电相互作用和 C-H 形成。Pd 修饰的活性炭纤维储氢实验表明,高压下氢溢流占主导地位,中低压下 Kubas 型键的作用越来越大[64]。因此,了解一定条件下的复杂机理对指导吸氢实验具有重要意义。本章讨论了温度对最佳吸附途径的影响。为了简单说明趋势,0 K 代表低温的极限温度。从图 5-10 和图 5-11 中可以看出,整个过程在 298.15 K 时放热 18.01 kcal/mol,在 0 K 时放热 54.97 kcal/mol,说明吸附反应在热力学上很容易发生。

298.15 K 时,2c → 2b、2b → 2a、3b → 3a 和 5a → 5b 的 H 迁移势垒分别为 2.97、14.94、2.62 和 13.02 kcal/mol,在极低温时分别是 2.16、13.95、2.24 和 12.82 kcal/mol。1b 在 1 atm 时吸附 H_2 的结合能为 –1.88 kcal/mol。例如,1b 可以在 1 atm 和非常低的温度吸附 H_2 的结合能为 1.88 kcal/mol,而它在

298.15 K 时需要高压。一般来说,过高的温度不利于 Kubas 吸附,过低的温度不利于 H 迁移,所以整个反应非常适合在温和条件下进行。当然,增加压强对整个反应是有帮助的。

5.2.4 结论

综上所述,本章利用 CCSD(T) 和 B3LYP 对多个 H_2 分子在 TiC_2H_2/TiC_2H_4 配合物上的吸附进行了系统而全面的研究。特别关注分子吸附和 H 原子迁移之间的竞争。

TiC_2H_2 配合物上吸附多个 H_2 分子的相对吉布斯自由能表明,$TiC_2H_2(nH_2)(n=1\sim7)$ 最稳定的构型不是具有活性 H_2 分子和解离 H_2 分子的结构,而可能是加氢中间体。能量最低吸附路径为:TiC_2H_2 (T) → 1 b →1c→2 b→2a→3b→3a→4a→5a→5b→6d→C_2H_6 + Ti $(H_2)_5$ 及 TiC_2H_4 (1c) →2a→3b→3a→4a→5a→5b→6d→C_2H_6+$Ti(H_2)_5$。说明 H_2 分子在 TiC_2H_2/ TiC_2H_4 上的吸附路径既有化学吸附过程也有物理吸附过程。本书的理论结果与实验中室温下 TiC_2H_4 配合物储氢量的测量值一致。

了解其复杂机理对研究吸氢具有重要意义。当然,本节只研究了 H_2 与 TiC_2H_2/TiC_2H_4 化合物相互作用的行为。

5.3 本章小结

(1)采用密度泛函理论和从头计算分子动力学方法对 $TMC_2H_2(TM=Sc-Ni)$ 储氢性能的不同方面进行了评价。氢饱和构象表明,$TMC_2H_2(TM=Sc-Ni)$ 的氢重量密度为 4.54%~12.43%。自由能分布和第一性原理分子动力学 (MD) 模拟结果表明,当第一个 H_2 分子吸附在 $TMC_2H_2(TM=Sc,Ti)$ 上时,氢分子首先在 Ti/Sc 上解离,然后其中一个 H 原子进入碳原子,形成 C-H 基团。即 TiC_2H_2 和 ScC_2H_2 中存在两种氢的成键形态:C-H 键和 TM-H 键。重要的是,无论 CH_2 基团是否形成,TiC_2H_2 均能够结合 5 个氢分子,储氢量为 12.00%。而 ScC_2H_3-H 仅能结合 3 个 H_2 分子,使 ScC_2H_2 的氢重量密度从 12.43% 降低到 10.13%。对于 TMC_2H_2 (TM = V,Cr,Mn),第一个氢分子发生解离,但不存在"溢出效应"。对于 TMC_2H_2 (TM= Fe,Co,Ni),吸附的第一氢分子以准分子方式结合。

(2)$TiC_2H_2(nH_2)(n = 1\sim7)$ 配合物的一些最稳定的构型不是由氢分子构成的结构,而是氢化中间产物。根据势能分布和 MD 模拟

得出 TiC_2H_2 最佳吸附途径为 $TiC_2H_2(T) \rightarrow 1b \rightarrow 2c \rightarrow 2b \rightarrow 2a \rightarrow 3b \rightarrow 3a \rightarrow 4a \rightarrow 5a \rightarrow 5b$ - $6d \rightarrow C_2H_6 + Ti(H_2)_5$，$TiC_2H_4$ 最佳吸附途径为 $TiC_2H_4(1c) \rightarrow 2a \rightarrow 3b \rightarrow 3a \rightarrow 4a \rightarrow 5a \rightarrow 5b \rightarrow 6d \rightarrow C_2H_6 + Ti(H_2)_5$。说明 H_2 分子在 TiC_2H_2/TiC_2H_4 上的吸附分为化学吸附和物理吸附。产物 $C_2H_6+Ti(H_2)_5$ 的 H_2 吸收量为 14 wt%，与实验结果完全一致。

参考文献

[1] Ma L J,Han M,Wang J,et al. Density functional theory study of the interaction of hydrogen with TMC_2H_2(TM=Sc-Ni)[J]. Int. J. Hydrogen Energy, 2017,42(20):14188-14198.

[2] Wang J,Rong Y,Han T,et al. The optimal adsorption pathway of H_2 molecules on Ti-Acetylene/Ethylene compounds: A DFT study[J]. Int. J. Hydrogen Energy,2019,45(3):2105-2118.

[3] Phillips A B,Shivaram B S. High Capacity Hydrogen Absorption in Transition Metal-Ethylene Complexes Observed via Nanogravimetry[J]. Phys. Rev. Lett,2008,100(10):105505.

[4] Phillips A B,Shivaram B S. High capacity hydrogen absorption in transition-metal ethylene complexes: consequences of nanoclustering[J]. Nanotechnology ,2009,20(20):204020.

[5] Phillips A B,Shivaram B S,Myneni G R. Hydrogen absorption at room temperature in nanoscale titanium benzene complexes[J]. Int. J. Hydrogen Energy,2012,37(2):1546-1550.

[6] Kandalam A K,Kiran B,Jena P. Multidecker Organometallic Complexes for Hydrogen Storage[J]. Phys. Chem,C 2008,112(15):6181-6185.

[7] Chen G,Jena P,Kawazoe Y. Interaction of gas molecules with Ti-benzene complexes[J]. J. Chem. Phys,2008,129(7):074305.

[8] Edwards P P,Kuznetsov V L,David W I F. Hydrogen energy[J]. Proc. R. Soc. London,Ser,A 2007,365(1853):1043-1056.

[9] Jena P. Materials for Hydrogen Storage: Past,Present,and Future[J]. J Phys Chem Lett,2011,2(3):206-211.

[10] Crabtree G W,Dresselhaus M S,Buchanan M V. The Hydrogen Economy[J]. Phys. Today,2004,57(12):39-44.

[11] Crabtree G W,Dresselhaus M S. The Hydrogen Fuel Alternative[J]. MRS Bulletin,2008,33(4):421-428.

[12] Zuttel A,Remhof A,Borgschulte A,et al. Hydrogen: the future energy carrier[J]. Proc. R. Soc. London,Ser. ,A 2010,368(1923):3329-3342.

[13] Harris R,Book D,Anderson P A,et al. Hydrogen storage: the grand challenge[J]. The Fuel Cell Rev,2004,1:17-23.

[14] Krasnov P O,Ding F,Singh A K,et al. Clustering of Sc on SWNT

and Reduction of Hydrogen Uptake: Ab-Initio All-Electron Calculations[J]. J Phys Chem ,C 2007,111(49):17977-17980.

[15] Cho H G,Andrews L. Infrared spectra of M-η^2-C$_2$H$_2$,HM–C $\equiv$ CH, and HM–C $\equiv$ CH$^-$ prepared in reactions of laser-ablated group 3 metal atoms with acetylene[J]. J Phys Chem ,A 2012,116(45):10917-10926.

[16] Cho H G,Andrews L. Infrared spectra of HC $\equiv$ C–MH and M-η^2-(C$_2$H$_2$) produced in reactions of laser-ablated group 5 transition-metal atoms with acetylene[J]. J Phys Chem ,A 2010,114(37):10028-10039.

[17] Cho H G,Kushto G P,Andrews L,et al. Infrared spectra of HC $\equiv$ C-MH and M-η^2-(C$_2$H$_2$)from reactions of laser-ablated group-4 transition-metal atoms with acetylene[J]. J Phys Chem,A 2008,112(28):6295-6304.

[18] Wadnerkar N,Kalamse V,Chaudhari A. Can ionization induce an enhancement of hydrogen storage in Ti$_2$–C$_2$H$_4$ complexes[J]. RSC Adv,2012, 2(22):8497-8501.

[19] Wadnerkar N,Kalamse V,Phillips A B,et al. Vibrational spectra of Ti:C$_2$H$_4$(nH$_2$) and Ti:C$_2$H$_4$(nD$_2$) (n=1–5) complexes and the equilibrium isotope effect: Calculations and experiment[J]. Int. J. Hydrogen Energy ,2011, 36(16):9727-9732.

[20] Kalamse V,Wadnerkar N,Deshmukh A,et al. Interaction of molecular hydrogen with Ni doped ethylene and acetylene complex[J]. Int. J. Hydrogen Energy,2012,37(6):5114-5121.

[21] Tavhare P,Kalamse V,Krishna R,et al. Hydrogen adsorption on Ce-ethylene complex using quantum chemical methods[J]. Int. J. Hydrogen Energy,2016,41(27):11730-111735.

[22] Tavhare P,Wadnerkar N,Kalamse V,et al. H$_2$ interaction with C$_2$H$_2$TM (TM=Sc,Ti,V) complex using quantum chemical methods[J]. Acta Phys Pol,A 2016,129(6):1257-1262.

[23] Wadnerkar N,Kalamse V,Chaudhari A. VC$_3$H$_3$ organometallic compound: a possible hydrogen storage material[J]. Int J Hydrogen Energy , 2011,36(1):664-670.

[24] Kalamse V,Wadnerkar N,Chaudhari A. Quantum chemical study of dissociation of H$_2$ on C$_3$H$_3$V organometallic compound[J]. Int J Quantum Chem ,2009,110(10):1947-1952.

[25] Martinez A I. Computational Study of Organometallic Structures for Hydrogen Storage,Effects of Ligands[J]. J. Nano Res,2009,5(1):113-119.

[26] Ma L J, Han M, Wang J, et al. Oligomerization of Vanadium-Acetylene systems and its effect on hydrogen storage[J]. Int J Hydrogen Energy, 2017, 42(20):14188-14198.

[27] Kalamse V, Wadnerkar N, Deshmukh A, et al. C_2H_2M (M=Ti, Li) complex: A possible hydrogen storage material[J]. Int. J. Hydrogen Energy, 2012, 37(4):3727-3732.

[28] Becke A D. Density-functional exchange-energy approximation with correct asymptotic behavior[J]. Phys Rev, A 1988, 38(6):3098-3100.

[29] Becke A D. Density-functional thermochemistry. III. The role of exact exchange[J]. J Chem Phys, 1993, 98(7):5648-5652.

[30] Becke A D. Density-functional thermochemistry. V. Systematic optimization of exchange-correlation functionals[J]. J Chem Phys, 1997, 107(20):8554-8560.

[31] Andrae D, Haeussermann U, Dolg M, et al. Energy-adjusted ab initio pseudopotentials for the second and third row transition-elements[J]. Theor Chem Acc, 1990, 77(2):123-141.

[32] Car R, Parrinello M. Unified Approach for Molecular-Dynamics and Density-Functional Theory[J]. Phys Rev Lett, 1985, 55(22):2471-2474.

[33] Martyna G, Cheng C, Klein M L. Electronic States and Dynamic Behavior of Lixen and Csxen Clusters[J]. J Chem Phys, 1991, 95(2):1318-1336.

[34] Lippert G, Hutter J, Parrinello M. A hybrid Gaussian and plane wave density functional scheme[J]. Mol. Phys, 1997, 92(3):477-487.

[35] Lippert G, Hutter J, Parrinello M. The Gaussian and augmented-plane-wave density functional method for ab initio molecular dynamics simulations[J]. Theor Chem Acc, 1999, 103(2):124-140.

[36] Schlegel H B, Iyengar S S, Li X, et al. Ab initio molecular dynamics: Propagating the density matrix with Gaussian orbitals. III. Comparison with Born-Oppenheimer dynamics[J]. Journal of Chemical Physics, 2002, 117(19):8694-8704.

[37] Beckhaus R. The Organometallic Chemistry of Transition Metals[J]. Synthesis, 1995, 225(2):212–214.

[38] http://www.eere.energy.gov/hydrogenandfuelcells/mypp.

[39] Ma L J, Jia J, Wu H S, et al. Ti-η^2-(C_2H_2) and HC ≡ C-TiH as high capacity hydrogen storage media[J]. Int. J. Hydrogen Energy, 2013,

38(36):16185-16192.

[40] Zhou W, Yildirim T, Durgun E, et al. Hydrogen absorption properties of metal-ethylene complexes[J]. Phys Rev, B 2007, 76(8):085434-085442.

[41] Chakraborty A, Giri S, Chattaraj P K. Analyzing the efficiency of Mn-(C$_2$H$_4$) (M=Sc, Ti, Fe, Ni ; n=1, 2) complexes as effective hydrogen storage materials[J]. Struct. Chem, 2011, 22(4):823-837.

[42] Wadnerkar N, Kalamse V, Chaudhari A. Higher hydrogen uptake capacity of C$_2$H$_4$Ti$^+$ than C$_2$H$_4$Ti: a quantum chemical study[J]. Theor. Chem. Acc, 2010, 127(4):285-292.

[43] Durgun E, Ciraci S, Zhou W, et al. Transition-Metal-Ethylene Complexes as High-Capacity Hydrogen-Storage Media[J]. Phys. Rev. Lett, 2006, 97(22):226102.

[44] Ma L J, Han M, Wang J, et al. Density functional theory study of the interaction of hydrogen with TMC$_2$H$_2$ (TM=Sc-Ni)[J]. Int J Hydrogen Energy, 2017, 42(49):29384-29393.

[45] Ma L J, Wang J, Han M, et al. Adsorption of multiple H$_2$ molecules on the complex TiC$_6$H$_6$: an unusual combination of chemisorption and physisorption[J]. Energy, 2019, 171(15):315-325.

[46] Peng C, Ayala P Y, Schlegel H B, et al. Using redundant internal coordinates to optimize equilibrium geometries and transition states[J]. J Comput Chem, 1996, 17(1):49-56.

[47] Gonzalez H B C, Schlegel H B. Reaction path following in massweighted internal coordinates[J]. J Phys Chem, 1990, 94(14):5523-5527.

[48] Gonzalez H B C, Schlegel H B. An improved algorithm for reaction path following[J]. J Chem Phys, 1989, 90(4):2154-2161.

[49] Zhanpeisov N U, Anpo M. Hydrogen bonding versus coordination of adsorbate molecules on Ti-silicalites: a density functional theory study[J]. J Am Chem Soc, 2004, 126(30):9439-9444.

[50] Prakash M, Elango M, Subramanian V. Adsorption of hydrogen molecules on the alkali metal ion decorated boric acid clusters: a density functional theory investigation[J]. Int J Hydrogen Energy, 2011, 36(6):3922-3931.

[51] Wang J, Ma L J, Han M, et al. Molecular and dissociated adsorption of hydrogen on TiC$_6$H$_6$[J]. Int J Hydrogen Energy, 2019, 44(47):25800-25808.

[52] Pople J A, Head-Gordon M, Raghavachari K. Quadratic configuration

interaction - a general technique for determining electron correlation energies[J]. J Chem Phys,1987,87(10):5968-5675.

[53] Schlegel H B,Iyengar S S,Li X,et al. Ab initio molecular dynamics: propagating the density matrix with Gaussian orbitals. III. Comparison with Born-Oppenheimer dynamics[J]. J Chem Phys,2002,117(19):8694-8704.

[54] Knizia G. Intrinsic atomic orbitals: an unbiased bridge between quantum theory and chemical concepts[J]. J Chem Theory Comput,2013, 9(11):4834-4843.

[55] Chai J D,Head-Gordon M. Long-range corrected hybrid density functionals with damped atom-atom dispersion corrections[J]. Phys Chem Chem Phys,2008,10(44):6615-6620.

[56] Zhang S,Meng X Z,Yu L L,et al. Hydrogen storage capacity of Ti substitution-doped pyracylene: density functional theory investigations[J]. Int J Hydrogen Energy,2011,36(1):606-615.

[57] Batalovic K,Koteski V,Stojic D. Hydrogen storage in martensite Ti-Zr-Ni alloy: a density functional theory study[J]. J Phys Chem,C 2013, 117(51):26914-26920.

[58] Zhang Z,Zhou X,Liu C,et al. Hydrogen adsorption and dissociation on nickel-adsorbed and -substituted $Mg_{17}Al_{12}(100)$ surface: a density functional theory study[J]. Int J Hydrogen Energy,2018,43(2):793-800.

[59] Guo J,Guan L,Wang S,et al. Study of hydrogen adsorption on the Ti (0001)-(11) surface by density functional theory[J]. Appl Surf Sci ,2008, 255(5):3164-3169.

[60] Suksaengrat P,Amornkitbamrung V,Srepusharawoot P,et al. Density functional theory study of hydrogen adsorption in a Ti-decorated Mg-based metal-organic framework-74[J]. ChemPhysChem,2016,17(6):879-884.

[61] Zhang H P,Luo X G,Lin X Y,et al. Density functional theory calculations of hydrogen adsorption on Ti-,Zn-,Zr-,Al-,and N-doped and intrinsic graphene sheets[J]. Int J Hydrogen Energy,2013,38(33):14269-14275.

[62] Mei F,Ma X,Bie Y,et al. Probing hydrogen adsorption behaviors of Ti-and Ni-decorated carbon nanotube by density functional theory[J]. J Theor Comput Chem ,2017,16(7):1750065.

[63] Zhang G,Wang X,Xiong Y,et al. Mechanism for adsorption, dissociation and diffusion of hydrogen in hydrogen permeation barrier of

a-Al$_2$O$_3$: a density functional theory study[J]. Int J Hydrogen Energy, 2013, 38(2):1157-1165.

[64] Benthem K V, Bonifacio C S, Contescu C I, et al. STEM imaging of single Pd atoms in activated carbon fibers considered for hydrogen storage[J]. Carbon, 2011, 49(12):4059-4063.

第6章 过渡金属苯配合物的
储氢性能[1-4]

3d过渡金属修饰已被实验和理论证明是提高碳材料储氢性能的最有效途径。通常认为金属是氢分子吸附位点,吸附机理是Kubas相互作用和静电相互作用的协同。很多研究发现,3d过渡金属吸附的第一个氢分子甚至第二个氢分子会发生解离甚至氢原子迁移。如果发生氢迁移,这类材料的储氢机制将从物理吸附转变为化学吸附。人们就需要重新认识3d过渡金属修饰碳材料的储氢机理。明确氢分子在单个3d过渡金属修饰的碳材料上的解离和迁移行为对理解氢的储存机理至关重要。六元碳环是碳材料如C_{60},石墨烯和碳纳米管的基本单元,也是金属有机框架和共价有机框架的重要连接单元。为此,本章首先以3d过渡金属配合物TMC_6H_6为研究对象阐明氢吸附过程中的成键形态,寻找物理吸附和化学吸附的最低能量路径,明确3d过渡金属配合物储氢的机理。

研究内容主要是设计并计算了多个氢分子与ScC_6H_6、TiC_6H_6、VC_6H_6配合物形成的不同同分异构体,明确H_2与这些配合物形成的可能成键状态,包括活化氢分子、解离氢分子、含C-H键的加氢结构及所有可能的中间体结构。从多重度、作用方式及饱和氢结构等方面研究其物理储氢性能,并探索吸附结构的同分异构体转变过程,比较氢分子在配合物上的吸附、解离、迁移行为,考察转变的难易程度,综合比较3d过渡金属Sc-Zn苯环配合物与H_2的作用。

6.1 TiC$_6$H$_6$配合物的多个H$_2$分子吸附[1]

6.1.1 引言

六元碳环不仅是C$_{60}$、碳纳米管和石墨烯等的基本单元,而且是一些金属有机骨架材料和共价有机骨架材料的重要连接体。因此 Ti-苯配合物(尤其是钛苯配合物)用作高容量室温储氢材料的代表受到了科学家们极大的关注[5-11]。Weck 和 Martinez 指出,TiC$_6$H$_6$的储氢能力受到18电子规则的限制。TiC$_6$H$_6$(H$_2$)$_4$的储氢量为 6.02%[8]。在低苯压力(35毫托)和室温下的实验研究中观察到TiC$_6$H$_6$储氢量为 6.00%[9]。

通常情况下,物理吸附材料吸附的 H$_2$ 分子能够通过 Kubas 作用被活化。然而,吸附在 TiC$_6$H$_6$ 上的第一个 H$_2$ 分子解离;这种现象也会出现在其他各种多孔材料中[12-18]。解离的 H 原子可能继续迁移到 C 原子上形成 CH$_2$ 基团。如果在给定的条件下发生氢迁移,那么在过渡金属修饰纳米材料上 H$_2$ 的吸附将从物理吸附转变为化学吸附。虽然在过去的几年中,人们对 TiC$_6$H$_6$ 上 H$_2$ 分子的物理吸附进行了很多的研究,但对于储氢过程中可能发生的化学反应过程研究较少。H$_2$ 参与的化学反应如氢化或脱氢步骤是工业过程的重要技术。人们长期以来一直在研究过渡金属在氢化反应中的催化作用[19]。事实上,苯的加氢和脱氢反应可以在铂催化剂上快速实现,并通过光照进行调节[20]。

本章采用密度泛函理论研究了在 TiC$_6$H$_6$ 中逐步添加 H$_2$ 分子直到饱和的结构,包括各种可能的加氢中间体。特别关注了氢分子在 TiC$_6$H$_6$ 的活化解离和氢迁移过程,确定了相应的活化能垒和反应势能面。理论结果与实验在室温测量的储氢质量分数一致[7]。但实验中未测出氢化中间体,且没有给出氢压大小。本书的发现对 Ti 修饰的 C$_{60}$、石墨烯、碳纳米管、金属有机骨架材料和共价有机骨架材料中的储氢研究具有重要意义。

6.1.2 计算方法

所有计算均采用 Gaussian 09 程序进行[21]。所有优化结构、振动频率、零点能和吉布斯自由能修正都是使用杂化泛函 B3LYP[22,23] 得到的,计算采用的基组为 6-31+g(d,p)。在没有任何对称性限制的情况下对结构进行了优化,并考虑了结构的多重度。对于反应路径,采用 QST 方法[24] 确定过渡态(TS)的几何构型。通过使用反应路径追踪(IRC)[25,26],确认反应途径中的最小值与每个 TS 相连。频率计算以确保稳定的几何构型是势能面的局部极小值,并且所有过渡态有且只有一个虚频。对于物理吸附,采用更为精确的耦合簇理论CCSD(T)[27]方法,获得了H_2与TiC_6H_6的准确平均结合能数据。

在298.15 K下用ZPE校正(ΔE_n)和吉布斯自由能校正(ΔG_n)计算连续吸附能:

$$\Delta E_n = E[TiC_6H_6(H_2)_{n-1}] - E[H_2] - E[TiC_6H_6(H_2)_n]$$

$$\Delta G_n = G[TiC_6H_6(H_2)_{n-1}] - G[H_2] - G[TiC_6H_6(H_2)_n]$$

式中,$E[X]$和$G[X]$是相应结构在298.15 K下的总能量和吉布斯自由能,n表示H_2分子的数目。

为了检验计算的可靠性,本章计算了TiC_6H_6配合物的相关性质并与实验值进行比较,结果汇总在表6-1中。计算的对称性(C_{2V})、自旋多重度(三重态)和TiC_6H_6的振动模式与参考文献中的实验值吻合得很好[28,29]。说明本书采用的计算方法是可靠和足够准确的。

表 6-1　TiC_6H_6 在 B3LYP/6-31+G(d,p) 水平下的对称性、自旋多重性和振动模式与实验的对比

	对称性	多重度	振动模式/cm^{-1}			
			ν(Ti-C反对称 伸缩)	ν(C-H面外弯曲)	ν(C-C对称伸缩)	ν(C-H面内摆动)
实验值[28,29]	C_{2V}	3				
			413.70	700.00	947.00	979.80
本书	C_{2V}	3	425.73	712.66	937.20	988.85

6.1.3　结果和讨论

6.1.3.1　TiC_6H_6–nH_2的分子构型

图6-1显示了第一个H_2分子在TiC_6H_6上的单重态和三重态构型,包含加氢中间体、含活化氢分子和解离氢分子的构型。热力学数据表明,除了具有一个CH_2基团的构型1b外,其他结构的三重态异构体的能量均低于相应的单重态。这一结果与以前的理论研究一致[12-18]。最稳定的三重态构型是1a(T),1b(S)是单重态中最稳定的结构,能量比1a(T)高0.64 kcal/mol。从头算分子动力学(MD)模拟证实1b(S)在300 K时非常稳定。以前的储氢研究中人们从未关注到结构1b(S),这大概是由于两个方面的原因:(1)现有的关于TiC_6H_6配合物储氢的理论计算都只关注物理吸附的形式,即氢分子

被活化但不解离,而忽略了如C—H键的形成的化学吸附过程;(2)目前的实验配置不能够确定氢化中间体的分子和纳米结构[9]。如上所述,研究H_2分子解离、迁移和C—H键形成过程是明确储氢机理至关重要的过程。

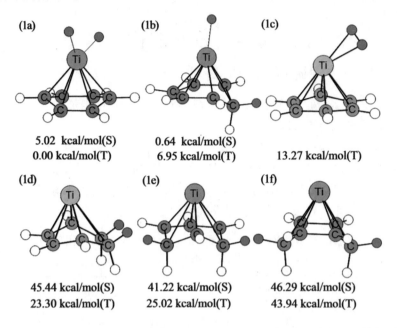

图 6-1　B3LYP/6-31+G(d,p) 水平 TiC_6H_6-H_2 优化构型和 298.15K 的相对吉布斯自由能△ G。S 和 T 分别代表单重态和三重态。红色圆圈表示吸附的氢

本章对 1a(T) 和 1b(S) 进行了进一步的振动模式分析,以便为实验提供理论依据。1a(T) 有两个主要的 H 振动,即两个 H 原子的对称和反对称拉伸振动,能量分别为 1652.70 和 1608.43 cm^{-1}。1b(S) 有一个主要的 H 振动,即垂直于 C_6H_6 平面的 H 原子的振动,能量为 1502.10 cm^{-1}。这三种振动模式是 1a(T) 和 1b(S) 配合物所特有的,因此如果成功合成,任何拉曼/红外光谱中都应该可以观测到。

值得注意的发现是,具有两个 CH_2 基团的三重态构型的稳定性顺序为邻位 (1d)<间位 (1e)<对位 (1f)。之前的实验和计算也表明,第二个 H 原子在 $C_{54}H_{18}$[30] 或石墨烯[31-34] 上的吸附在邻位更有利。由于 CH_2 的存在,由 CH_2 连接的所有 C-C 键长从 1.46 Å 增加到 1.55 Å,由 CH_2 连接的 Ti-C 键长从 2.29 Å 增加到 2.58 Å。

如图 6-2 所示,TiC_6H_6-2H_2 有十个同分异构体。其中含有一个 CH_2 基团的有两种构型 (2a,2f),含有三个 CH_2 基团的有三种构型 (2d,2h,2i)。类似地,文献中提到了具有两个活化的 H_2(2a) 和具有一个解离 2H(2b) 的结构。

这两个构型的能量分别比 2a 高出 9.00 和 2.51 kcal/mol。为了清楚地确定其结构规律，本章根据 CH_2 基团的相对位置和数目以及活化的 H_2 分子数目将 $TiC_6H_6\text{-}nH_2(n=1\sim4)$ 的构型分类，并列于表 6-2 中。值得注意的是，具有两个 CH_2 基团的 $TiC_6H_6\text{-}2H_2$ 的 ΔG 值顺序是邻位 (2c)<间位 (2e)<对位 (2j)，这与 $TiC_6H_6\text{-}H_2$ 配合物的 ΔG 值顺序相同，三个 CH_2 基团倾向于均匀分布。图 6-2 中的所有优化结构中，活化 H 原子的 Ti—H 距离约为 1.85~1.95 Å，以 H_2 分子形式连接的 Ti—H 距离约为 1.71~1.78 Å，含有 CH_2 的 C—C 键距离约为 1.53~1.57 Å。当两个 CH_2 基团相邻时，六元碳环几乎没有变形。有 CH_2 基团连接的 Ti-C 距离在 2.40~2.58 Å，与图中的 $TiC_6H_6\text{-}H_2$ 配合物结果相似。当三个 CH_2 基团相邻时，Ti 原子将与 CH_2 基团的另一侧结合 (2h)，使得最长的 Ti—C 键增加到 3.00 Å。

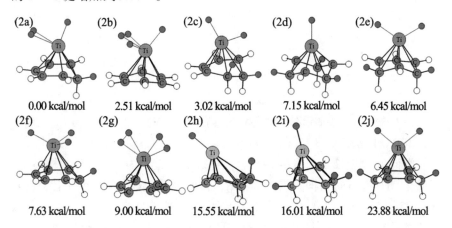

图 6-2　B3LYP/6-31+G(d，p) 水平 $TiC_6H_6\text{-}2H_2$ 的优化构型和 298.15K 的相对吉布斯自由能 ($\triangle$ G/mol)。红色圆圈表示吸附的氢

表 6-2　根据 CH_2 基团的数量对 $TiC_6H_6\text{-}nH_2$ ($n=1\sim4$) 构型进行分类的列表。o，m，p 分别代表邻位、间位和对位

CH_2 单元的数目	$TiC_6H_6\text{-}H_2$	$TiC_6H_6\text{-}2H_2$	$TiC_6H_6\text{-}3H_2$	$TiC_6H_6\text{-}4H_2$
0	1a(0o-0)，1c(0o-1)	2b(0o-1)，2g(0o-2)	3d(0o-2)，3g(0o-3)	4d(3o-0)，4h(0o-4)
1	1b(1o-0)	2a(1o-1)，2f(1o-0)	3f(1o-2)	4c(1o-3)，4j(1o-3)，4k(1o-3)

CH$_2$单元的数目	TiC$_6$H$_6$-H$_2$	TiC$_6$H$_6$-2H$_2$	TiC$_6$H$_6$-3H$_2$	TiC$_6$H$_6$-4H$_2$
2	1d(2o-0), 1e(2m-0), 1f(2p-0)	2c(2o-0), 2e(2m-0), 2j(2p-0)	3h(2o-1), 3i(2m-1), 3k(2o-2), 3m(2m-2), 3o(2p-1), 3p(2p-2), 3q(2p-2)	4g(2o-2), 4l(2o-3), 4n(2m-2), 4p(2m-3), 4t(2p-2), 4u(2p-3), 4v(2p-1)
3		2d(3m-0), 2h(3o-0), 2i(2o-0)	3e(3o-0), 3j(2o-0), 3l(3m-1), 3n(3o-1)	4f(3o-1), 4i(3o-2), 4m(2o-1), 4r(3m-2), 4s(2o-2)[a]
4			3a(4o-0), 3b(3o-0), 3c(2o-0)	4b(4o-1), 4e(3o-1), 4q(2o-2)
5				4a(5o-0)
6				4o(6o-0)

注:[a] 符号4s(20-2)表示图6-4中的结构4s有两个相邻的CH$_2$基团和两个活化的H$_2$分子,其总CH$_2$基团数为3个。

类似地,如图6-3和表6-2所示,优化好的TiC$_6$H$_6$-3H$_2$的同分异构体中,含一个CH$_2$基团的结构只有一个(3f),含两个CH$_2$基团的构型有七个(3h,3i,3k,3m,3o,3p和3q),含三个CH$_2$基团的构型有四种(3e,3j,3l和3n),以及三种具有四个CH$_2$基团的构型有三种(3a,3b和3c)。很明显,结构所含有的CH$_2$基团越多(如3a和3b),它们的能量越低。先前文献中提到的具有三个活化的H$_2$分子的结构3g,其能量比具有一个解离的H$_2$和两个活化的H$_2$分子的结构能量低3.86 kcal/mol[8]。然而,TiC$_6$H$_6$-3H$_2$最稳定的构型既不是3d也不是3g,而是具有四个相邻的CH$_2$基团的3a。对于具有两个CH$_2$基团和两个活化的H$_2$分子的TiC$_6$H$_6$-3H$_2$配合物,ΔG值的顺序是邻位(3k)<间位(3m)<对位(3p,3q)。虽然3p和3q都处于对位,但由于两个活化的H$_2$分子的方向不同,3q的能量比3p高6.38 kcal/mol。在具有两个CH$_2$基团和一个活化H$_2$分子的TiC$_6$H$_6$-3H$_2$配合物中,ΔG值的顺序是邻位(3h)<间位(3i)<对位(3o)。这些结果与TiC$_6$H$_6$-nH$_2$(n=1~2)配合物的结果一致。这些现象表明,两个CH$_2$基团倾向于在相邻的位置。幸运的是,这种现象也发生在具有三个或三个以上CH$_2$基团的结构中。例如,含有三个相邻CH$_2$的3e的能量低于具有三个CH$_2$基团的其他结构(3j,3l和3n),而具有四个相邻CH$_2$基团的3a的能量低于其他具有四个CH$_2$基团的结构(3b,3c)。此外,含

有解离 H_2 分子的配合物总是比具有活化 H_2 分子的相应配合物更稳定。

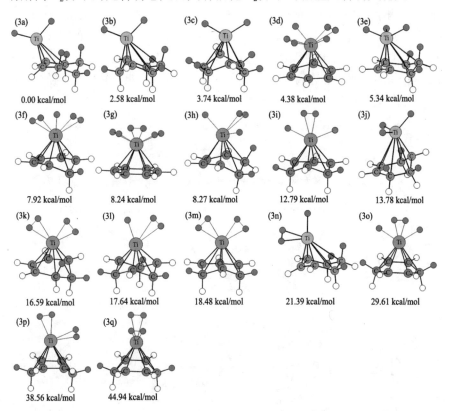

图 6-3　B3LYP/6-31+G(d，p) 水平 TiC_6H_6-$3H_2$ 的优化构型和 298.15K 的相对吉布斯自由能。红色圆圈表示吸附的氢

　　TiC_6H_6-$4H_2$ 配合物的各种可能构型如图 6-4 所示。文献中提到具有四个活化的 H_2 分子的构型是 4h[8]。具有一个解离的 H_2 和三个活化的 H_2 分子结构 4d 比 4h 的能量低 4.02 kcal/mol。然而，最稳定的 TiC_6H_6-$4H_2$ 的构型是具有五个相邻的 CH_2 基团的 4a。4o 结构有 6 个 CH_2 基团，但其能量比 4a 高约 28.48 kcal/mol，这可能是 CH_2 基团的空间效应引起的。计算表明，结构 4a 中 TiH_3 与 C_6H_{11} 的相互作用能为 57.83 kcal/mol(2.51 eV)，而结构 4o 中 TiH_2 与 C_6H_{12} 的相互作用能为 22.00 kcal/mol(0.95 eV)。所有结构 4c，4j 和 4k 都有三个活化的 H_2，一个 CH_2 基团和一个 H 原子，但由于三个活化的 H_2 分子的取向不同，它们的能量差高达 6.42 kcal/mol。含有两个 CH_2 基团的构型共有七个(4g、4l、4n、4p、4t、4u 和 4v)，含有三个 CH_2 基团的构型共有五个(4f、4i、4m、4r 和 4s)，含有四个 CH_2 基团的构型共有三个(4b、4e 和 4q)。如表 6-2 中的结构分类所示，具有两个 CH_2 基团和三个活化 H_2 分子的

TiC$_6$H$_6$-4H$_2$配合物的△G值能量顺序是邻位(4l)<间位(4p)<对位(4u)。对于具有两个CH$_2$基团和两个活化H$_2$分子的TiC$_6$H$_6$-4H$_2$配合物,能量顺序为邻位(4g)<间位(4n)<对位(4t),这与TiC$_6$H$_6$-nH$_2$(n=1-3)配合物的结果一致。再次表明CH$_2$基团倾向于相邻连接。如果CH$_2$基团的数量是确定的,相邻的CH$_2$基团越多,能量就越低。此外,4g,4f和4b的能量由于解离的H$_2$分子的存在低于相同数量CH$_2$基团的相应异构体的能量。

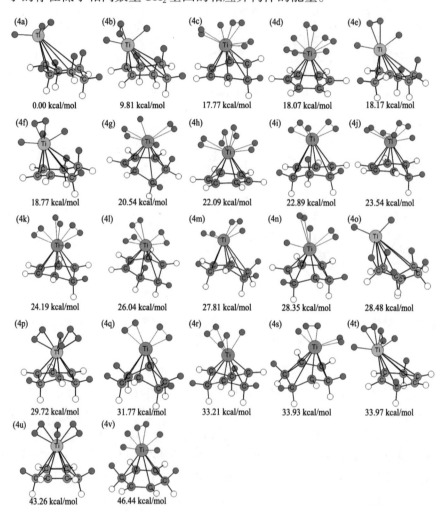

图 6-4　B3LYP/6-31+G(d,p) 水平 TiC$_6$H$_6$-4H$_2$ 的优化构型和 298.15K 的相对吉布斯自由能。红色圆圈表示吸附的氢

在TiC$_6$H$_6$配合物上连续添加H$_2$分子的最稳定构型表明,TiC$_6$H$_6$中的六元碳环可以与多个氢原子成键,直到达到含有五个相邻CH$_2$基团的最稳定

构型。这引出了一个有趣的问题,即这一逐步加氢过程可能发生吗? 由于这对于储氢应用来说将是一个有趣而重要的现象。因此,应详细研究 H_2 分子解离、H原子迁移和C-H键形成过程的最小能量途径和活化能。

6.1.3.2 多个 H_2 分子在 TiC_6H_6 上的化学吸附

1.吸附第一个 H_2 分子

首先研究 TiC_6H_6 与第一个 H_2 分子的反应。虽然 TiC_6H_6 的基态是一个三重态,单重态的自由能比其高出15.29 kcal/mol,但本书的研究同时考虑了单重态的化学反应过程。

如图6-5所示,$TiC_6H_6(T)+H_2$ 反应通过形成配合物 $TiC_6H_6\text{-}H_2$ 开始。氢分子与 Ti 原子配位形成稳定结构 1c(T)。配合物的吉布斯自由能变化值 $\triangle G(298.15\ K)$ 为2.60 kcal/mol。从配合物 1c(T) 出发,反应通过H—H键活化的过渡态,并产生二氢化物中间体 1a(T)。该反应的活化能垒为2.93 kcal/mol,过渡态 1c/1a(T) 比 $TiC_6H_6(T)+H_2$ 能量高0.33 kcal/mol。中间体 1a(T) 通过过渡态 1a/1b(T) 异构化为二氢化物 1b(T),反应能垒为11.77 kcal/mol;过渡态比初始起点能量低4.10 kcal/mol。这表明其中一个H原子迁移到碳原子上形成 CH_2 基团,从而得到的氢化中间体 1b(T) 可进一步异构化为稳定的二氢化物 1e(T) 和 1d(T),活化势垒分别为34.32和22.16 kcal/mol。与三重态途径不同,第一个 H_2 分子直接在 $TiC_6H_6(S)$ 的 Ti 位点上解离但没有能垒。二氢化物中间体 1a(S) 的能量比 $TiC_6H_6(S)+H_2$ 能量低26.14 kcal/mol,而比 $TiC_6H_6(T)+H_2$ 低10.85 kcal/mol。如上所述,1a(S) 通过 1a/1b(S) 过渡态,得到另一种稳定的二氢化物中间体 1b(S),这是最稳定的单重态结构。随后 1b(S) 中间体异构化生成产物 1e(S) 和 1d(S) 活化势垒大于30 kcal/mol,这是非常大的。

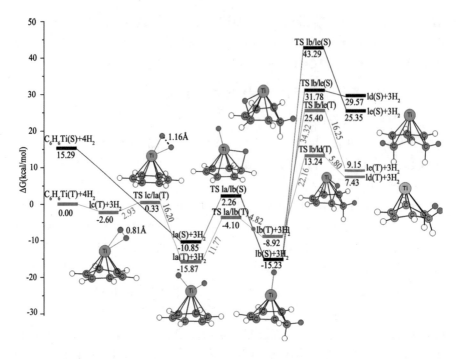

**图 6-5　B3LYP/6-31+G(d，p) 水平下 TiC₆H₆ 上第一个 H₂ 的解离、迁移和 C—
H 键形成的最小能量路径。三重态 (T) 和单重态 (S) 路径分别用红线和黑线
区分。能垒用红色 (正向反应) 和蓝色 (逆向反应) 标出**

　　根据图 6-5 中给出的势能面图可以得出结论,$TiC_6H_6+H_2$ 反应是从三
重态反应物开始的。从配合物 1c(T),反应进入二氢化物中间体 1a(T)。在
进一步异构化经过 TS 后,会发生自旋交叉,从而将反应转变为单重态线
路,得到单重态产物 1b(S)。整个反应过程的 △G 值显示为放热 15.23 kcal/
mol。得到的优化结构在 300 K 下的从头算 MD 模拟表明,确实观察到了
溢出效应,其中 TiC_6H_6-2H 中的一个 H 原子连接到 C 上形成 CH_2 基团。在
298.15 K 时,TiC_6H_6-H_2 最稳定构型的构象总体分析发现,二氢化物中间体
1a(T) 为 74.67%,产物 1b(S) 为 25.33%。构象布局数是根据 △G=-RTlnK 表
达式,利用高斯 09 计算的。

　　2. 吸附第二个 H_2 分子

　　在 TiC_6H_6 吸附第一个 H_2 的产物 1a(T) 和 1b(S) 两个异构体上继续吸附
第二个 H_2 分子有两种不同活化途径。

　　第一条路径从 1b(S)+H_2 开始,H_2 分子与 1b(S) 化合物中的 Ti 原子配位
从而产生二氢配合物 2a,其反应能为 2.92 kcal/mol(0.13 eV)。相对于反应
物 1a(T)+H_2 的 △G 值高 3.88 kcal/mol。从 2a 开始,通过过渡态 2a/2f,H—H

键发生活化生成三氢化物2f,该反应势垒为12.71 kcal/mol。形成的中间体2f可以很容易地通过过渡态2f/2c形成更稳定的产物2c,该反应势垒仅为4.30 kcal/mol。2c上的另一个H原子继续迁移,形成另一个CH₂基团（2h,2i）,但这两个反应都是吸热的,分别需要吸收12.53 和12.99 kcal/mol 的能量,反应势垒分别为11.52 和20.37 kcal/mol。如图6-6所示,另一种发生迁移的可能性是直接从2a迁移到2e。这种异构化同时伴随着H₂的解离,需要18.43 kcal/mol 的能垒,并且需要吸收6.45 kcal/mol 的热量。尽管2d的能量分别比2h和2i低8.40和8.86 kcal/mol,但从2e到2d的进一步转变需要高达40.91 kcal/mol 的能垒。

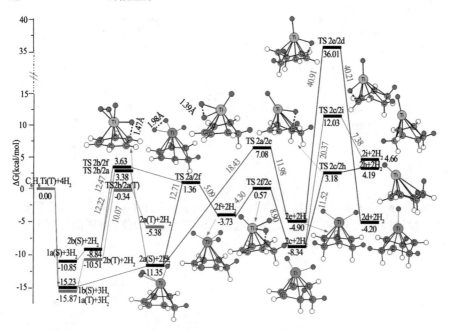

图 6-6　B3LYP/6-31+G(d, p) 水平下 TiC₆H₆ 上第二个 H₂ 的解离、迁移和 C-H 键形成的最小能量路径。能垒用红色 (正向反应) 和蓝色 (逆向反应) 标出

从1a(T)+H₂开始的路径是首先形成2b(T)化合物。在通过进一步的异构化TS后,发生自旋交叉,将反应转移到单重态途径而形成单重态产物2a(S)。

在此基础上,TiC₆H₆-2H₂配合物最容易发生的路线为2a→2f→2c,以ΔG(298.15 K)计算,该过程需要跨越的最大能垒为12.71 kcal/mol。

3.第三和第四个H₂分子的吸附

如图6-7,图6-8所示,2c和3a结合H₂,分别可以形成二氢配合物3 h和4b,结合能分别为0.83 kcal/mol (0.04 eV)和2.11 kcal/mol (0.09 eV)。3 h可以进一步异构化到稳定的3a,反应能垒为5.19 kcal/mol,4b可以进一步异构化到稳定的 4a，反应势垒为 2.87 kcal/mol。相对于反应物 2c(3a)+H_2，ΔG(298.15 K) 值为 -2.56 (-0.18) kcal/mol。

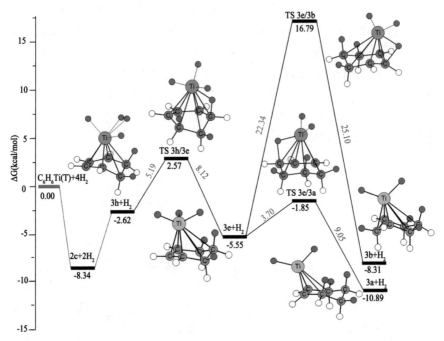

图 6-7　B3LYP/6-31+G(d，p) 水平下 TiC_6H_6 上第三个 H_2 的解离、迁移和 C—H 键形成的最小能量路径。能垒用红色（正向反应）和蓝色（逆向反应）标出

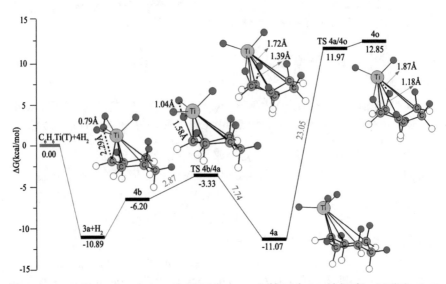

图 6-8　B3LYP/6-31+G(d，p) 水平下 TiC_6H_6 上第四个 H_2 的解离、迁移和 C-H 键形成的最小能量路径。能垒用红色（正向反应）和蓝色（逆向反应）标出

当第五个 H_2 分子继续接近 4a 结构时,结合能为 -0.80 kcal/mol(-0.03 eV)。负值表明第五个 H_2 分子难以在室温附近进行吸附。因此 TiC_6H_{11}-H_3(4a) 为最终产物。

四个 H_2 分子在 TiC_6H_6 上的化学吸附的总最小能量路径如图 6-9 所示。当氢气压力增加时,附着在 TiC_6H_6 上的 H_2 分子可以解离和迁移形成连续的 CH_2 基团,直到稳定结构 TiC_6H_6-H_3。第一个 H 原子的迁移和第二个 H 原子的解离是化学吸附的决速步。它们的反应能垒分别为 11.77 和 12.72 kcal/mol。此外,还考虑了不同吸附构型下的吸附机理。计算出的化学吸附路径势能面图中,红色数字为化学过程的正向能垒,逆向逐步解吸能垒用蓝色标记,以便直接进行比较。

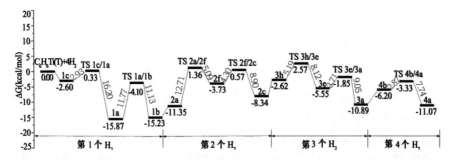

图 6-9　B3LYP/6-31+G(d，p) 水平下 TiC_6H_6 上四个 H_2 的化学吸附最小能量总路径。能垒用红色 (正向反应) 和蓝色 (逆向反应) 标出

总的势能面趋势表明,通过增加/降低氢气压力,可以快速实现具有 6.02 wt% 的吸附和释放的简单转换。这一结果与最近在室温下 TiC_6H_6 吸附氢分子的实验结果一致[6]。

6.1.3.3　多个 H_2 分子在 TiC_6H_6 上的物理吸附

图 6-10 显示了先前文献中提到的所有吸附构型,包括活化和解离的 H_2 分子。给出了 CCSD(T)/6-31+G (d,p) 水平上的连续吸附能 ΔE_n。显然,第一个 H_2 分子解离,而第二个和第三个 H_2 分子以分子形式吸附,吸附能分别为 4.06 kcal/mol(0.17 eV) 和 4.18 kcal/mol(0.18 eV)。

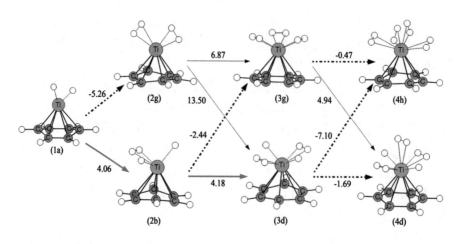

图 6-10 多个 H_2 分子在 TiC_6H_6 配合物上的活化和解离态。在 **CCSD(T)/6-31+g(d，p)** 水平上的连续吸附能（ΔE_n）以 **kcal/mol** 表示，虚线对应负值，最可能的吸附结构用红线连接

为估计 1 atm 下的吸附/解吸温度,本书研究了温度对 $TiC_6H_6+(n-1)$ $H_2 \to TiC_6H_6(H_2)_n$ 过程中 ΔG_n 的影响。将 ΔG=0 eV/H_2 的温度定义为临界温度。形成 1a、2b、3d 的临界温度约为 935 K、212 K、210 K,这意味着在 210 K 以下,三个 H_2 分子可以自发吸附在 TiC_6H_6 上形成 3d。在氢气压力为 1~100 atm,温度为 77 K 下,计算了 3d+$H_2 \to$4d 过程中吉布斯自由能（ΔG_n）的变化。负的 ΔG_n 值表明,即使在 77 K 和 100 atm 时,这种吸附结构的形成也是很难发生的。总之,在大气压下,温度在 210 K 以下三个 H_2 可以很容易地吸附,在 935 K 时发生解吸。根据上述分析,即使在 298.15 K,压力超过 1500 atm 时,连续吸附氢分子的结构也应为 1b→2a→3f→4c 和 1a → 2b → 3d → 4d,这 与 参 考 文 献 中 (1a → 2b → 3g → 4h)[8] 和 (1a→2b/2g→4d/4h)[11] 中给出的顺序不同。文献 [8] 中用 Dmol3 计算的值和文献 [10] 中 ADF 计算的值都大于本研究中的数值。这可能是文献 [8] 和 [10] 中的能量没有进行 ZPE 修正或 Gibbs 自由能修正。之前的报告中强调,在考虑各种材料储氢机理时,必须考虑 ZPE 修正和吉布斯自由能修正[6,35]。

值得注意的是,在释放所有物理吸附的 H_2 分子后,如果直接增加氢气压力,将进入化学吸附/解吸循环；如果温度先降到 210 K 以下,物理吸附将继续进行。

6.1.4 结论

多个可能的加氢中间体的相对吉布斯自由能表明,C_6H_6 部分可以先后与氢原子键合形成氢化异构体 TiC_6H_{11}-3H。连续加氢过程的最小能量途径和活化能表明：（1）吸附在 TiC_6H_6 上的 H_2 分子可以解离，解离的 H 原子会连续迁移形成 CH_2 基团。（2）吸附过程中存在自旋交叉，反应从三重态转到单重态路径上。（3）得到最稳定加氢产物 4a(TiC_6H_{11}-3H) 的总反应的 ΔG(298.15 K) 显示放热 11.07 kcal/mol。结果表明，通过增加/降低氢气压力可以快速实现氢气在 TiC_6H_6 上的吸附和解吸。TiC_6H_6 具有 6.02 wt% 的储氢质量分数，这与最近在室温下对 TiC_6H_6 中氢气吸附结果一致。

连续吸附能及其对温度和压力的关系表明，TiC_6H_6 配合物能有效地捕获三个 H_2 分子。所有的 H_2 分子都从 210 K 开始释放，在 935 K 时完全解吸。更重要的是，化学吸附和物理吸附在某些情况下会发生转变。

本书的结果表明，H_2 分子在 TiC_6H_6 上的结合机制是化学吸附和物理吸附协同进行。无论是加氢中间体还是氢饱和构象，都不能单独用于直接估算储氢能力。储氢过程中发生的化学反应，如 H_2 的解离，H 原子的迁移，甚至 C—H 键的形成必须考虑在内。

6.2　氢在 TiC_6H_6 上的分子和解离吸附[2]

6.2.1　引言

对于许多过渡金属(TMs)修饰的多孔材料，发现第一个吸附的 H_2 会以低能垒解离成两个 H 原子。Yildirim[14] 报告指出，高 Ti 覆盖率的单壁碳纳米管 (SWNT) 能吸附 8 wt% 的氢气，吸附的第一个 H_2 发生解离，没有能垒，而其他三个 H_2 分子则是具有显著伸长的 H—H 键的活化氢分子。Guo[15] 指出，Ti 掺杂的富勒烯具有良好的储氢性能。每个 Ti 原子可以结合六个氢分子。第一和第二个 H_2 分子被解离形成碳氢化物，另外四个 H_2 分子是分子形式。Zhao[16] 指出，Sc 修饰的 $C_{48}B_{12}$ 每个 Sc 原子可以结合多达 11 个 H 原子，其中 10 个以可逆吸附和解吸的形式存在。理论上最大可逆储氢量为 9 wt%。Frapper[17] 表明，Sc、Ti、Co 和 Fe 功能化石墨烯和 (8,0)SWNTs 是储氢的最佳候选材料。金属中心被 H 原子和/或活化的 H_2 分子饱和。如 Pt 和 Pd 等过渡金属原子也能使 SWNTs 和功能化石墨烯[36,37] 上第一吸附的 H_2 分子解离。吸附在 Ca 修饰石墨烯+和 Al 修饰石墨烯上的第一个 H_2 分子也优先发生解离。由于 Ca 原子的电子几乎不占据 3d 轨道且带较少量正电荷，H_2 吸附能可能会减弱[38]。此外，H_2 分子的解离总是伴随着较大的结合能，降低了系统的可逆储氢量。值得注意的是，较强的 TM-H 键可以促进氢吸附和扩散的动力学性质，如 Mg(0001) 表面[39-43]、Na_3AlH_6 表面[44]、

ZrCo(110)表面[45]等。因此,H_2分子的解离是影响储氢性能的另一个关键问题。

值得注意的是,在考虑C_{60}、石墨烯、碳纳米管和MOFs等材料的储氢性能时,TMs特别是Ti改性的六碳环往往起着重要的作用。此外,TM掺杂C_6H_6已经在理论和实验上进行了研究[28,46-48]。从这些角度出发,研究第一个H_2在TiC_6H_6上的吸附和解离是很有意义的。

虽然以前的实验和理论研究都对H_2在TiC_6H_6上的储氢能力进行了研究[8,9,49],但这些研究主要集中在一些特殊的H_2分子以分子形式吸附上。到目前为止,有关H_2吸附的分子和解离形式的研究很少,更不用说解离能垒的研究了。本书对H_2分子在TiC_6H_6上的吸附、解离和解吸进行全面、详细的研究,考虑吸附结构在分子和解离形式之间的转变,比较连续吸附能与氢解离能垒,确定氢吸附/解吸的路径。

6.2.2　计算方法

为了提高计算的可靠性,本书采用了耦合团簇理论CCSD(T)方法[27]。首先,利用Gaussian09程序包[21],采用杂化密度泛函理论中的B3LYP方法[22,23,50]和全电子基组6-31+g(d,p),得到优化的结构和零点能(ZPE)。考虑了结构的不同自旋多重度。在不使用任何对称性限制的情况下对所有结构进行了优化。为了验证势能面上驻点的性质,还计算了谐振频率振动。如果发现一个虚频,则沿着该模式的坐标进行弛豫,直到得到真正的局部最小值。因此,所有的结构都必然对应于局部极小值。

其次,用CCSD(T)方法对所有配合物进行单点计算。此外,还使用了包含Becke-Johnson阻尼的弱相互作用的B3LYP-D3(BJ)方法[51]、WB97XD[52]和二重参数M06-2X[53]函数进行色散校正,以评估这四个DFT交换相关函数在计算TiC_6H_6上二氢结合能时的准确性,并说明ZPE校正的重要性。

金属结合能计算公式为:

$$E_b(Ti)=E(TiC_6H_6)-E(Ti)-E(C_6H_6)$$

在298.15K下用ZPE校正($\triangle E_n$)和吉布斯自由能校正($\triangle G_n$)后的值计算连续吸附能:

$$\triangle E_n=E[TiC_6H_6(H_2)_n]-E[TiC_6H_6(H_2)_{n-1}]-E[H_2]$$

$$\triangle G_n=G[TiC_6H_6(H_2)_n]-G[TiC_6H_6(H_2)_{n-1}]-G[H_2]$$

式中,$E[X]$ 和 $G[X]$ 是相应结构的总能量,n 是吸附的 H_2 分子的数量。

逐步解吸能也就是逆向的连续吸附能。对于反应 $TiC_6H_6(H_2)_n \rightarrow TiC_6H_6(H_2)_{n-1}$-2H,解离能垒 (E_a) 和反应能 (ΔE) 计算公式为:

$$E_a = E_{TS} - E_{na}$$

$$\Delta E = E_{nb} - E_{na}$$

式中,E_{na} 和 E_{nb} 分别是 TiC_6H_6 与氢分子同分异构体的总能量;E_{TS} 是过渡态的总能量。

使用完整的 LST/QST 方法搜索过渡态[54]。该方法首先执行线性同步传输 (LST)/优化计算。得到的过渡态近似用于实现二次同步运输(QST)最大化。在该最大化点的基础上,进行了另一个约束极小化,并重复该循环直到找到一个驻点。通过随后的频率计算,确定了每个优化结构的性质(极小值或一阶鞍点),这些频率计算也为吉布斯自由能提供了热校正。对于反应路径,进行了内禀反应坐标 (IRC)[25,26] 计算,以验证每个鞍点连接两个极小值。

6.2.3 结果和讨论

6.2.3.1 H_2 分子在 TiC_6H_6 上的结构和连续吸附能

在本研究中,B3LYP/6-31+g(d, p) 水平计算得到的 TiC_6H_6 的对称性 (C_{2v})、自旋多重度(三重态)与文献中的 CCSD(T) 结果和实验结果吻合较好[28,29]。在 CCSD(T) 方法中,Ti 原子与苯的结合能为 5.26 eV。

首先,从分子吸附路径 $(TiC_6H_6 \rightarrow 1a \rightarrow 2a \rightarrow 3a \rightarrow 4a)$ 和解离吸附路径 $(TiC_6H_6 \rightarrow 1b \rightarrow 2b \rightarrow 3b \rightarrow 4b)$ 这两条路径讨论 TiC_6H_6 配合物的储氢能力。为了获得最稳定的构型,逐步增加 TiC_6H_6 配合物上的 H_2 分子的数量。

几何优化结果表明,具有一个 H_2 分子的两种构型均是三重态。如图 6-11(1a) 所示,分子吸附的 Ti—H 键长分别为 2.00 和 1.93 Å,H—H 键拉伸到 0.81 Å,而在气相中为 0.75 Å,相应的吸附能 0.47 eV。当 H_2 分解成两个 H 原子时,结合能为 1.10 eV。在图 6-12 中,可以详细看到能量差异的细节来源。1a 的第 32 轨道是由 Ti 的 d_z^2 轨道与 H_2 分子的 σ^* 键杂化而成的,能量分别为 4.39 和 3.68 eV。而 1b 的第 32 轨道能量较低,分别为 6.51 和 6.40 eV,是由 Ti 的 d_{xz} 轨道和 H_2 的 σ^* 发生杂化产生的,轨道重叠较多。

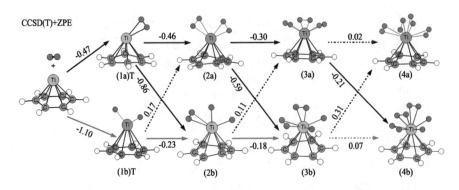

图 6-11　在 CCSD(T)/6-31+g(d，p) 水平上，用 ZPE 校正得到了多个 H_2 分子在 TiC_6H_6 上最稳定的吸附结构和相应的连续吸附能 (ΔE_n/eV)。正值对应虚线，解离吸附结构用红线相连

　　从 $n=2$ 开始，所有涉及的结构都是单重态。对于 $n=2$ 和 3，分子形式的连续吸附能分别为 0.46 和 0.30 eV。可以发现，随着吸附 H_2 的增加，吸附能逐渐减小。对于解离形式，第一个 H_2 分子的吸附能较大(1.10 eV)，而第二个和第三个都较小(0.23 和 0.18 eV)。结果表明，第一个 H_2 分子的解离减弱了后续 H_2 分子的结合能。然后，本书详细探讨了 H_2 吸附行为减弱的原因。在 1a 和 1b 配合物的自然键轨道电荷分析中，Ti 原子带正电荷分别为 +0.793 |e| 和 +0.282 |e|。表明带正电荷较少的 Ti 原子是氢吸附行为减弱的原因之一，这与 Ca 修饰的石墨烯相同[38]。另一方面，可用图 6-12 中结构 1a、1b、2a 和 2b 的部分前沿分子轨道来解释。分子轨道的等表面图表明，1a 和 1b 的前沿分子轨道的对称性仅与 H_2 分子的 LUMO 相匹配。对于 2a 结构，能量为 4.44 和 4.30 eV 的占据分子轨道是 H_2 分子的 LUMO 和 1a 的占据分子轨道（32nd-α/32nd-β）的叠加。能量为 5.05 eV 的占据分子轨道是 H_2 分子 LUMO 和 1b 第 34 轨道的叠加，2a 和 2b 的相关电子能量分别降低了 1.10 和 0.52 eV。此外，1a 和 1b 的叠加轨道能量分别为 4.39/–3.68 eV 和 4.72 eV。根据原子轨道线性组合成分子轨道（LCAO-MO）的能量相近原则，1a 比 1b 更接近 H_2 的 LUMO。

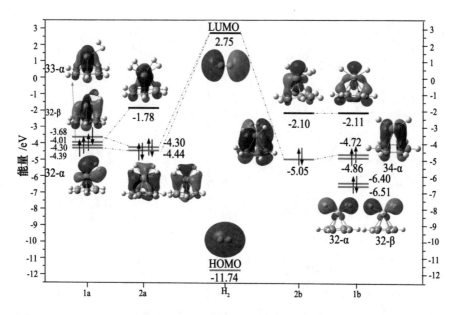

图 6-12　1a、1b、2a 和 2b 结构的部分前沿分子轨道（占据轨道为红色，未占据轨道为黑色）

　　四个 H_2 分子吸附在 TiC_6H_6 上有三种不同的构型。第一个是 H_2 的分子吸附（图 6-11(4a)）。另外两个是 H_2 分子的部分解离构型。图 6-11(4b) 所示的 $TiC_6H_6(H_2)_3$-2H 配合物的能量比图 6-11(4a) 结构低 0.24 eV，而 $TiC_6H_6(H_2)_2$-4H 配合物的能量比结构图 6-11(4a) 高 0.09 eV。因此，本研究没有考虑 $TiC_6H_6(H_2)_2$-4H 配合物。n=4 时，分子形式或解离形式的构型对应的氢分子吸附能 ΔE_n 为正值，分别为 0.02 eV 和 0.07 eV，表明第一个 H_2 吸附在 TiC_6H_6 上发生解离几乎不影响吸附 H_2 的最大数量。

6.2.3.2　多个 H_2 分子的解离行为

　　H_2 解离吸附构型 2b、3b 和 4b 的能量分别比相应的分子吸附构型 2a、3a 和 4a 的能量低 0.40 eV、0.29 eV、0.24 eV。单从 H_2 分子的连续吸附能（ΔE_n）来看，H_2 从 1a 到 2b、2a 到 3b、3a 到 4b 的吸附在热力学上是完全有利的。每个 H_2 分子的吸附都可能经历一个或两个途径。那么，形成饱和吸附最有利的吸附路径是哪一种？最有利的解吸路径是什么？研究分子吸附 H_2 分子的解离行为，将使这些问题迎刃而解。相应的结构、解离能和过渡态的 H—H 键长如图 6-13 所示。

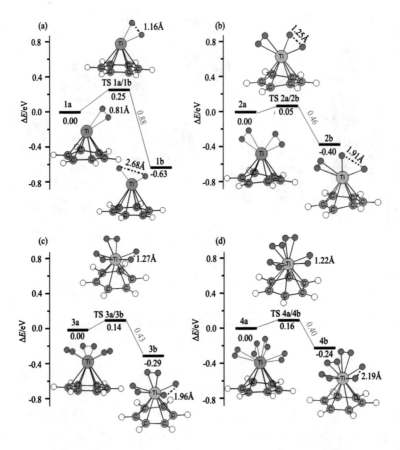

图 6-13 过渡态和终态的相应结构，列出了过渡态中的所有能量和 **H—H** 键长

对于 $n=1$ 时，H_2 通过过渡态 TS1a/1b 解离成两个 H 原子。TiC_6H_6 上的单个 H_2 解离放热为 0.63 eV，解离能垒仅为 0.25 eV。在图 6-13(b) 中，2a 中一个被吸附的 H_2 分子将解离成 H 原子。解离能垒为 0.05 eV，反应放热 0.40 eV。由于不存在 TiC_6H_6-4H，所以没有提及 $TiC_6H_6(H_2)$-2H 分解为 TiC_6H_6-4H 的情况。$n=3$ 时，其中一个 H_2 分子的解离能垒为 0.14 eV，解离放热 0.29 eV。4a 中一个 H_2 分子的解离能垒为 0.16 eV，解离放热 0.24 eV（图 6-13(d)）。

由于吸附结构的转变，吸附路径变得更加复杂。图 6-14 显示了氢在 TiC_6H_6 配合物上吸附的所有可能构型的自由能分布。沿 $TiC_6H_6 \rightarrow 1a \rightarrow 2a \rightarrow 3a$ 的吸附路径在热力学上会更有利。然而，在室温下，从 3a 到 4a 的吸附在热力学上不利的。需要更高的氢气压力和更低的温度。$3a+H_2 \rightarrow 4a$ 过程在 100 atm 的氢气压力，77 K 下的吉布斯自由能（ΔG）的变化表明，即使在 100 atm 下，H_2 分子也不能被吸附。它们不同于路径

1a→2b→3a→4a[8]和路径 1a→2a→2b→4a→4b[11]。此外,在热力学和动力学方面,H$_2$从 3a 解离到 3b 是非常容易的。

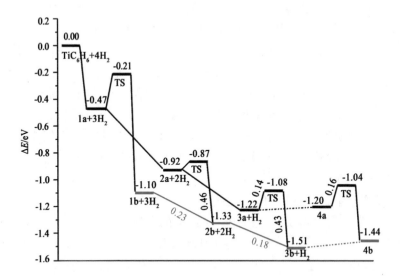

图 6-14　氢在 TiC$_6$H$_6$ 络合物上吸附的自由能分布（红线表示解离吸附路径,黑线代表分子吸附路径,虚线对应正向连续吸附能的路径）

为了确定氢分子的解吸路径,对 H$_2$ 逆解离与其相应的解吸脱附进行了比较。对于 TiC$_6$H$_6$(H$_2$)$_3$-2H→TiC$_6$H$_6$(H$_2$)$_4$ 反应,其能垒为 0.40 eV。而从 4b 到 3b 的解吸反应放热 0.07 eV,说明 H$_2$ 解吸在动力学上是有利的。结果表明,4b 结构一旦形成,它将倾向于解吸一个 H$_2$ 形成 3b,而不是变成分子吸附结构 4a。

TiC$_6$H$_6$(H$_2$)$_2$-2H→TiC$_6$H$_6$(H$_2$)$_3$ 的反应能垒为 0.43 eV,大于 0.18 eV 的解吸能,表明第三个氢分子将被释放形成 2b 而不是转变为分子吸附结构 3a。

对于 TiC$_6$H$_6$(H$_2$)-2H→TiC$_6$H$_6$(H$_2$)$_2$ 反应,逆解离 0.46 eV 的能垒也大于其 0.23 eV 的解吸能,表明第二氢分子将被释放形成 1b 而不是转变为分子吸附结构 2a。

对于 TiC$_6$H$_6$(H$_2$)-2H→TiC$_6$H$_6$(H$_2$) 的反应,逆解离能垒为 0.88 eV,低于 1.10 eV 的解吸能。表明虽然第一个 H$_2$ 分子的结合能较大,但在室温下解吸前,解离吸附结构 1b 将首先转变为分子吸附结构 1a。

基于上述分析,最有利的解吸路径是 3b→2b→1b→1a→TiC$_6$H$_6$,其决速步是从 1b 到 1a 的转变。有趣的是,这些结果表明,由于 H$_2$ 分子的解离,氢分子在 TiC$_6$H$_6$ 上的吸附和解吸遵循不同的路径。速率由从 1b 跃迁到 1a 的能垒(0.88 eV)决定,而不是由 1a(0.47 eV)或 1b(1.01 eV)的氢结合能决定。

接下来,本书研究了温度对吸附和解吸过程的 ΔG 值的影响,探讨了 TiC_6H_6 在实际系统中的应用。$\Delta G=0$ eV 的温度被定义为临界温度。三个 H_2 分子的分子吸附临界温度分别为 450、375 和 300 K,三个 H_2 分子的解离吸附临界温度分别为 1000、220 和 200 K。结果表明,在 200 K 以下,三个 H_2 分子可以在 TiC_6H_6 上自发吸附,当温度升高到 200~220 K 时,H_2 从 3a 解离到 3b,然后第三和第二 H_2 分子沿着 3b→2b→1b 解吸。当温度继续上升到室温时,1b 将变为 1a。当温度升高到 450 K 时,第一个 H_2 分子将被解吸形成 TiC_6H_6。总之,TiC_6H_6 在很低的温度下可以吸收三个分子形式的 H_2,并在 450 K 时解吸所有的 H_2 分子。有趣的是,吸附和解吸的路径不同。从头算分子动力学模拟(MD)证实,TiC_6H_6 即使在 1000 K 时也是非常稳定的。从这项研究中可以清楚地看到,一旦三个 H_2 被完全释放,TiC_6H_6 系统就可以再次重新进行开始吸收/解吸循环。

在文献研究的基础上,除 Ti 外,Sc 修饰的金属有机体系也被认为是良好的储氢纳米材料[55,56]。利用耦合簇理论,对 H_2 分子在 SC_6H_6 配合物上的吸附、解离和解吸进行了全面、详细的研究。在 CCSD(T)/6-31+g(d,p) 水平上,用 ZPE 校正的多个 H_2 分子在 ScC_6H_6 上的最稳定的吸附结构和相应的连续吸附能(ΔE_n)结果表明,由于 H_2 分子的解离,氢分子在 ScC_6H_6 上的吸附和解吸也遵循不同的路径。

6.2.3.3　ZPE 校正的重要性

在设计并模拟金属修饰的碳纳米结构储氢材料时,基底与氢分子之间的结合能的校正非常重要。孙强教授[57]报道,$Li_{12}C_{60}$ 可以储存 60 个 H_2 分子,结合能为 0.075 eV/H_2(ZPE 校正),Xu[58]报道,Li 修饰的石墨烯结合 H_2 分子,结合能为 0.19 eV/H_2(没有 ZPE 校正)。这一差异表明 ZPE 校正对结合能有重要影响。因此,在 CCSD(T)/6-31+g(d,p) 水平上,本书探讨了 ZPE 校正对多个 H_2 分子在 TiC_6H_6 上的连续吸附能(ΔE_n)的影响。如图 6-15 所示,在 CCSD(T)/6-31+g(d,p) 水平上,未经 ZPE 校正的连续吸附能(ΔE_n)大约比使用 ZPE 校正的值高 0.08~0.24 eV。未经 ZPE 校正而高估的吸附能再次说明了 ZPE 校正的重要性。

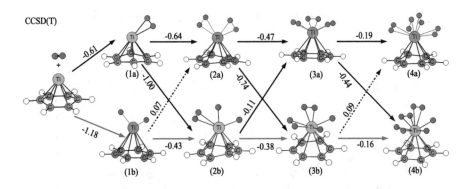

图 6-15　在 CCSD(T)/6-31+g(d，p) 水平上，多个 H₂ 分子在 TiC₆H₆ 上最稳定的吸附结构和相应的连续吸附能 (ΔEₙ/eV)。正值对应虚线，解离吸附结构与红线相连

　　另外，从室温下的吸附路径来看，采用 ZPE 校正后，3a 到 4a 或 3b 到 4b 的吸附在热力学上较差，而不进行 ZPE 校正则热力学性能良好。结果表明，ZPE 校正直接影响到研究者对储氢能力的判断。

6.2.3.4　计算方法对吸附能的影响

　　准确计算金属 -H₂ 结合的能力是储氢材料设计中的一个关键问题。通过比较最近的 CCSD(T)[59] 参考数据，Grimme[60] 指出，不同的 DFT 色散校正几乎可以达到相近的精度。特别是，WB97XD[23] 和 BLYP-D3[51,61] 这样的"简单" DFT-D 方法表现得非常好；重参数化的 M06-2X[53] 函数包含了对中等范围内色散的合理描述；修正的标准泛函如 B3LYP 足以满足许多体系。因此，本书用 WB97X-D，B3LYP-D3 和 M06-2X 对相互作用能进行了评估。

　　图 6-16 给出了四种泛函计算的连续吸附能与 CCSD(T) 结果的比较。结果发现，没有 ZPE 修正的 CCSD(T) 总体一致性最差，与精确结果的平均偏差为 0.26 eV/H₂，而 WB97XD 函数的一致性最好，平均偏差仅为 0.20 eV/H₂。重要的是，M06-2X 方法是最复杂的，但它不能作为本系统的首选方法，平均偏差达 0.38 eV/H₂。B3LYP 和 B3LYP-D3 泛函已经被广泛应用于 H₂ 吸附剂的理论模拟，并与精确结果进行了比较。

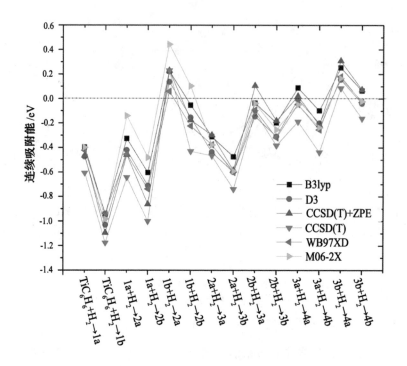

图 6-16 B3LYP、B3LYP-D3、WB97XD 和 M06-2X 方法下计算得到的
TiC$_6$H$_6$ 的连续氢分子吸附能 (ΔE_n/eV)

6.2.4 结论

本书对 H$_2$ 分子在 TiC$_6$H$_6$ 上的吸附、解离和解吸进行了全面、详细的研究。考虑了 TiC$_6$H$_6$(H$_2$)$_n$(n=1~4) 分子形式吸附与解离形式吸附之间的结构转变,确定了氢的吸附/解吸路径。

在 TiC$_6$H$_6$ 配合物上连续添加 H$_2$ 分子的结构表明,四个 H$_2$ 分子达到饱和吸附。连续吸附能表明饱和结构为 4b 而不是 4a。分子吸附能与解离吸附能的比较表明,第一个 H$_2$ 在 TiC$_6$H$_6$ 上的解离几乎不影响最大吸附量。

分子吸附 H$_2$ 分子的解离表明,由于吸附结构的转变,吸附路径变得复杂。沿 TiC$_6$H$_6$→1a→2a→3a 吸附路径在热力学上更有利。从分子形式到解离形式的解离能垒为 0.05~0.25 eV。最有利的解吸途径是 3b→2b→1b→1a→TiC$_6$H$_6$。它的决速步是从 1b 过渡到 1a。这些结果表明,氢分子在 TiC$_6$H$_6$ 上的吸附和解吸遵循不同的路径。以 CCSD(T) 计算为基准,评价了四个 DFT 交换相关泛函在连续吸附能计算中的精度。结果表明,用 B3LYP 泛函的预测是可靠的。另一方面,没有 ZPE 校正的 CCSD(T)

和M06-2X泛函高估了连续吸附能0.26 eV/H$_2$和0.38 eV/H$_2$。

6.3　H$_2$在ScC$_6$H$_6$配合物上物理吸附和化学吸附的协同效应[3]

6.3.1　引言

H$_2$解离和H迁移过程对于理解工业中如加氢或脱氢步骤,甚至是储氢都是非常重要的。为了更好地了解ScC$_6$H$_6$的氢吸附机理,本节以密度泛函理论(DFT)为基础,研究了ScC$_6$H$_6$配合物的氢吸附过程,包括H$_2$解离和H迁移,确定能量最低的吸附路径。

6.3.2　计算方法

结构的优化计算方法同上节。对于反应途径,通过追踪内在反应坐标(IRC)[62]确认极小值连接到每个TS。基于玻尔兹曼的构象分布比[63,64]由下式计算:

$$Pi = N_i / \sum N_j = e^{(-Ei/RT)} / \sum e^{(-Ej/RT)} = Qi / Q$$

P是比例,i是构象数,N_i是i构象中的分子数,E是构象的能量,T是温度单位为K,R是理想气体常数,Q是配分函数。

根据文献和计算经验,B3LYP泛函[22,23]可以为H$_2$分子和TM修饰的碳纳米结构等系统提供准确的结果[2,5]。本书计算了ScC$_6$H$_6$配合物的相关参数并与实验结果进行对比以检验本节计算的可靠性,结果总结在表6-3中。显然,计算出的ScC$_6$H$_6$的对称性(C$_{2v}$),自旋多重性(2),电离能(5.20 eV),振动模式(317 cm^{-1})和解离能(0.77 eV)与参考文献中的实验值一致[46,65-67]。因此,本书使用的函数和基组是可靠、准确的。

表 6-3　B3LYP/6-31+ g(d, p) 水平下 ScC$_6$H$_6$ 的对称性、自旋多重性、电离能和振动频率,以及相应的实验结果。

体系		对称性	多重度	电离能/ eV	振动频率/ cm^{-1}	解离能/ eV
ScC$_6$H$_6$	本章	C$_{2v}$	2	5.20	317	0.77
	实验值	C$_{2v}$ [65, 66]	2 [67]	5.07 [46]	320 [68]	0.64 ± 0.26 [46, 65]

6.3.3 结果与讨论

6.3.3.1 ScC$_6$H$_6$+nH$_2$的构型

ScC$_6$H$_6$配合物的优化构型表明Sc-C键的长度为2.25~2.48 Å。C-C键伸长至1.38~1.46 Å，与自由苯分子中的1.40 Å接近。Sc原子在苯上的结合能为-17.86 kcal/mol。在之前的文献[8,33]中，只提到了含有活化H$_2$分子的吸附构型。本章考虑了多种可能的ScC$_6$H$_6$(H$_2$)$_n$构型，包括H$_2$解离构型和H迁移构型。

ScC$_6$H$_6$+nH$_2$的构型优化结果显示，与TiC$_6$H$_6$[2]的结果一致，5个H$_2$分子连续吸附在ScC$_6$H$_6$上，直到达到最稳定的构型，形成含有6个相邻的CH$_2$基团的稳定构型。但是，这一过程是否能在中等温度下可逆地发生？为此，本书讨论了ScC$_6$H$_6$配合物上H$_2$解离和H原子迁移的最低能量路径及能垒。

6.3.3.2 ScC$_6$H$_6$吸附氢气的过程

自由能参考点即势能面零点为ScC$_6$H$_6$ (D)和5个H$_2$分子的总吉布斯自由能。如图6-17所示，H$_2$配位Sc原子上形成1d (D)。ScC$_6$H$_6$(D)+ H$_2$ → 1d(D)的ΔE为1.78 kcal / mol，而ΔG为4.56 kcal / mol，这与参考文献[8]中的一致。1d(D)配合物通过TS 1d / 1a变为二氢中间体1a(D)，H—H键的距离从0.81 Å增加到3.14 Å。在B3LYP水平，从1a到1b的H迁移跨越能垒15.95 kcal/mol，吸热4.49 kcal/mol。在CCSD(T)水平，能垒为19.27 kcal/mol，吸热5.38 kcal/mol。玻耳兹曼构象分布显示，ScC$_6$H$_6$(D)+H$_2$最稳定的构型的是1a (D)，占所有构型的99.77%。总的来说，ScC$_6$H$_6$(D)+H$_2$中的H$_2$分子很容易以5.25 kcal/mol的有效能垒解离，并放热18.80 kcal/mol。

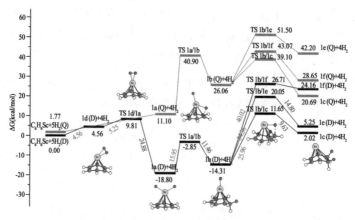

图6-17 第一个 H$_2$ 分子吸附在 ScC$_6$H$_6$ 的势能面图 (Q 为红色，D 为黑色，正向势垒为红色，反向势垒为蓝色)

图 6-18 显示当 ScC_6H_6 配合物吸附第二个 H_2 分子时, 可以通过 $1a+H_2$ 或 $1b+H_2$ 形成 $2a$。路径 1 是 H_2 分子直接吸附在 $1a$ 上。B3LYP 计算水平显示吸热 6.86 kcal/mol, CCSD(T) 水平计算显示吸热 8.44 kcal/mol。路径 2 是 H 原子从 $1a$ 跨过 15.95 kcal/mol 的能垒迁移到 $1b$, B3LYP 水平计算显示吸热 4.49 kcal/mol。因此, $1a+H_2 \rightarrow 2a$ 路径比 $1a \rightarrow 1b \rightarrow 2b \rightarrow 2a$ 路径更容易发生。$1a+H_2 \rightarrow 2a$ 的 ΔE 为 0.10 kcal/mol, ΔG 为 6.86 kcal/mol, 说明这个过程的顺利进行需要加压。这些结果证明 $1a$ 构型是 ScC_6H_6 配合物连续吸氢的前驱体。

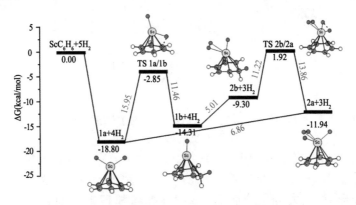

图 6-18 第二个 H_2 分子吸附在 ScC_6H_6 配合物上的能量分布图, 正向能垒为红色, 反向能垒为蓝色

在 $ScC_6H_6+2H_2$ 的同分异构体中, $2a$ 的能量最低。玻耳兹曼构象分布显示, $2a$ 占所有构型的 96.55%。

$2a$ 通过吸热 5.24 kcal/mol 可以形成 $3b$。从 $3b$ 到 $3a$ 有两条途径, 其中路径 1 依次通过 TS $3b/3e$、TS $3e/3c$、TS $3c/3d$ 和 TS $3d/3a$, 路径 2 依次通过 TS $3b/3e$、TS $3e/3k$、TS $3k/3h$ 和 TS $3h/3a$。图 6-19 显示路径 1 在热力学上更有利。$3b$ 到 $3e$, $3e$ 到 $3c$, $3c$ 到 $3d$, $3d$ 到 $3a$, H 原子迁移形成新的 C-H 键对应的能垒分别为 17.27、14.57、8.54 和 8.45 kcal/mol。经过上述讨论, 可以确定 $ScC_6H_6 + 3H_2$ 配合物的有利氢吸附途径为 $3b \rightarrow 3e \rightarrow 3c \rightarrow 3d \rightarrow 3a$。$2a+H_2 \rightarrow 3a$ 的 ΔG 为 5.24 kcal / mol, ΔE 为 0.96 kcal / mol。$ScC_6H_6 + 3H_2$ 的最大迁移势垒在 B3LYP 水平计算值为 17.27 kcal/mol, 在 CCSD(T) 水平计算值为 20.91 kcal / mol。玻耳兹曼构象分布显示, $ScC_6H_6+3H_2$ 的最稳定构型 $3a$ 占所有构型的 98.66%。

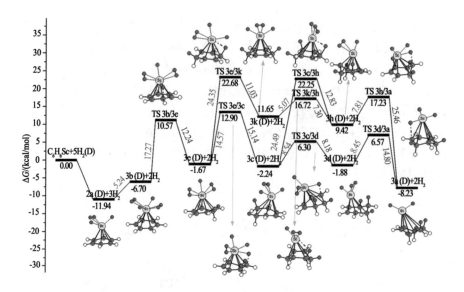

图 6-19　第三个 H_2 分子吸附在 ScC_6H_6 络合物上的能量分布图，正向能垒为红色，反向能垒为蓝色

与图 6-19 和图 6-20 相比，当第 4 个 H_2 分子吸附到 ScC_6H_6 配合物上时，可以通过 3b → 3e → 3c → 3d → 3a → 4a 或者 3b → 4c → 4g → 4f → 4i → 4a 路径形成，最大势垒分别是 17.27 kcal/mol 和 17.45 kcal/mol。在 B3LYP 水平下，3a+H_2 → 4a 的 ΔE 为 4.47 kcal / mol，ΔG 为 0.99 kcal/mol。4a 与 4c 进一步异构化，最大能垒为 17.45 kcal/mol。因此，3a+H_2 → 4a 路径更容易发生。4a+H_2 → 5b 的 ΔE 为 0.36 kcal / mol，而 ΔG 为 6.58 kcal / mol。这表明该过程需要增加压力。如图 6-21 中 5b 可以通过 TS 5b/5c 和 TS 5c/5a 或 TS 5b/5e 和 TS 5e/5a 形成 5a。最有利的途径是 4a+H_2 → 5b → 5c → 5a。其中 5b → 5c，C-H 距离从 3.48 Å 减小到 1.74 Å，5c → 5a，C-H 距离从 3.54 Å 减小到 1.57 Å。ScC_6H_6+5H_2 的最低能量路径为 4a → 5b → 5c → 5a，在 B3LYP 水平上的势垒计算值为 17.99 kcal/mol，在 CCSD（T）水平上的势垒计算值为 21.68 kcal/mol。玻耳兹曼构象分布显示，ScC_6H_6+5H_2 的最稳定构型 5a 占所有构型的 99.99%。

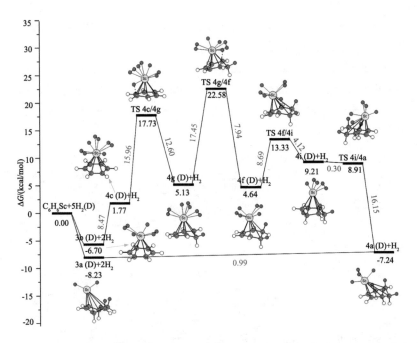

图 6-20　第四个 H_2 分子吸附在 ScC_6H_6 络合物上的能量分布图，正向能垒为
红色，反向能垒为蓝色

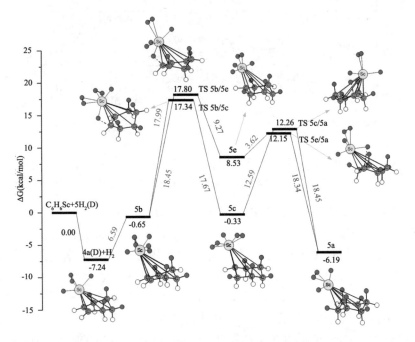

图 6-21　第五个 H_2 分子吸附在 ScC_6H_6 络合物上的能量分布图，正向能垒为
红色，反向能垒为蓝色

5a + H$_2$ → 6a 的 ΔE 为 4.31 kcal / mol。ΔE 为负值表明第六个 H$_2$ 分子在室温下不容易吸附。因此 5a 是最终产物。

图 6-22 的总体趋势表明，B3LYP 水平下，总反应放热为 6.19 kcal/mol，CCSD(T) 水平上总反应放热为 1.89 kcal/mol。ScC$_6$H$_6$ 配合物的储氢容量为 7.50 wt %，这比物理吸附路径 ScC$_6$H$_6$ + H$_2$ → 1a → 2a → 3f → 4k[8] 的储氢量大得多。

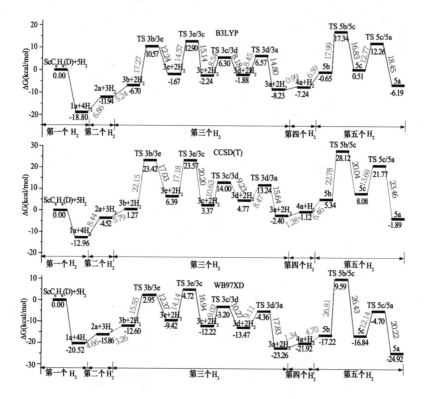

图 6-22 ScC$_6$H$_6$ 配合物上五个 H$_2$ 分子在 B3LYP/6-31+g(d，p)(上)，CCSD(T)/6-31+g(d，p)(中)和 wB97XD/6-31+g(d，p)(下)的吸附途径

如图 6-22 所示，最有利的总吸附途径为 ScC$_6$H$_6$ + H$_2$ → 1d → 1a → 2a → 3b → 3e → 3c → 3d → 3a → 4a → 5b → 5c → 5a。这些结果表明，ScC$_6$H$_6$ 配合物对多个 H$_2$ 分子的吸附是一个物理吸附和化学吸附协同作用的过程。例如，1a → 2a → 3b 和 3a → 4a → 5b 都是物理吸附过程，而 ScC$_6$H$_6$ + H$_2$ → 1d → 1a，3b → 3e → 3c → 3d → 3a 和 5b → 5c → 5a 都是化学吸附过程，其中包括了 H$_2$ 的解离和 H 的迁移。随着 H$_2$ 压力的增加，越来越多的 H$_2$ 分子吸附在 ScC$_6$H$_6$ 上，直到形成稳定的 5a (ScC$_6$H$_{12}$(H$_2$)-2H) 构型。当第三个和第五个 H$_2$ 分子被 Sc 吸附后，H 的迁移过程是决速步，在

B3LYP水平的反应能垒分别为17.27 kcal/mol和17.99 kcal/mol。从图6-22可以看出，B3LYP方法、CCSD(T)方法和wB97XD方法计算得到的吸附趋势一致，再次说明本书计算方法的可靠性。

6.3.3.3 最佳吸附途径的影响因素

1.H$_2$的压力

在0 K和298.15 K时的连续吸附能如表6-4所示。第二个和第三个H$_2$分子在0 K时的连续吸附能分别为0.10 kcal/mol和0.96 kcal/mol。3b到3e的能垒为17.27 kcal/mol，与3e到3b的能垒12.24 kcal/mol非常接近。说明3b和3e在常温常压下可以发生结构转变。因此，3e中第2和第3个H$_2$分子更容易从配合物中脱附，而不是吸附。3a的连续氢吸附能在0 K下为4.47 kcal / mol，在298.15 K下为0.99 kcal / mol。4a的连续氢吸附能在0 K时为0.13 kcal / mol，在298.15 K时为6.59 kcal / mol。对于从3a→2H$_2$到5a的跃迁，还会出现高活化能的问题。这些结果表明需要非常高的氢气压力。

表6-4　0 K（ΔE_n）和298.15 K（ΔG_n）下的ScC$_6$H$_6$最佳氢吸附路径中涉及的连续吸附能，及ScC$_6$H$_6$(nH$_2$) (n=1~5) 异构体的几何参数

	ΔE_n/(kcal/mol)	ΔG_n/(kcal/mol)	键长/Å			
			H—H	C-Sc	H-Sc	C-C
ScC$_6$H$_6$	-	-	-	2.48~2.49	-	1.38~1.46
1a	24.54	18.80	-	2.51~2.61	1.84~1.85	1.39~1.43
2a	0.10	−6.86	0.76	2.50~2.60	1.85~2.24	1.39~1.43
3b	0.96	−5.24	0.76~0.77	2.53~2.58	1.86~2.21	1.39~1.44
3e	-	-	0.75~0.76	2.35~2.79	1.89~2.37	1.41~1.54
3c	-	-	0.76	2.42~3.09	1.84~2.35	1.40~1.55
3d	-	-	0.79	2.33~3.14	1.87~2.13	1.41~1.55
3a	-	-	-	2.38~3.37	1.85~1.86	1.41~1.56
4a	4.47	−0.99	0.76	2.34~4.03	1.85~2.27	1.40~1.54
5b	0.13	−6.59	0.75~0.76	2.37~4.09	1.86~2.27	1.40~1.54
5c	-	-	0.78~0.79	2.17~4.39	1.87~2.15	1.53~1.54
5a	-	-	0.77	2.68~4.30	1.88~2.21	1.53~1.54

　　图6-22表明，1a + 4H$_2$ → TS 3b/3e的能垒为30 kcal/mol，这意味着室温下H$_2$的吸附非常缓慢。从5a到ScC$_6$H$_6$ + 5H$_2$能垒约30 kcal/mol，因此吸附在ScC$_6$H$_6$配合物上的氢分子的释放也可能非常缓慢。玻耳兹曼构象分布表明在B3LYP水平和CCSD(T)的水平下ScC$_6$H$_6$ + nH$_2$占比最高的构型为1a，但在wB97XD水平时占比最高的构型为5a。

　　2.离子强度

　　图6-23中绘制了能量最低路径中配合物的HOMO-LUMO间隙，间接反映了连续吸附H$_2$分子后ScC$_6$H$_6$的动力学稳定性变化。在B3LYP水平HOMO和LUMO明显地分开，间隙在1.79~3.35 eV。在wb97XD水平上的间隙在5.23~7.19 eV。考虑弱相互作用后相应的HOMO-LUMO间隙增加3.31~4.10 eV，表明ScC$_6$H$_6$配合物吸附多个H$_2$后结构仍然具有很好的稳定性。

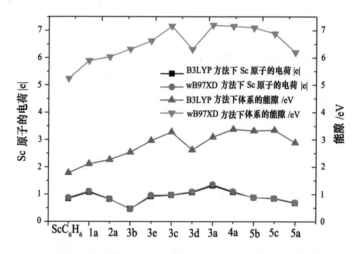

图6-23　在 B3LYP 和 wB97XD 水平上，能量最低路径中配合物的最高占据分子轨道 (HOMO) 和最低未占据分子轨道 (LUMO) 之间的间隙 (eV) 和 Sc 原子的电荷 (|e|)

　　Sc原子的NBO电荷在B3LYP和wB97XD水平上几乎相同。ScC$_6$H$_6$配合物中Sc的NBO电荷为0.872 |e|。当ScC$_6$H$_6$上的第一个氢分子解离时，有0.234 |e|从Sc原子转移到H原子上。在2a和3b上连续吸附的氢分子均为分子形式。从1a到3b，Sc的NBO电荷不断减少，与3a到5a的趋势相同。这是因为Sc的第二电离势比第一电离势大得多。H原子从3b迁移到3a形成C—H键，Sc的NBO电荷增加到1.363 |e|。从5b到5a，由于氢分子在Sc原子周围，Sc的NBO电荷几乎不变。

　　由于轨道对称性匹配，ScC_6H_6中Sc的轨道很容易与氢原子的s轨道重叠。1a的第31轨道在-6.32 eV附近，主要由H_2的 σ 电子到Sc原子3d轨道的转移形成。第32轨道对应于从Sc的3d轨道到H_2的 σ* 的电子反馈。对于1d，Sc和H_2轨道之间微弱的相互作用主要是由于它们轨道之间较大的能量差造成的。1d的第21和33个轨道主要来自H_2的HOMO和LUMO。ScC_6H_6的其他轨道几乎不受氢分子的影响（图6-24）。

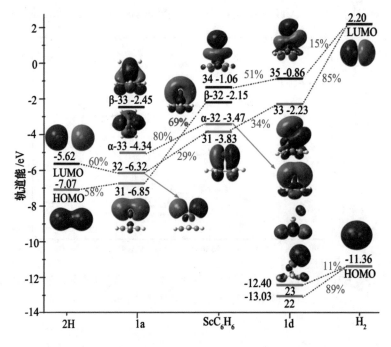

图 6-24　结构 1a、1d 和 ScC_6H_6 的前线分子轨道

　　综上所述，由于ScC_6H_6的轨道与两个H原子具有匹配的对称性和非常相近的能量，ScC_6H_6与H原子的相互作用较强。

　　3.元素键

　　表6-4列出了最佳吸附路径中包含的异构体的几何参数。吸附的H_2分子的所有H—H键均在0.75~0.79 Å的范围内，比自由H_2的长。通常，一个含有解离H_2分子的配合物总是比对应的含有活化H_2分子的配合物更稳定。最短的Sc—H键对应于具有H原子的配合物。1a和3a中Sc—H键的范围分别为1.84~1.85 Å和1.85~1.86 Å，由于在这些系统中只有H原子存在，Sc—H键最短。此外，最长的Sc—C和C—C键长随着CH_2基团数量的增加逐渐增加。

（4）金属活性位点

另外，第一个 H_2 在 TMC_6H_6(TM=Ti，V，Cr) 上的吸附如图 6-25。计算发现：(1)TMC_6H_6(TM=Ti，V，Cr) 配合物可以在常温常压下自发吸附第一个 H_2；(2)CrC_6H_6 上第一个 H_2 分子的解离是自发的，没有解离能垒；(3)C —H 键的形成需要大约 11.77、21.79 和 19.75 kcal/mol 的能垒；(4)氢分子解离体系的能量比含 CH_2 基团的体系稍稳定。玻尔兹曼构象分布显示 TMC_6H_6(H_2)(TM=V，Cr) 的1a约占100%，与 ScC_6H_6 的构象分布一致。

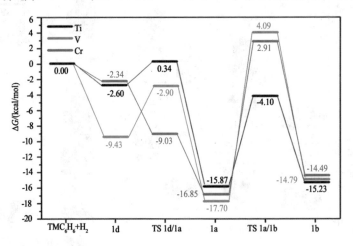

图 6-25　B3LYP / 6 - 31+g (d，p) 水平下，第一个 H_2 分子吸附在 TMC_6H_6 (TM=Ti，V，Cr) 的势能面图

6.3.4　结论

5 个 H_2 分子连续吸附在 ScC_6H_6 上直到达到具有六个相邻 CH_2 基团的最稳定构型；(2) 吸附在 ScC_6H_6 上的 H_2 分子可以解离,然后 H 原子继续迁移形成 CH_2 基团；(3)ScC_6H_6 分子可以结合 5 个 H_2 形成加氢异构体 5a(ScC_6H_{12}(H_2)-2H)。B3LYP 水平计算显示总反应放热为 6.19 kcal / mol, CCSD(T) 水平计算显示总反应放热为 1.89 kcal / mol；(4)ScC_6H_6 吸附 H_2 分子的机理是化学吸附和物理吸附的协同作用。当 ScC_6H_6 配合物发生物理吸附和化学吸附时,其储氢量可达 7.50 wt%；(5)这个过程需要非常高的 H_2 压力,室温下 ScC_6H_6 配合物对氢的吸附/释放非常缓慢。

由于 ScC_6H_6 被认为是过渡金属修饰碳纳米材料的基本单元,因此未考虑低聚物和多过渡金属原子修饰对结果的影响。应当指出,在热力学上, Sc_n(C_6H_6)^+_m (m=n+1) 配合物和 Sc_2(C_6H_6) 中 C—H 键的形成是不利的。

6.4　氢在钒苯配合物上的物理吸附和化学吸附[4]

6.4.1　引言

溢出机制是另一个提高碳基材料氢吸收的潜在储氢机制[69-71]。氢溢出有三个基本过程；(1)TM 位点上氢分子的解离；(2)原子氢从 TM 位点向碳表面的迁移；(3)原子氢在碳表面的扩散,最终形成稳定的 C—H 键。理解这三个关键步骤是充分理解氢溢流过程的必要条件。大量的理论研究在石墨烯[72-75]上对碳吸附剂的氢溢流机理进行了研究。金属催化剂是影响氢溢流储氢的重要因素。迄今为止,Pt、Pd、Ru、Ni、Ti[76-79]等作为氢分子的氢溢流催化剂早已为人们所熟知。Kubas 型储氢材料的实验进展总是通过含 V 的聚合物来证实[80]。那么,单原子 V 能作为氢溢流的催化位点吗？本研究基于第一性原理计算,重点研究氢分子在合成的 VC_6H_6 上的吸附行为[81-84],进一步探究氢分子的存储机理。此前,Weck[8],Ajay[48]和 Li[49]报道 VC_6H_6 可以吸附三个氢分子,但只考虑了物理吸附。这里系统地研究物理吸附、化学吸附、VC_6H_6 上 H 原子的解离吸附和迁移机理。研究发现,物理吸附和化学吸附协同促进了配合物 VC_6H_6 的储氢性能。

6.4.2　计算方法

本节计算方法与上节一致。在 B3LYP/6-31+G (d,p)水平下,TMC_6H_6(TM=Sc,Ti,V)的多重度分别为 2、3、4。表 6-5 和表 6-6 显示计算得到的 TMC_6H_6(TM=Sc,Ti,V)的自旋多重度、振动模式、电离能和电子亲和能与文献中的实验值是一致的,证明本书使用的基组和泛函是可靠的。

表 6-5　VC_6H_6 的自旋多重度,二重态和四重态之间的能量差（单位：eV）,振动频率（单位：cm^{-1}）

泛函	多重度	Δ/eV	$\nu_{o\text{-}p}(CH)^a$	$\nu_s(CC)$	$\nu_{i\text{-}p}(CH)$	$\nu(CC)$
B3LYP/ 6-31G+(d，p)	2	0.07				
	4	0.00	769.05	956.3	1319.34	1420.15
B3LYP/ 6-311G++(3df, 3pd)	2	0.30				
	4	0.00	734.10	924.20	1368.27	1507.34
B3LYP/ aug-cc-pVTZ	2	0.11				
	4	0.00	679.54	928.29	1341.32	1500.48

续表

泛函	多重度	Δ/eV	$\nu_{o\text{-}p}$(CH)[a]	ν_s(CC)	$\nu_{i\text{-}p}$(CH)	ν(CC)
wB97XD/ 6-311G++(3df, 3pd)	2	2.64				
	4	0.00	760.51	947.81	1329.71	1426.20
wB97XD/ aug-cc-pVTZ	2	1.61				
	4	0.00	781.87	974.09	1348.03	1506.89
实验值[48]			758.00	958.00	1306.00	1460.00

注：[a] 振动模式：$\nu_{o\text{-}p}$(CH) 表示 C-H 平面伸缩振动；ν_s(CC) = 对称C-C拉伸振动；$\nu_{i\text{-}p}$(CH) = C-H 平面振动；ν(CC) = 反对称C-C伸缩振动。

表 6-6   VC$_6$H$_6$ 的电离能和电子亲和能

泛函	电离能/eV	电子亲和势/eV
B3LYP/6-31+G(d, p)	6.44	0.62
B3LYP/6-311G++(3df, 3pd)	6.46	0.40
B3LYP/aug-cc-pVTZ	6.44	0.65
wB97XD/6-311G++(3df, 3pd)	6.59	0.65
wB97XD/ aug-cc-pVTZ	5.98	0.70
实验值	6.30 ± 0.50[81]	0.62 ± 0.07[82]

如表 6-5 所示，B3LYP/631G+(d,p) 和 wB97XD/6-311G++(3df,3pd) 计算结果均表明VC$_6$H$_6$为四重态，且VC$_6$H$_6$的振动频率与实验值吻合较好[48]。B3LYP/6-31G+(d,p)、B3LYP/aug -cc- pvtz 和 wB97XD/6-311G++(3df,3pd) 计算得到的表6-7中VC$_6$H$_6$的电离能和电子亲和能与文献 [81,82] 中的实验值吻合较好。B3LYP/6-31+g(d,p) 水平下VC$_6$H$_6$的C-C键长和C-H键长分别为1.40~1.56 Å 和1.08~1.10 Å，分别与理论结果[84]吻合良好。这些值显示B3LYP/6-31+g (d,p)能够很好地用于本书的计算。

TM修饰的碳纳米材料吸附氢分子的过程包括Kubas型结合、H$_2$解离、H原子迁移，甚至 C—H 键的形成。之前的研究[82,85-87]都证明了B3LYP方法对于TM修饰的碳纳米材料吸附氢分子的计算可以获得可靠的结构和势能面。首先,B3LYP泛函对于估算钛乙炔/乙烯化合物的储氢性能是非常有效的。其次,B3LYP/6-31+G(d,p)方法曾用于研究碱金属离子修饰硼酸的储氢能力[52]。第三,对TiC_6H_6上氢的逐步吸附的研究表明,B3LYP/6-31+g(d,p)方法与精确的计算结果非常一致。

6.4.3　结果与讨论

6.4.3.1　氢分子与VC_6H_6的相互作用

在298.15 K和1atm条件下,$VC_6H_6(H_2)_n$(n=1~4)优化结构如图6-26~图6-29所示。热力学数据表明,除了1c外,四重态的构型比相应的二重态的构型能量低。最稳定的结构是1a(Q),它的能量比二重态低8.25 kcal/mol。含解离的H_2分子的1a在文献76中提到,且带有CH_2基团的1b比带有分子H_2的1c更稳定。这表明氢分子的解离、H的迁移,甚至C—H键的形成都是有利的。形成C—H或V—H键的化学吸附通常比物理吸附作用强。因此,带V—H键的结构la和带C—H键的结构1b比结构1c更稳定。1d,1e和1f的构型均含有两个CH_2基团。由于CH_2基团的形成,C_6H_6略有变形,最长的V—C键长从2.32 Å增大到2.94 Å。H对V位点的结合能为2.83 eV,大于H对C位点的结合能(1.82 eV)。这表明H原子倾向结合在顶部的V位点上。这也可能是为什么带V—H键的1a比带C—H键的1b更稳定的原因。

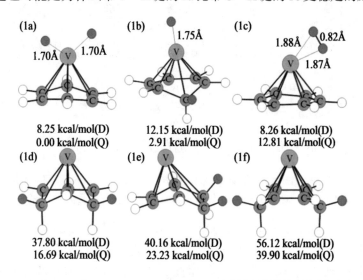

图6-26　VC_6H_6-H_2 在 B3LYP/6-31+G(d, p) 水平下的优化构型和 298.15K 时的相对自由能,(D 和 Q 分别表示二重态和四重态,红色圆圈表示被吸附的氢)

在大多数Sc/Ti/V修饰的碳纳米结构上,第一个H_2的解离是自发的[80,88-93]。为了解解离过程,1c ($VC_6H_6(H_2)$) 和1a ($VC_6H_6((2H))$) 中V与吸附的H_2的部分密度态(PDOS)显示有效的分子间成键导致成键轨道具有较低的能量。当电子进入成键轨道时,V与吸附的H_2发生强烈的相互作用。有效成键的三个原则包括对称性匹配、能量相近和轨道间最大重叠。对于1c,能量为-13.00 eV的轨道主要来自H_2的s轨道,VC_6H_6的其他轨道几乎不受氢分子的影响。V轨道和H轨道之间较大的能量差,导致弱相互作用。对于1a,VC_6H_6中V的3d轨道很容易与氢原子的s轨道重叠,其能量为–6.00~7.50 eV。所以VC_6H_6和H原子有很强的相互作用。

图6-27中的结构包括含有一个CH_2基团的2d,含有两个CH_2基团的2e, 2g, 2h和含有三个CH_2基团的2a, 2f, 2i。2b结构包含一个活化的氢分子和两个V-H键,这在之前的文献中已经提到[93]。2a和2b结构在B3LYP水平上的能量差只有0.14 kcal/mol。这个小小的能量差表明2b倾向于形成更稳定的2a。图6-27中,对于含有一个H原子的同分异构体,V-H键的键长为1.67~1.74 Å,而对于有H_2的同分异构体,V-H键键长为1.90~1.95 Å,比前者长。这意味着单个H原子与金属V的相互作用更强。CH_2附近的C-C的键长伸长到1.50~1.56 Å。此外,2a中邻近三个CH_2基团的V—C键从2.28 Å伸长到2.91 Å,导致金属V原子向一侧倾斜。

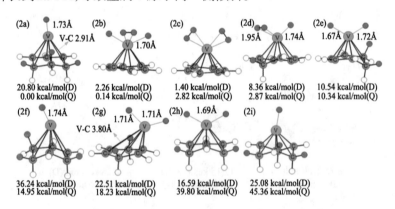

图 6-27 VC_6H_6-2H_2 各异构体在 B3LYP/6-31+G(d,p) 水平下的优化构型和298.15 K 下的相对吉布斯自由能,红色圆圈表示被吸附的氢

优化后的$VC_6H_6(H_2)_3$构型如图6-28所示。值得注意的是,不具有CH_2基团的3a由于其较高的对称性(C_{3v})成为最稳定的同分异构体。从俯视的角度来看,H_2分子位于六元环中的C—C键上。3e和3f这两种构型均带有一个CH_2基团,有六种构型(3i, 3l, 3m, 3n, 3p, 3q)带有两个CH_2基团,五种构型(3d, 3g, 3j, 3o, 3r)带有三个CH_2基团,以及三种构型(3b, 3h,

3k）具有四个CH_2基团。可见，具有相邻的CH_2基团的结构会更稳定。

　　含有解离氢分子(具有V-H键)的配合物通常比对应的带有活化的氢分子的配合物更稳定。例如具有解离氢分子的结构1a比具有活化氢分子的结构1c更稳定，包含一个活化的氢分子和两个V—H键的2b结构比具有活化氢分子的结构2c更稳定，以此类推。然而，在$VC_6H_6(H_2)_3$的同分异构体中出现了相反的情况。首先，不同理论水平例如B3LYP/6-31+G (d,p)，B3LYP/6-311++G (3df,3pd)，B3LYP/aug-cc-pvtz，wB97XD/6-311++G (3df, 3pd)和wB97XD/aug-cc-pvtz水平下的计算都表明具有3个分子态氢的构型3a比具有解离氢分子的3c更稳定。其次，优化后的VC_6H_6(D)的对称性为C_{6v}。结构3a的对称性为C_{6v}对称，结构3e的对称性为C_2。也就是说，吸附3个H_2后3a结构中的VC_6H_6单元几乎没有发生变化。为此进一步计算了3a和3c中VC_6H_6单元与$3H_2$单元之间的形变能(ΔG_R)和氢结合能ΔG_H。

　　$\Delta G_R = G$(3a/3c中的VC_6H_6单元) - G(优化后的VC_6H_6)

　　$\Delta G_H = [G$(3a/3c中的VC_6H_6单元) + G(3a/3c中的$3H_2$单元) - G(3a/3c)]/3

　　3c的形变能为0.28 eV，大于3a的0.23 eV。在不考虑形变能的情况下，3c中VC_6H_6单元与$2H_2$-2H单元之间的氢结合能为2.52 eV，大于3a中VC_6H_6单元与$3H_2$单元之间的氢结合能(0.72 eV)。这与以前的认识是一致的。

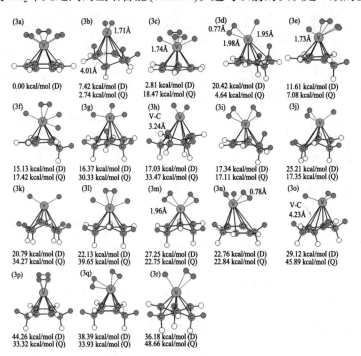

图 6-28　VC_6H_6-$3H_2$ 在 B3LYP/6-31+G(d，p) 水平上的不同构型和 298.15 K

下的相对吉布斯自由能，红色圆圈表示被吸附的氢

同样,图6-29列出了VC_6H_6-$4H_2$配合物同分异构体的几何优化构型。值得注意的是,含有四个活化氢分子的结构是非常不稳定的。最稳定的4a由四个相邻的CH_2基团、一个活化的氢分子和两个H原子组成。在这些结构中4c,4d和4f均含有一个CH_2基团,4e,4i,4k,4m和4p均含有两个CH_2基团,4b,4g,4h,4n,4o和4s均含有三个CH_2基团,4a,41和4r均含有四个CH_2基团,4j有五个CH_2基团,4q有六个CH_2基团。4g和4h之间的能量差是3.05 kcal/mol,尽管两者都有三个CH_2基团和两个活化的氢分子。这表明,结构的能量也取决于活化氢分子的方向。4q和4j分别有6个和5个连续的CH_2基团,但它们的能量并不是最低的。这可能是由于连续的CH_2基团所形成的空间位阻效应。对于VC_6H_6-nH_2(n=1,3),最稳定的异构体没有CH_2基团。对于VC_6H_6-nH_2 (n=2,4),最稳定的异构体有CH_2基团,并且CH_2基团是相邻的。

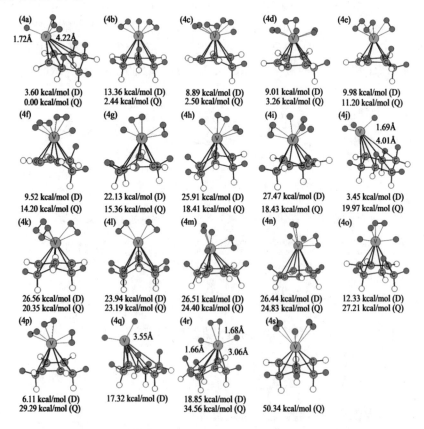

图6-29　VC_6H_6-$4H_2$各异构体在 B3LYP/6-31+G(d，p) 水平下的优化构型和 298.15 K 下的相对吉布斯自由能，红色圆圈表示被吸附的氢

6.4.3.2　VC$_6$H$_6$上多个H$_2$分子的最佳化学吸附途径

如图 6-30 所示, VC$_6$H$_6$先以分子形式吸附第一个氢分子。单个氢分子通过 TS 1c/1a 解离成两个 H 原子。对于四重态, 解离放热 13.22 kcal/mol, 它的能垒只有 2.72 kcal/mol。对于二重态, 解离吸热 0.02 kcal/mol, 它的能垒是 6.53 kcal/mol。这表明 1c(Q) 的氢分子解离比 1c(D) 更有利, 这一结果被 0.3 fs 的第一原理分子动力学 MD 模拟的证实。图 6-31 给出了 VC$_6$H$_6$-H$_2$中 H—H 键长在 300 K 时的时间演化轨迹。经过 0.04 fs 后, 1c(Q) 中的 H—H 键从 0.824 Å 伸长到 2.621 Å (1a(Q) 中的 H—H 键长)。1c(D) 中 H—H 键的长度经过 0.12 fs 先缩短后由 0.869 Å 伸长至 2.876 Å (1a(D) 中 H—H 键的长度)。

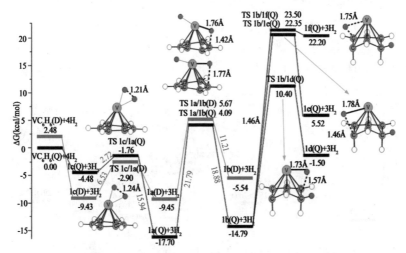

图 6-30　第一个吸附在 VC$_6$H$_6$ 上的 H$_2$ 分子的吉布斯自由能路径图。红线和黑线分别表示二重态 (D) 和四重态 (Q)。红色表示正向反应能垒, 蓝色表示反向反应能垒

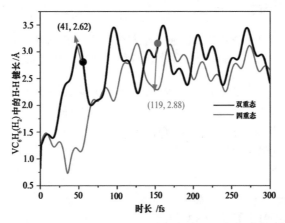

图 6-31　300 K 时 VC$_6$H$_6$(H$_2$) 中 H—H 键长随时间变化的轨迹 (单位为 Å)

　　1a(Q)中的一个解离的H原子将迁移形成CH₂基团,迁移能垒21.79 kcal/mol,吸热为2.91 kcal/mol,且速度较慢。在298.15 K处,整体构象分析显示VC₆H₆-H₂的1a(Q)和1b(Q)分别占比为99.3 %和0.70 %。1a(Q)的两种主要氢的振动模式为对称伸缩振动和反对称伸缩振动,对应频率分别为1606.48和1645.80 cm⁻¹。1b(S)的一个主要氢的振动频率为1582.26 cm⁻¹。在成功合成的材料中进行拉曼/红外光谱测试可以测得这三个独特的振动模式。

　　图6-32显示中间产物1a(Q)是第二个H₂分子吸附的前驱体。二氢络合物2b(Q)是由1a(Q)中H₂分子吸附在V原子上形成的。2b(Q)中的H原子以14.42 kcal/mol的能垒通过TS (2b/2d(Q))向C原子迁移。2d(Q)上的另一个H原子继续迁移,形成2e(Q)上的另一个CH₂基团。2e(Q)→2a(Q)的反应能垒为4.07 kcal/mol。2a(Q)和2b(Q)之间的能量差是0.14 kcal/mol,非常小。同样,在298.15 K构象分析,2a(Q)和2b(Q)分别占55.83 %和44.17 %,表明它们可以共存。2g,2h和2f的生成是吸热的,因此它们不易形成。

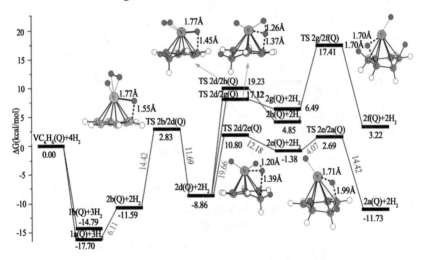

图6-32　第二个 H₂ 分子在 VC₆H₆ 配合物上吸附的吉布斯自由能路径图。红色表示正向反应能垒,蓝色表示反向反应能垒

　　从图6-33中可以看出,从2b(Q)到3b(Q)的过程中能垒为25.82 kcal/mol。从2a(Q)还有另一个更容易的路径,在这个路径中H₂分子可以被吸收到V原子上形成3d(Q)。与2b(Q) + H₂→3c(Q)相比,2a(Q) + H₂→3d(Q)更有利。3d(Q)中的H₂分子可以解离。同时,H₂分子的一个H原子以15.21 kcal/mol的能垒迁移。当第四个H₂分子继续接近3b(Q)结构时,连续吸附能(ΔEₙ- ZPE)为2.18 kcal/mol (0.09 eV)。4a(Q)通过自旋交叉形成4j(D)。图6-34显示4j(D)不宜生成4q(D)。

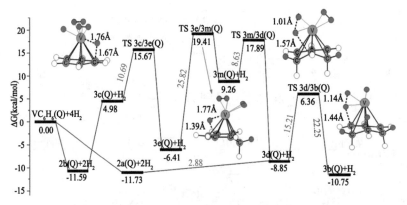

图 6-33　在 VC_6H_6 配合物上吸附的第三个 H_2 分子的吉布斯自由能路径图。红色表示正向反应能垒，蓝色表示反向反应能垒

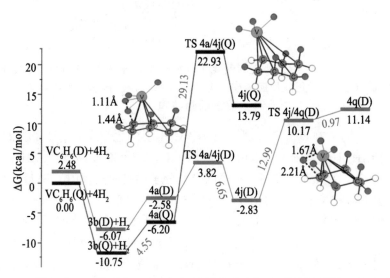

图 6-34　第四个 H_2 分子在 VC_6H_6 上吸附的吉布斯自由能路径图。红色表示正向反应能垒，蓝色表示反向反应能垒

VC_6H_6 上 H_2 分子的最佳化学吸附途径如图 6-35 所示。当氢气压力增加时，附着在 VC_6H_6 上的 H_2 分子可以不断迁移形成 CH_2 基团，最终形成 VC_6H_{11}-3H (4j)。吉布斯自由能计算表明，整个反应在 298.15 K 时放热 2.83 kcal/mol。4q(D) 的生成吸热 11.14 kcal/mol，这在热力学中是不利的。第二个氢的解离和迁移是整个反应的决速步，能垒是 19.66 kcal/mol。VC_6H_{11}-3H 配合物继续脱氢，直至 VC_6H_6。H 原子在 3d(Q) 中的迁移为决速步，其能垒为 17.11 kcal/mol。综上，在 VC_6H_6 配合物上仅通过增加/降低氢气压力，可以使化学吸附顺利进行，储氢量为 5.97 wt%。

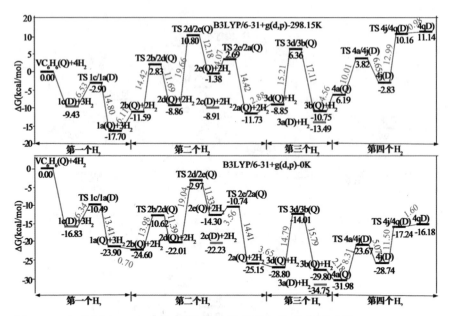

图 6-35　氢分子在 VC_6H_6 上的最佳化学吸附和物理吸附路径 (a) 298.15 K，(b) 0 K。红色表示正向反应能垒，蓝色表示反向反应能垒。红线条对应的是物理吸附结构

　　如上所述,在298.15 K时,分子在VC_6H_6上的化学反应途径表明:(1)吸附在VC_6H_6上的氢分子可以解离,解离后H原子不断迁移,形成CH_2基团。(2) 自旋交叉主要发生在第一和第四个氢分子的吸附过程中。(3)最佳化学吸附途径应为$VC_6H_6(Q)\rightarrow 1c(D)\rightarrow 1a(Q)\rightarrow 2b(Q)\rightarrow 2d(Q)\rightarrow 2e(Q)\rightarrow 2a(Q)\rightarrow 3d(Q)\rightarrow 3b(Q)\rightarrow 4a(Q)\rightarrow 4j(D)(VC_6H_{11}\text{-}3H)$。吉布斯自由能计算表明,得到氢化产物$4j(VC_6H_{11}\text{-}3H)$的总反应放热为2.83 kcal/mol,能垒为19.66 kcal/mol。

　　图6-36 (a) 为多个H_2分子在VC_6H_6配合物上的最佳物理吸附路径,对应的势能面路径展示在图6-35中。由于3a比3c更稳定。因此沿着$VC_6H_6\rightarrow 1c(D)\rightarrow 2c(Q)\rightarrow 3a(Q)$途径吸附将更加有利。当这三个氢分子以分子形式被吸附时,连续吸附能分别为0.50、0.56、0.45 eV。$VC_6H_6(H_2)_3$的平均氢分子吸附能为0.50 eV,介于物理吸附和化学吸附之间。如图6-35所示,在298.15 K时,3个氢分子的物理吸附放热13.49 kcal/mol,不需要能垒。VC_6H_6的储氢能力为4.48 wt%。根据范特霍夫方程,$T_D= (E_a/k_B) (\Delta S/R - \ln P)^{-1}$,3个氢分子可在421 K和1 atm以下的任何温度下吸附。值得注意的是,这里充分考虑了自旋多重度和吉布斯自由能校正。对于1c(Q)、2c(Q)、3a(D),$\Delta G = 0$ eV/H_2对应的临界温度分别为480 K、462 K和416 K(图6-36 (b))。这也表明,在416 K以下3个氢分子可以自发吸附在VC_6H_6上形成

3a,常压下 3 个氢分子在 480 K 以上很容易解吸。

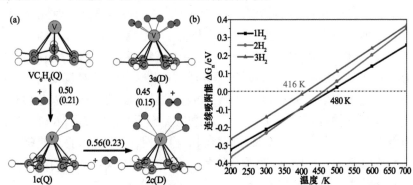

图 6-36　(a) 多个 H_2 分子在 VC_6H_6 上的连续吸附结构和氢分子吸附能 ΔE_n (ΔG_n) (eV)，(b) 1 atm 处 ΔG_n 与温度的变化，临界温度已标注

6.4.4　小结

过渡金属修饰碳材料已成为新一代储氢材料。大量研究报道 Sc,Ti 修饰的碳纳米结构上第一个 H_2 的解离是自发的。众所周知,金属上容易发生 H 迁移。本书通过计算期望明确合成的 VC_6H_6 吸附氢的过程是否存在氢迁移的问题。

298.15 K 和 1 atm 条件下 $VC_6H_6(H_2)_n (n = 1\sim4)$ 的优化构型和相对吉布斯自由能显示最稳定的 $VC_6H_6(H_2)_n (n = 1,3)$ 构型没有 CH_2 基团,最稳定的 VC_6H_6-$nH_2 (n = 2,4)$ 构型有相邻的 CH_2 基团。298.15 K 时,H_2 分子在 VC_6H_6 的化学反应路径表明,附着在 VC_6H_6 上的氢分子可以被解离并不断迁移形成 CH_2 基团。吉布斯自由能计算表明,生成氢化产物 4j(D) $(VC_6H_{11}$-3H) 的总反应放热 2.83 kcal/mol,能垒为 19.66 kcal/mol。因此,氢分子在 VC_6H_6 上的化学吸附、氢解离均能顺利进行,储氢量为 5.97%。沿 $VC_6H_6 \rightarrow 1c(D) \rightarrow 2c(Q) \rightarrow 3a(Q)$ 的物理吸附放热 13.49 kcal/mol。在 416 K 以下的任何温度下均可吸附,1 atm 下在 480 K 以上均可解吸,储氢量为 4.48 wt%。总之,物理吸附和化学吸附都有可能发生。

6.5　本章小结

过渡金属修饰是提高碳材料室温储氢性能的有效途径。但是由于过渡金属较高的聚合能,金属之间很容易团聚在一起,极大地影响储氢性能。

对于单个金属修饰的碳材料,通常认为金属是氢分子吸附位点,吸附机理是静电相互作用和Kubas相互作用。然而,目前的很多研究发现3d金属吸附位点上的第一个氢分子甚至第二个氢分子会发生解离。解离的氢分子有可能继续迁移到碳材料表面,储氢机理将从物理吸附向化学吸附转变。氢分子的解离为进一步氢迁移提供了可能,这将改变人们对氢吸附机理的认识。因此研究单个3d过渡金属修饰的碳材料上H_2的解离和氢迁移对更好地理解氢的储存机理至关重要。理论和实验证明缺陷的引入可以通过调节电子分布极大提高金属修饰碳材料的稳定性,另外,B/N掺杂是提高过渡金属修饰石墨烯稳定性、改善其储氢性能的有效方式。此时的氢分子是否会解离? 本书详细研究氢分子在3d过渡金属修饰石墨烯材料上的成键形式将有利于对储氢机理的深入认识,得到的结论如下:

（1）TiC_6H_6-nH_2(n=1~4)异构体的相对吉布斯自由能和连续加氢的最小能量路径表明,得到氢化产物TiC_6H_{11}-3H的总反应ΔG(298.15 K)显示放热11.07 kcal/mol。通过增加/减少氢气压力可以快速实现氢气在TiC_6H_6上的吸附和解吸,TiC_6H_6的储氢质量分数为6.02 wt%,与在室温下TiC_6H_6中氢气吸附实验结果一致。物理吸附过程表明,TiC_6H_6配合物可以有效吸附三个H_2分子,所有氢分子从210 K开始释放,在935 K时完全解吸。更重要的是,化学吸附和物理吸附在某些情况下会发生转化。

（2）H_2分子在金属修饰碳基材料上发生解离是一种普遍存在的现象。而H_2分子的解离对储氢能力的影响也是有争议的。应用耦合簇理论对H_2分子在配合物TiC_6H_6上的吸附、解离和解吸过程的研究表明,H_2分子在TiC_6H_6上的解离几乎不会影响H_2的最大吸附量,但是会减弱后来吸附H_2分子的连续吸附能。由于吸附结构的转变,吸附路径变得复杂。在室温下,TiC_6H_6→1a→2a→3a的吸附路径在热力学上更为有利。最有利的解吸路径是3b→2b→1b→1a→TiC_6H_6,其决速步是从1b到1a的转变。这些结果表明,氢分子在TiC_6H_6上的吸附和解吸由于H_2分子的解离而遵循不同的路径。一旦三个H_2被完全释放,TiC_6H_6系统就可以重新开始吸收/解吸过程。

（3）系统地研究了ScC_6H_6络合物的H_2解离和H迁移吸附过程。最佳的吸附途径是5个H_2分子连续吸附在ScC_6H_6上,直到达到形成含有6个相邻的CH_2基团的构型。相应的储氢能力可达7.50 wt %。最佳吸附途径为ScC_6H_6 → 1d → 1a → 2a → 3b → 3e → 3c → 3d → 3a → 4a → 5b → 5c → 5a ($ScC_6H_{12}(H_2)$-2H),整个反应在B3LYP水平上放热6.19 kcal/mol,在CCSD(T)水平上放热1.89 kcal/mol。说明ScC_6H_6络合物对多个H_2分子的吸附是物理吸附和化学吸附协同作用的过程。

（4）合成的 VC_6H_6 上多个 H_2 分子的化学吸附和物理吸附过程的计算结果表明,最优的化学吸附路径氢存储容量为 5.97 wt %,放热 2.83 kcal/mol。在常温下,VC_6H_{11}-3H 的连续加氢和反向脱氢均能顺利进行。物理吸附储氢容量为 4.48 wt%,将放热 13.49 kcal/mol。H_2 分子在 416 K 以下的任何温度下都能被物理吸附,在 480 K 以上 1 atm 的温度下很容易被解离。综上所述,物理吸附和化学吸附协同作用促进了 VC_6H_6 的储氢性能。

参考文献

[1] Wang J, Ma L J, Han M, et al. Molecular and dissociated adsorption of hydrogen on TiC_6H_6[J]. Int. J. Hydrogen Energy, 2019, 44(47):25800-25808.

[2] Ma L J, Wang J, Han M, et al. Adsorption of multiple H_2 molecules on the complex TiC_6H_6: An unusual combination of chemisorption and physisorption[J]. Energy, 2019, 171(15):315-325.

[3] Ma L J, Rong Y, Han T. A synergistic effect of physisorption and chemisorption: Multiple H_2 molecules on the ScC_6H_6 complex[J]. Int. J. Hydrogen Energy, 2020, 45(29):15302-15316.

[4] Ma L J, Han T, Jia J, et al. Cooperative Physisorption and Chemisorption of Hydrogen on Vanadium-decorated benzene[J]. RSC Advance, 2020, 10(62):37770.

[5] Zhou W, Yildirim T, Durgun E, et al. Hydrogen absorption properties of metal-ethylene complexes[J]. Phys Rev, B 2007, 76(8):085434-085442.

[6] Ma L J, Jia J, Wu H S, et al. Ti-η^2-(C_2H_2) and HC ≡ C-TiH as high capacity hydrogen storage media[J]. Int J Hydrogen Energy, 2013, 38(36):16185-16192.

[7] Ma L J, Han M, Wang J, et al. Density functional theory study of the interaction of hydrogen with TMC_2H_2 (TM=Sc-Ni)[J]. Int J Hydrogen Energy, 2017, 42(49):29384-29393.

[8] Wecka P F, Kumar T J D. Computational study of hydrogen storage in organometallic compounds[J]. J Chem Phys, 2007, 126(9):094703-094706.

[9] Phillips A B, Shivaram B S, Myneni G R. Hydrogen absorption at room temperature in nanoscale titanium benzene complexes[J]. Int J Hydrogen Energy, 2012, 37(2):1546-1550.

[10] Chen P J G, Kawazoe Y. Interaction of gas molecules with Ti-benzene complexes[J]. J Chem Phys, 2008, 129(7):074305-074311.

[11] Zuliani F, Bernasconi L, Baerends E J. Titanium as a potential addition for highcapacity hydrogen storage medium[J]. J Nanotechnol, 2012, 2012:1-9.

[12] Dixit M, Maark T A, Ghatak K, et al. Scandium-decorated MOF-5 as potential candidates for room-temperature hydrogen storage: a solution for the clustering problem in MOFs[J]. J Phys Chem, C 2012, 116(33):17336-17342.

[13] Zou X,Zhou G,Duan W,et al. A chemical modification strategy for hydrogen storage in covalent organic frameworks[J]. J Phys Chem,C 2010, 114(31):13402-13407.

[14] Yildirim T,Ciraci S. Titanium-decorated carbon nanotubes as a potential highcapacity hydrogen storage medium[J]. Phys Rev Lett,2005, 94(17):175501-175504.

[15] Guo J,Liu Z,Liu S,et al. High-capacity hydrogen storage medium: Ti doped fullerene[J]. Appl Phys Lett,2011,98(2):023107-023113.

[16] Zhao Y,Kim Y H,Dillon A C,et al. Hydrogen storage in novel organometallic buckyballs[J]. Phys Rev Lett,2005,94(15):155504.

[17] Valencia H,Gil A,Frapper G. Trends in the hydrogen activation and storage by adsorbed 3d transition metal atoms onto graphene and nanotube surfaces: a DFT study and molecular orbital analysis[J]. J Phys Chem ,C 2015,119(10):5506-5522.

[18] Kalamse V,Wadnerkar N,Chaudhari A. Multi-functionalized naphthalene complexes for hydrogen storage[J]. Energy,2013,49(1):469-474.

[19] Bratlie K M,Lee H,Komvopoulos K,et al. Platinum nanoparticle shape effects on benzene hydrogenation selectivity[J]. Nano Lett,2007, 7(10):3097-3101.

[20] Li L,Mu X,Liu W,et al. Simple and efficient system for combined solar energy harvesting and reversible hydrogen storage[J]. J Am Chem Soc, 2015,137(24):7576-7579.

[21] Frisch M , Trucks G , Schlegel H ,et al. Gaussian 09 (Revision D.01). [M]. revision,2009.

[22] Becke A D. Density-functional thermochemistry. V. Systematic optimization of exchange-correlation functionals[J]. J Chem Phys,1997, 107(20):8554-8560.

[23] Becke A D. Density-functional thermochemistry. III. the role of exact exchange[J]. J Chem Phys,1993,98(7):5648-5652.

[24] Peng C,Ayala P Y,Schlegel H B,et al. Using redundant internal coordinates to optimize equilibrium geometries and transition states[J]. J Comput Chem,1996,17(1):49-56.

[25] Gonzalez H B C,Schlegel H B. Reaction path following in mass-weighted internal coordinates[J]. J Phys Chem,1990,94(14):5523-5527.

[26] Gonzalez C,Schlegel H B. An improved algorithm for reaction path

following[J]. J Chem Phys, 1989, 90(4):2154-2161.

[27] Pople J A, Head-Gordon M, Raghavachari K. Quadratic configuration interaction - a general technique for determining electron correlation energies[J]. J Chem Phys, 1987, 87(10):5968-5975.

[28] Lyon J T, Andrews L. Group 4 transition metal-benzene adducts: carbon ring deformation upon complexation[J]. J Phys Chem, A 2006, 110(25):7806-7815.

[29] Imura K, Ohoyama H, Kasai T. Metaleligand interaction of Ti-C_6H_6 complex size-selected by a 2-m long electrostatic hexapole field[J]. Chem Phys Lett, 2003, 369(1-2):55-59.

[30] Lin Y, Ding F, Yakobson B I. Hydrogen storage by spillover on graphene as a phase nucleation process[J]. Phys Rev, B 2008, 78(4):041402-041404.

[31] Casolo S, Lovvik O M, Martinazzo R, et al. Understanding adsorption of hydrogen atoms on graphene[J]. J Chem Phys, 2009, 130(5):054704-054710.

[32] Hornekaer L, Sljivancanin Z, Xu W, et al. Metastable structures and recombination pathways for atomic hydrogen on the graphite (0001) surface[J]. Phys Rev Lett, 2006, 96(15).156104.

[33] Psofogiannakis G M, Froudakis G E. Fundamental studies and perceptions on the spillover mechanism for hydrogen storage[J]. Chem Commun, 2011, 47(28):7933-7943.

[34] Balog R, Jørgensen B, Wells J, et al. Atomic hydrogen adsorbate structures on graphene[J]. J Am Chem Soc, 2009, 131(25):8744-8745.

[35] Ma L J, Jia J, Wu H S. Computational investigation of hydrogen adsorption/desorption on Zr-η^2-(C_2H_2) and its ion[J]. Chem Phys, 2015, 457(18):57-62.

[36] Parambhath V B, Nagar R, Sethupathi K, et al. Investigation of spillover mechanism in palladium decorated hydrogen exfoliated functionalized graphene[J]. J Phys Chem, C 2011, 115(31):15679-15685.

[37] Dag S, Ozturk Y, Ciraci S, et al. Adsorption and dissociation of hydrogen molecules on bare and functionalized carbon nanotubes[J]. Phys Rev, B 2005, 72(15):155404.

[38] Gao Y, Zhao N, Li J, et al. Hydrogen spillover storage on Ca-decorated graphene[J]. Int J Hydrogen Energy, 2012, 37(16):11835-11841.

[39] Pozzo M, Alfè D, Amieiro A, et al. Hydrogen dissociation and diffusion on Ni and Ti-doped Mg(0001) surfaces[J]. J Chem Phys, 2008, 128(9):094703.

[40] Wang Z Y, Zhao Y J. Role of metal impurity in hydrogen diffusion from surface into bulk magnesium: a theoretical study[J]. Phys Lett A, 2017, 381(43):3696-3700.

[41] Wang Z, Guo X, Wu M, et al. First-principles study of hydrogen dissociation and diffusion ontransition metal-doped Mg(0001) surfaces[J]. Appl Surf Sci, 2014, 305(30):40-45.

[42] Pozzo M, Alfè D. The role of steps in the dissociation of H_2 on Mg(0001)[J]. J Phys: Condens Matter, 2009, 21:095004.

[43] Pozzo M, Alfè D. Hydrogen dissociation on Mg(0001) studied via quantum Monte Carlo calculations[J]. Phys Rev, B 2008, 78(24):245313.

[44] Pozzo M, Alfè D. Dehydrogenation of pure and Ti-doped Na_3AlH_6 surfaces from first principles calculations[J]. Int J Hydrogen Energy, 2011, 36(24):15632-15641.

[45] Wang Q, Kong X, Han H, et al. The performance of adsorption, dissociation and diffusion mechanism of hydrogen on the Ti-doped ZrCo(110) surface[J]. Phys Chem Chem Phys, 2019, 21(23):12597-12605.

[46] Kurikawa T, Takeda H, Hirano M, et al. Electronic properties of organometallic metal-benzene complexes $[M_n(benzene)_m(M=Sc-Cu)][J]$. Organomet, 1999, 18(8):1430-1438.

[47] Flores R, Castro M. Stability of one- and two-layers $[TM(Benzene)_m]^{\pm 1}$, $m \leq 3$, TM=Fe, Co, and Ni[J]. J Mol Struct, 2016, 1125(5):47-62.

[48] Deshmukh A, Konda R, Kalamse V, et al. Improved H_2 uptake capacity of transition metal doped benzene by boron substitution[J]. RSC Adv, 2016, 6(52):47033-47042.

[49] Li P, Deng S H, Liu G H, et al. Stability and hydrogen storage properties of various metal-decorated benzene complexes[J]. J Power Sources, 2012, 211(1):27-32.

[50] Becke A D. Density-functional exchange-energy approximation with correct asymptotic behavior[J]. Phys Rev A, 1988, 38(6):3098-3100.

[51] Grimme S, Ehrlich S, Goerigk L. Effect of the damping function in dispersion corrected density functional theory[J]. J Comput Chem, 2011, 32(7):1456-1465.

[52] Chai J D. Long-range corrected hybrid density functionals with damped atom-atom dispersion corrections[J]. Phys Chem Chem Phys, 2008, 10(44)6615-6620.

[53] Zhao Y, Truhlar D G. Density functionals with broad applicability in chemistry[J]. Acc Chem Res, 2008, 41(2):157-167.

[54] Jirkovsky J S, Busch M, Ahlberg E, et al. Switching on the electrocatalytic ethene epoxidation on nanocrystalline RuO_2[J]. J Am Chem Soc, 2011, 133(15):5882-5592.

[55] Kumar S, Sathe R Y, Kumar T J D. First principle study of reversible hydrogen storage in Sc grafted Calix[4]arene and Octamethylcalix[4]arene[J]. Int J Hydrogen Energy, 2019, 44:4889-4896.

[56] Kumar S, Sathe R Y, Kumar T J D. Sc and Ti-functionalized 4-tert-butylcalix[4]arene as reversible hydrogen storage material[J]. Int J Hydrogen Energy, 2019, 44:12724-12732.

[57] Sun Q, Jena P, Wang Q, et al. First-principles study of hydrogen storage on $Li_{12}C_{60}$[J]. J Am Chem Soc, 2006, 128(30):9741-9745.

[58] Xu B, Lei X L, Liu G, et al. Li-decorated graphyne as high-capacity hydrogen storage media: firstprinciples plane wave calculations[J]. Int J Hydrogen Energy, 2014, 39(30):17104-17111.

[59] Takatani T, Hohenstein E G, Malagoli M, et al. Basis set consistent revision of the S22 test set of noncovalent interaction energies[J]. J Chem Phys, 2010, 132(14):144104.

[60] Grimme S. Density functional theory with London dispersion corrections[J]. Wires Comput Mol Sci, 2011, 1(2):211-228.

[61] Grimme S, Antony J, Ehrlich S, et al. A consistent and accurate ab initio parametrization of density functional dispersion correction (DFT-D) for the 94 elements H-Pu[J]. J Chem Phys, 2010, 132(15):154104.

[62] Abdollahpour N, Vahedpour M. Computational study on the mechanism and thermodynamic of atmospheric oxidation of HCN with ozone[J]. Struct Chem, 2014, 25(1):267-274.

[63] Ernst O K, Bartol T, Sejnowski T, et al. Learning dynamic Boltzmann distributions as reduced models of spatial chemical kinetics[J]. J Chem Phys, 2018, 149(3):034107-034115.

[64] Zhu Z W, Zheng Q R, Wang Z H, et al. Hydrogen adsorption on graphene sheets and nonporous graphitized thermal carbon black at low surface

coverage[J]. Int J Hydrogen Energy, 2017, 42(29):18465-18472.

[65] Sohnlein B R, Li S, Yang D S. Electron-spin multiplicities and molecular structures of neutral and ionic scandium-benzene complexes[J]. J Chem Phys, 2005, 123(21):214306-214308.

[66] Kambalapalli S, Ortiz J V. Electronic structure of $ScC_6H_6^-$ and ScC_6H_6: geometries, electron binding energies, and Dyson orbitals[J]. J Phys Chem, 2004, 108:2988-2992.

[67] Rabilloud F. Geometry and spin-multiplicity of halfsandwich type transition-metal-benzene complexes[J]. J Chem Phys, 2005, 122(13):134303-134307.

[68] Mananghaya M, Yu D, Santos G N, et al. Scandium and titanium containing single-walled carbon nanotubes for hydrogen storage: a thermodynamic and first principle calculation[J]. Sci Rep, 2016, 6(1):27370.

[69] Lueking A, Yang R T. Hydrogen spillover from a metal oxide catalyst onto carbon nanotubes—implications for hydrogen storage[J]. J. Catal, 2002, 206(1):165-168.

[70] Lachawiec A J, Qi G, Yang R T. Hydrogen storage in nanostructured carbons by spillover: bridge-building enhancement[J]. Langmuir, 2005, 21(24):11418-11424.

[71] Pyle D S, Gray E M, Webb C J. Hydrogen storage in carbon nanostructures via spillover[J]. Int. J. Hydrogen Energy, 2016, 41(42):19098-19113.

[72] Blanco-Rey M, Juaristi J I, Alducin M, et al. Is spillover relevant for hydrogen adsorption and storage in porous carbons doped with palladium nanoparticles[J]. J. Phys. Chem, C 2016, 120(31):17357-17364.

[73] Ramos-Castillo C M, Reveles J U, Cifuentes-Quintal M E, et al. Ti_4- and Ni_4-Doped Defective Graphene Nanoplatelets as Efficient Materials for Hydrogen Storage[J]. J. Phys. Chem, C 2016, 120(9):5001-5009.

[74] Chung D H, Guk H, Kim D, et al. The effect of the stacking fault on the diffusion of chemisorbed hydrogen atoms inside few-layered graphene[J]. RSC Adv, 2014, 4(18):9223-9228.

[75] Lueking A D, Psofogiannakis G, Froudakis G E. Atomic hydrogen diffusion on doped and chemically modified graphene[J]. J. Phys. Chem, C 2013, 117(12):6312-6319.

[76] Wang C Y, Gray J L, Gong Q, et al. Psofogiannakis G, Froudakis

G,Lueking AD. Hydrogen storage with spectroscopic identification of chemisorption sites in Cu-TDPAT via spillover from a Pt/activated carbon catalyst[J]. J. Phys. Chem,C 2014,118(46):26750-26763.

[77] Chung T Y,Tsao C S,Tseng H P,et al. Effects of oxygen functional groups on the enhancement of the hydrogen spillover of Pd-doped activated carbon[J]. J. Colloid Interface Sci,2015,441(441C):98-105.

[78] Blackburn J L,Engtrakul C,Bult J B,et al. Spectroscopic Identification of Hydrogen Spillover Species in Ruthenium-Modified High Surface Area Carbons by Diffuse Reflectance Infrared Fourier Transform Spectroscopy[J]. J. Phys. Chem. ,C 2012,116(51):26744-26755.

[79] Chen H,Yang R T. Catalytic Effects of TiF_3 on Hydrogen Spillover on Pt/Carbon for Hydrogen Storage[J]. Langmuir ,2010,26(19):15394-15398.

[80] Hoang T K A,Hamaed A,Moula G,et al. Kubas-type hydrogen storage in V (III) polymers using tri-and tetradentate bridging ligands[J]. J. Am. Chem. Soc,2011,133(13):4955-4964.

[81] Andrews M P,Mattar S M,Ozin G A. $(\eta^6\text{-}C_6H_6)V$ and $(\eta^6\text{-}C_6F_6)V$: an optical,EPR,and IR spectroscopy and X α -MO study. 1[J]. J. Phys. Chem, 1986,90(5):744-753.

[82] Tavhare P,Chaudhari A. Spectroscopic characterization of metal decorated benzene and boron/nitrogen substituted benzene[J]. Indian J. Pure Appl. Phys,2018,56(4):341-345.

[83] Judai K,Hirano M,Kawamata H,et al. Formation of vanadium-arene complex anions and their photoelectron spectroscopy[J]. Chem. Phys. Lett, 1997,270(1-2):23-30.

[84] Heijnsbergen D V,Helden G V,Meijer G,et al. Infrared Spectra of Gas-Phase V^+-(Benzene) and V^+-(Benzene)$_2$ Complexes[J]. J. Am. Chem. Soc, 2002,124(8):1562-1563.

[85] Lippert B G,Parrinello J H. A hybrid Gaussian and plane wave density functional scheme[J]. Mol. Phys,1997:92(3),477-488.

[86] Lippert G,Hutter J,Parrinello M. The Gaussian and augmented-plane-wave density functional method for ab initio molecular dynamics simulations[J]. Theor. Chem. Acc,1999,103(2):124-140.

[87] Schlegel H B,Iyengar S S,Li X,et al. Ab initio molecular dynamics: Propagating the density matrix with Gaussian orbitals. III. Comparison with Born–Oppenheimer dynamics[J]. J. Chem. Phys,2002,117(19):8694-8704.

[88] Zhou Y, Wei C, Jing F, et al. Enhanced hydrogen storage on Li-doped defective graphene with B substitution: a DFT study[J]. Appl Surf Sci, 2017, 410(15):166-176.

[89] Paula G H, Schweitzer B, Islamoglu T, et al. Benchmark study of hydrogen storage in metal-organic frameworks under temperature and pressure swing conditions[J]. Acs Energy Lett, 2018, 3(3):748-754.

[90] Li G, Kobayashi H, Taylor J M, et al. Hydrogen storage in Pd nanocrystals covered with a metalorganic framework[J]. Nat Mater, 2014, 13(8):802-806.

[91] Pachfule P, Acharjya A, Roeser J, et al. Diacetylene functionalized covalent organic framework (COF) for photocatalytic hydrogen generation[J]. J Am Chem Soc, 2017, 140(4):1423-1427.

[92] Mashoff T, Takamura M, Tanabe S, et al. Hydrogen storage with titanium-functionalized graphene[J]. Appl. Phys. Lett, 2013, 103(1):013903.

[93] Ren H J, Cui C X, Li X J, et al. A DFT study of the hydrogen storage potentials and properties of Na- and Li-doped fullerenes[J]. Int J Hydrogen Energy, 2017, 42(1):312-321.

第7章 B/N修饰缺陷C_{60}的物理储氢性能[1-3]

7.1 Sc/Ti修饰新型$C_{24}N_{24}$富勒烯的储氢性能[1]

7.1.1 引言

除金属修饰外,杂原子掺杂被认为是提高富勒烯储氢能力的理想选择。Nair等人[4]发现Pd/石墨化碳氮化物具有优良的储氢性能。Zhang等人研制出了Ti改性石墨氮化碳,其储氢容量为9.7%。Panigrahi[5] group指出过渡金属(TM=Sc,Ti,Ni,V)修饰的二维g-C_3N_4具有明显更高的氢质量密度,其中每个掺杂剂吸附四个氢分子,平均结合能约为0.30~0.60 eV/H_2。

近年来,研究者们致力于开发单金属位点催化剂,如过渡金属原子(TM)修饰卟啉配合物(TM=Fe,Co,Mn,Cr,Rh)[6-17]中TM-N_4是一个确定的活性位点,其中TM原子被稳定地锚定。该研究为提高氢分子吸附位点的稳定性和分散度提供了启示。Ghosh[18]曾预测TM修饰的类卟啉多孔富勒烯具有很好的氢吸附能力。到目前为止,二维材料和纳米管中的TM-N_4催化单元受到了广泛的关注。然而,很少关于TM-N_4单元存在的零维纳米笼的研究报道。本书研究旨在弥补这一空白。Jun Guo[19]表明Ti_6C_{48}中每个TM-C_4单元可以吸附4个分子氢,平均结合能为0.14 eV/H_2。受TM-N_4配位环境和TM-C_4单元的氢吸附性能的启发,本书基于C_{60}同时设计了四个新型$TM_6C_{24}N_{24}$ (TM = Sc, Ti) 富勒烯结构,每个结构中包含6个TM-N_4/TM-C_4单元。石墨烯不仅可以形成碳纳米管,还可以形成富勒烯笼。目前实验上已经利用等离子体化学气相沉积法合成了4个C原子被4个N原子取代的类卟啉碳纳米管;三嗪分子作为前体合成氮掺杂石墨烯;三聚氰胺和Na一起加热,并用$NiCl_2$催化可形成多孔石墨氮化碳和氮化碳纳米管。根据以上实验,类似卟啉的多孔 $C_{24}N_{24}(N_4)$ 富勒烯可以通过氮掺杂的 C_{60} 富勒烯得到。

本书利用密度泛函理论详细研究了新型 $TM_6C_{24}N_{24}(TM = Sc,Ti)$ 的稳定性和储氢性能。Ti / Sc 原子和 $C_{24}N_{24}$ 之间的相互作用,H_2 分子和 $TM_6C_{24}N_{24}(TM = Sc,Ti)$ 之间的相互作用将通过计算分析 TM 的结合能,氢饱和结构,平均吸附能量和连续氢分子吸附能,电荷布居和投影电子态密度来分析。此外,还计算了温度对氢分子脱附行为的影响,以验证其在常温工作条件下的实用性。

7.1.2　计算方法

所有的 DFT 计算都使用 Vienna ab initio simulation package (VASP) 程序包[20]。采用 Perdew-Burke-Ernzerh(PBE) 函数[21]的广义梯度近似(GGA)处理交换和相关势。采用投影缀加波法 (PAW)[22]进行离子-电子相互作用,平面波截断能为 600 eV。Sc 和 Ti 的电子构型分别为 $3d^1 4s^2$ 和 $3d^2 4s^2$。为了避免团簇之间的相互作用,本书采用了一个 30 Å × 30 Å × 30 Å 的超胞作为计算模型。在优化过程中,所有原子的位置完全进行优化。收敛准则为能量 10^{-5} eV,梯度为 0.01 eV/Å。使用 Grimme 的 DFT-D3 方法考虑 Vander Waals 相互作用的影响[23,24]。原子电荷用 Bader[25]电荷分析。

$C_{24}N_{24}(N_4)$ 富勒烯的最高占据轨道(HOMO)、最低未占据轨道(LUMO)能量和 HOMO-LUMO 能隙分别为 –7.18、–4.43 和 2.75 eV。用 Gaussian 09[26]程序中 B3LYP/6-31G(d) 水平计算得到的能隙分别为 - 6.92、–4.18 和 2.80 eV。这一结果证明 PBE 计算结果对这些体系是可靠的。另外,通过氢分子和 C_{60} 的计算参数与实验比较验证本章的计算方案的可靠性。氢分子的结合能和键长分别为 4.54 eV 和 0.75 Å,与实验值 4.53 eV 和 0.74 Å 接近。C_{60} 中计算的 C—C 键长度分别为 1.45 Å 和 1.40 Å,与实验值 1.43~1.46 Å 和 1.39~1.40 Å 接近。

TM (TM=Sc,Ti) 原子与 $C_{24}N_{24}$ 的平均金属结合能定义为:

$$E_b(TM) = (1/6) [E(C_{24}N_{24}) + 6E(TM) - E(TM_6C_{24}N_{24})]$$

$TM_6C_{24}N_{24}$ 上的平均氢分子吸附能定义为:

$$E_a(H_2) = (1/6n) [E(TM_6C_{24}N_{24}) + 6nE(H_2) - E(TM_6C_{24}N_{24}\text{-}6nH_2)]$$

$TM_6C_{24}N_{24}$ 的连续氢分子吸附能定义为:

$$E_c(H_2)= (1/6) [E(TM_6C_{24}N_{24}\text{-}6(n\text{-}1)H_2) + 6E(H_2) - E(TM_6C_{24}N_{24}\text{-}6nH_2)]$$

其中,n 为每个 TM 原子上吸附氢分子的数量。$E(C_{24}N_{24})$、$E(TM)$、$E(TM_6C_{24}N_{24})$ 和 $E(TM_6C_{24}N_{24}\text{-}6nH_2)$ 分别为优化后的 $C_{24}N_{24}$、TM 原子、$TM_6C_{24}N_{24}$ 和 $TM_6C_{24}N_{24}\text{-}6nH_2$ 的总能量。

7.1.3　结果与讨论

7.1.3.1　$TM_6C_{24}N_{24}(TM=Sc,Ti)$ 结构

如图 7-1 所示，用 TM 取代 C_{60} 的 6 个 C_2 单元，然后用 N 原子取代 TM 相邻的 C 原子，就形成了 $TM_6C_{24}N_{24}(N_4)(TM=Sc,Ti)$ 结构。当交换 C 和 N 位点后就形成了 $TM_6C_{24}N_{24}(C_4)(TM=Sc,Ti)$ 结构。优化结果显示 TM 原子紧紧地锚定在 N_4/C_4 环中。如表 7-1 所示，TM-C/N 的距离为 2.033~ 2.154 Å。每个 Sc 原子与 $C_{24}N_{24}(N_4)$ 的结合能为 8.50 eV，大于与 $C_{24}N_{24}(C_4)$ 的结合能 7.63 eV。每个 Ti 原子与 $C_{24}N_{24}(N_4)$ 的结合能为 8.61 eV，大于与 $C_{24}N_{24}(C_4)$ 的结合能 8.55 eV。由于金属与 $C_{24}N_{24}$ 之间的结合能大于 Sc 和 Ti 对应的金属结合能 3.90 eV 和 4.85 eV，使得金属稳定地分布在富勒烯表面而不结块。使用 Nosé-algorithm 算法进行 300 K 时的 MD 模拟，时间步长为 1.0 fs，模拟时长 10 ps，证明 4 个 $TM_6C_{24}N_{24}(TM=Sc,Ti)$ 富勒烯是稳定的。

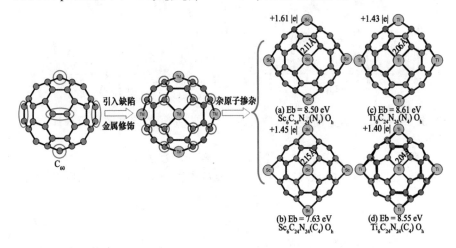

图 7-1　$TMC_{24}N_{24}(TM=Sc，Ti)$ 结构来源示意图、优化构型、对称性以及 Sc/Ti 与 $C_{24}N_{24}$ 的平均金属结合能 (eV)(灰球 :C 原子，蓝球 :N 原子)

$TM_6C_{24}N_{24}$ 的空腔直径约为 6.744~7.195 Å(表 7-1)，接近 C_{60} 的 7.114 Å。Bader 电荷分析显示所有金属都带正电。特殊的稳定性、大的比表面积、均匀的金属分布及正电荷状态为 $Sc_6C_{24}N_{24}/Ti_6C_{24}N_{24}$ 进一步储氢提供了可能。

图 7-2 显示了 $TM_6C_{24}N_{24}(N_4)$ 和 $TM_6C_{24}N_{24}(C_4)$ 结构的态密度图。在费米能级以下，$TM_6C_{24}N_{24}(N_4)$ 中 Sc/Ti 原子的 d 轨道与 $C_{24}N_{24}(N_4)$ 的 p 轨道在 $-8.50~0.00$ eV 的能量范围内重叠。$TM_6C_{24}N_{24}(C_4)$ 中 Sc/Ti 原子的 d 轨道与 $C_{24}N_{24}(C_4)$ 的 p 轨道在 $-7.50~0.00$ eV 的能量范围内重叠。这就是为什么 Sc/

Ti 与 $C_{24}N_{24}(N_4)$ 之间的结合能要大于 Sc/Ti 与 $C_{24}N_{24}(C_4)$ 之间的结合能的原因。轨道重叠使更多的电荷从 TM 转移到 $C_{24}N_{24}$,这与 Bader 电荷分析得到的 Sc/Ti 电荷(见表7-1)是一致的。

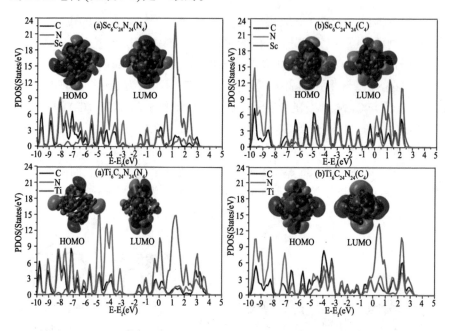

图 7-2　$Sc_6C_{24}N_{24}/Ti_6C_{24}N_{24}$ 中 C、N、Sc/Ti 原子的分态密度图 (PDOS)

表 7-1　Sc/Ti 原子在 $C_{24}N_{24}$ (eV) 上的平均金属结合能、$Sc_6C_{24}N_{24}$ 和 $Ti_6C_{24}N_{24}$ 中 Sc/Ti 原子 (|e|) 的结构参数 (Å) 和 Bader 电荷

体系	Eb/ eV	能隙 /eV	孔径 /Å	键长/ Å			电荷 /|e|
				TM-C /N	C-N	N-N(C-C)	
$Sc_6C_{24}N_{24}(N_4)$	8.50	0.29	7.195	2.109	1.393	(1.407)	+1.61
$Sc_6C_{24}N_{24}(C_4)$	7.63	0.47	6.948	2.154	1.394	1.443	+1.45
$Ti_6C_{24}N_{24}(N_4)$	8.61	0.07	7.128	2.059	1.390	(1.407)	+1.43
$Ti_6C_{24}N_{24}(C_4)$	8.55	0.05	6.744	2.033	1.401	1.473	+1.40

　　$TM_6C_{24}N_{24}(N_4)$ 和 $TM_6C_{24}N_{24}(C_4)$ 富勒烯 的 HOMO-LUMO 能隙 为 0.05~0.47 eV。比 $C_{24}N_{24}$ 富勒烯的 HOMO-LUMO 间隙显著缩小了 43%~97%。Shakerzadeh[26] 先前也指出 $TMC_{24}N_{24}$ 富勒烯的 HOMO-LUMO 间隙缩小了

52%~63%。根据图7-2，TM 修饰后 $C_{24}N_{24}$ 富勒烯的原始 HOMO 和 LUMO 之间有新的轨道。这种能隙的减小似乎是由于 TMs 的 3d 轨道与 N/C 原子的 2p 轨道之间的强烈相互作用造成的。电导率与能隙呈指数关系，因此 $TM_6C_{24}N_{24}(N_4)$ 和 $TM_6C_{24}N_{24}(C_4)$ 富勒烯具有优越的电导率。

7.1.3.2　氢分子与 $Ti_6C_{24}N_{24}$ 的相互作用

本章首先确定了一个 H 原子在 $Sc_6C_{24}N_{24}/Ti_6C_{24}N_{24}$ 上的优先位置。通过比较 H 在不同位置的能量，发现 H 原子倾向吸附在 TM 位置。图7-3、图7-4为优化后的吸氢结构。$Sc_6C_{24}N_{24}(N_4)$ 和 $Sc_6C_{24}N_{24}(C_4)$ 中的每个 Sc 原子最多可以吸收 5 个氢分子，氢质量分数为 6.30 wt %。

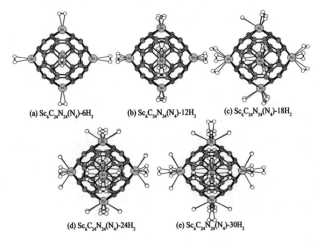

(a) $Sc_6C_{24}N_{24}(N_4)$-6H_2　　(b) $Sc_6C_{24}N_{24}(N_4)$-12H_2　　(c) $Sc_6C_{24}N_{24}(N_4)$-18H_2

(d) $Sc_6C_{24}N_{24}(N_4)$-24H_2　　(e) $Sc_6C_{24}N_{24}(N_4)$-30H_2

图 7-3　$Sc_6C_{24}N_{24}(N_4)$-6nH_2 (n=1~5) 优化后的几何结构

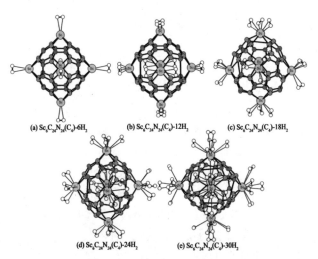

(a) $Sc_6C_{24}N_{24}(C_4)$-6H_2　　(b) $Sc_6C_{24}N_{24}(C_4)$-12H_2　　(c) $Sc_6C_{24}N_{24}(C_4)$-18H_2

(d) $Sc_6C_{24}N_{24}(C_4)$-24H_2　　(e) $Sc_6C_{24}N_{24}(C_4)$-30H_2

图 7-4　$Sc_6C_{24}N_{24}(C_4)$-6nH_2 (n=1~5) 优化后的几何结构

当一个氢分子吸附在 $Sc_6C_{24}N_{24}(N_4)$ 的 Sc 位点上时,氢分子位于 Sc 原子正上方,平均吸附能为 0.26 eV。Sc-H 的最大键长为 2.26 Å。吸附第二个氢分子后,由于空间位阻效应,氢分子分布在 Sc 的两侧。平均氢分子吸附能为 0.20 eV,最大 Sc-H 的键长为 2.41 Å。随着氢分子数量的增加,氢分子的平均吸附能逐渐降低。当每个 Sc 原子最多吸附 5 个氢分子时,Sc-H 键长在 2.66~2.83 Å 范围内,氢分子的平均吸附能为 0.13 eV。由连续氢分子吸附能的定义可知,连续吸附能量为正表明氢吸附在热力学上是有利的。表7-2 中的连续吸附能量为正,说明氢在 $Sc_6C_{24}N_{24}(N_4)$ 上依次吸附是自发进行的。更重要的是,$Sc_6C_{24}N_{24}(N_4)$ 吸附 30 个氢分子后结构仍然对称(图7-3)。综上,$Sc_6C_{24}N_{24}(N_4)$ 具有相当良好的存储容量(6.30 wt %),稳定的结构,和理想平均氢分子吸附能范围(0.13~0.26 eV),可以作为潜在的储氢体系,非常适合实际应用。

表 7-2 $Sc_6C_{24}N_{24}$ 的平均氢分子吸附能 (E_a)、连续氢分子吸附能 (E_c) 和 Sc-H 键的长度 (Å)

$Sc_6C_{24}N_{24}(N_4)$-6nH$_2$			$Sc_6C_{24}N_{24}(C_4)$-6nH$_2$		
E_a(eV/H$_2$)	E_c(eV/H$_2$)	Sc—H键长 (Å)	E_a(eV/H$_2$)	E_c(eV/H$_2$)	Sc—H键长/Å
n=1　0.26	0.26	2.23~2.26	n=1　0.28	0.28	2.31~2.33
n=2　0.20	0.13	2.38~2.41	n=2　0.80	1.33	2.33~2.49
n=3　0.19	0.16	2.39~2.62	n=3　0.71	0.53	2.16~2.36
n=4　0.15	0.03	2.43~2.55	n=4　0.52	-0.06	2.17~3.33
n=5　0.13	0.07	2.66~2.83	n=5　0.44	0.14	2.35~3.45

根据图7-4 中优化的氢吸附结构,$Sc_6C_{24}N_{24}(C_4)$ 中的每个 Sc 原子也可以吸附 5 个氢分子。不同的是 $Sc_6C_{24}N_{24}(C_4)$ 在吸附氢过程中发生了结构变形。当每个 Sc 原子吸附一个氢分子时,平均氢分子吸附能为 0.28 eV。Sc 原子吸附第二个氢分子后,两个氢分子在 Sc 原子侧面上方约 45 度处。4 个 N—N 键由 1.443 Å 伸长至 2.667 Å,其余 4 个 N—N 键缩短至 1.374 Å。$Sc_6C_{24}N_{24}(C_4)$ 呈现 D_{2h} 对称。对应的连续吸附能最大为 1.33 eV。当第三个氢分子被吸附时,$Sc_6C_{24}N_{24}$-18 H$_2$ 中的 3 个 N—N 键断裂,$Sc_6C_{24}N_{24}$ 发生严重变形。氢分子的平均吸附能为 0.71 eV,Sc—H 键长为 2.16~2.36 Å。当第四个和第五个氢分子被吸附时,$Sc_6C_{24}N_{24}(C_4)$ 发生了不同程度的变形。最长

Sc—H 键长为 3.45 Å，第四个氢分子的连续吸附能为负 (-0.06 eV)。以上分析表明 Sc$_6$C$_{24}$N$_{24}$(C$_4$) 不适合作为室温储氢材料。

　　从图 7-5 的态密度可以看出，Sc$_6$C$_{24}$N$_{24}$(N$_4$)-6H$_2$ 中 Sc 的氢分子的 σ 轨道和 d 轨道在 -10.00 eV 附近重叠。Bader 电荷分析还表明，Sc 的电荷为 +1.59 |e|，说明 Sc 有 0.02 |e|/H$_2$ 电子向氢分子转移。图 7-5 中的轨道也分别显示了氢分子的 σ 轨道对 TMs 的 3d 轨道的重叠以及 TMs 对氢分子的 σ* 轨道的反馈。当 Sc$_6$C$_{24}$N$_{24}$(N$_4$) 吸附 30 个氢时，氢的 σ 轨道与 Sc 的 d 轨道在 −10.00~−7.00 eV 处重叠，表明随着吸附氢分子数目的增加，氢分子的吸附减弱。这对应于表 7-2 中的平均吸附能数据。

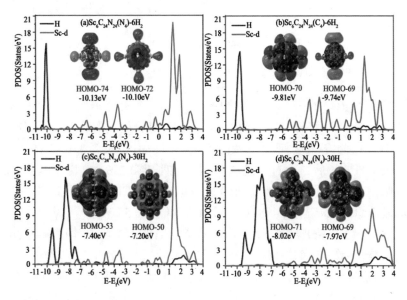

图 7-5　Sc$_6$C$_{24}$N$_{24}$-6nH$_2$ (n=1，5) 中 Sc 和 H 原子的态密度图及部分轨道

7.1.3.3　氢分子与 Ti$_6$C$_{24}$N$_{24}$ 的相互作用

　　如表 7-3 所示，第一个吸附的氢分子位于 Ti$_6$C$_{24}$N$_{24}$(N$_4$) 的 Ti 位点正上方，平均吸附能为 0.17 eV。Ti—H 键长度为 2.05~2.08 Å。当吸附两个氢分子时，Ti—H 键延长到 2.18~2.23 Å。随着氢分子吸附量的增加，Ti—H 键延长，平均吸附能从 0.23 eV 降低到 0.09 eV。除第四个氢分子的连续氢吸附能为负值外，其余的连续氢吸附能均为正。根据范特霍夫（van′t Hoff）方程，在室温和 2.2 MPa 下，可以完成多个氢分子在 Ti$_6$C$_{24}$N$_{24}$(N$_4$) 上的吸附过程。

表 7-3　Ti$_6$C$_{24}$N$_{24}$ 的平均氢分子吸附能 (E_a)、连续氢分子吸附能 (E_c) 和 Ti—H 键的长 (Å)

Ti$_6$C$_{24}$N$_{24}$(N$_4$)-6nH$_2$			Ti$_6$C$_{24}$N$_{24}$(C$_4$)-6nH$_2$			
E_a/(eV/ H$_2$)	E_c/(eV/ H$_2$)	Ti—H bond (Å)		E_a/(eV/ H$_2$)	E_c/(eV/ H$_2$)	Ti—H bond/ Å
n=1　0.17	0.17	2.05~2.08	n=1	0.48	0.48	2.10~2.12
n=2　0.23	0.29	2.18~2.23	n=2	0.40	0.31	2.05~2.15
n=3　0.17	0.05	2.11~2.38	n=3	0.57	0.92	1.91~2.25
n=4　0.10	-0.08	2.49~2.57	n=4	0.57	0.55	1.90~4.27
n=5　0.09	0.02	2.62~3.06				

　　Ti$_6$C$_{24}$N$_{24}$(C$_4$) 的氢分子吸附构型显示第一个氢分子的平均吸附能为 0.48 eV。Ti—H 键长为 2.10~2.12 Å。第二个氢分子吸附后,两个氢分子均位于 Ti 位点侧方 60 度,吸附能为 0.40 eV。Ti—H 键长为 2.05~2.15 Å。吸附第三个氢分子后,3 个 N-N 键从 1.473 Å 伸长到 2.736 Å。由于畸变,连续的氢吸附能增加到 0.92 eV。Ti$_6$C$_{24}$N$_{24}$(C$_4$) 在吸附四个氢分子时进一步变形。最长的 N—N 键为 2.498 Å,连续氢吸附能为 0.55 eV。

　　Ti$_6$C$_{24}$N$_{24}$(N$_4$)-6H$_2$ 中氢分子的 σ 轨道与 Ti 的 d 轨道在 –10.00~–9.00 eV 附近重叠,Ti$_6$C$_{24}$N$_{24}$(N$_4$)-6H$_2$ 中氢分子的 σ 轨道与 d 轨道在 –9.00 eV 附近重叠。Ti$_6$C$_{24}$N$_{24}$(N$_4$)-6H$_2$ 和 Ti$_6$C$_{24}$N$_{24}$(C$_4$)-6H$_2$ 中 Ti 的电荷分别为 +1.52 |e| 和 +1.40 |e|。对于 Ti$_6$C$_{24}$N$_{24}$(N$_4$)-30H$_2$,氢分子的 σ 轨道与 Ti 的 d 轨道重叠在 –10.00~–7.00 eV 的能量范围内,表明随着吸附氢分子数量的增加,氢的结合能降低。而对于 Ti$_6$C$_{24}$N$_{24}$(C$_4$)-24 H$_2$,氢分子的 σ 轨道与 Ti 的 d 轨道重合在 –11.00~–6.50 eV 范围内,表明变形结构中部分氢吸附得到加强。

7.1.3.4　温度的影响

　　在实际应用中,氢分子的吸收/释放在室温附近应该是可逆的。Yoon[27]指出,对于合金而言,ΔH 变得类似于或略高于 ΔE。在这里,直接加入一项 (μ [(H$_2$(T,P)])) 来修正给定温度和压力下氢分子的结合能。假设在给定的压强下体系体积的变化忽略不计,并且不考虑振动自由能。结合能 E_r 随温度的变化定义为[27-30]:

$$E_r = \{E(\text{TM}_6\text{C}_{24}\text{N}_{24}\text{-}6n\text{H}_2) - E(\text{TM}_6\text{C}_{24}\text{N}_{24}) - 6n[E(\text{H}_2) + \mu\,(\text{H}_2(T,P)]\}/6n$$

其中 $E(\text{TM}_6\text{C}_{24}\text{N}_{24}\text{-}6n\text{H}_2)$、$E(\text{TM}_6\text{C}_{24}\text{N}_{24})$、$E(\text{H}_2)$ 分别为 $\text{TM}_6\text{C}_{24}\text{N}_{24}\text{-}6n\text{H}_2$、$\text{TM}_6\text{C}_{24}\text{N}_{24}$ 的总能量。在给定的压力和温度下,氢的化学势为 $\mu\,(\text{H}_2\,(T,P))$ 可由下式得到:

$$\mu\,[\text{H}_2\,(T,P)] = \Delta H - T\Delta S + k_\text{B}T\ln(P/P_0)$$

其中 P_0 为 0.1 MPa,k_B 为 Boltzmann 常数,文献[31] 中可以得到 ΔH-$T\Delta S$。负的 E_r 表明氢分子的吸附有利。图 7-6 为 0.1 MPa 下 E_r 随温度的变化。对于 $\text{Sc}_6\text{C}_{24}\text{N}_{24}(\text{N}_4)\text{-}6n\text{H}_2$ ($n = 1{\sim}5$),在 0~160 K 时所有 E_r 均为负值。E_r 随着温度的升高逐渐为零。当温度达到 160 K 时,吸附的氢分子从 $\text{Sc}_6\text{C}_{24}\text{N}_{24}(\text{N}_4)\text{-}30\text{H}_2$ 开始脱附。所有被吸附的氢分子在 270 K 时 100% 释放。结果表明,在 0.1 MPa 下,6.30 wt% 的氢气可以很容易地可逆吸附和脱附。对于 $\text{Ti}_6\text{C}_{24}\text{N}_{24}(\text{N}_4)\text{-}6n\text{H}_2$ ($n = 1{\sim}5$),所有氢分子在 130 K 下被吸附。$\text{Ti}_6\text{C}_{24}\text{N}_{24}\text{-}30\text{H}_2$ 在 130 K 时开始脱附且在 240 K 完全脱附。

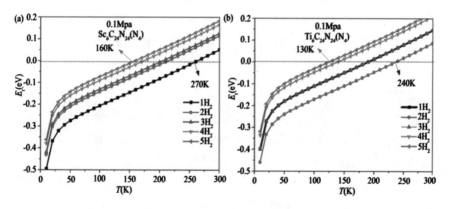

图 7-6　0.1 MPa 下 (a)$\text{Sc}_6\text{C}_{24}\text{N}_{24}(\text{N}_4)\text{-}6n\text{H}_2$ ($n{=}1{\sim}5$)(b) $\text{Ti}_6\text{C}_{24}\text{N}_{24}(\text{N}_4)\text{-}6n\text{H}_2$ ($n{=}1{\sim}5$) 氢分子结合能 (E_r) 随温度的变化曲线

7.1.4　结论

金属修饰和化学掺杂是调整碳纳米材料储氢性能的重要手段。钛和钪被广泛用于修饰碳纳米结构以提高储氢能力。受单点催化剂中 TM–N₄ 配位环境和 Ti–C₄ 单元的氢吸附性能的启发,本章首次同时设计了 4 个含 TM–N₄ / TM–C₄ 单元的新型 $\text{TM}_6\text{C}_{24}\text{N}_{24}$ (TM=Sc, Ti) 富勒烯。

采用密度泛函理论计算方法,详细研究了新型 $\text{TM}_6\text{C}_{24}\text{N}_{24}$ (TM = Sc, Ti) 的稳定性和储氢性能。金属 (Sc 和 Ti) 与 $\text{C}_{24}\text{N}_{24}$ 的结合能在 7.63~8.61 eV 之间,大于对应的金属聚合能。分子动力学模拟也证实了 $\text{TM}_6\text{C}_{24}\text{N}_{24}$ (TM=Sc, Ti) 的热稳定性。因此,金属会稳定地分布在富勒烯表面,不会

结块。$Sc_6C_{24}N_{24}(N_4)$ 和 $Ti_6C_{24}N_{24}(N_4)$ 可以吸收 30 个氢分子,并保持原有结构不变。$Sc_6C_{24}N_{24}(N_4)$-$6nH_2$ (n=1~5) 的平均氢吸附能为 0.13~0.26 eV,储氢量分别为 6.30 wt%。$Ti_6C_{24}N_{24}(N_4)$-$6nH_2$ (n=1~5) 的平均氢吸附能为 0.09~0.23 eV,储氢量分别为 6.20 wt %。此外,本章还计算了温度对吸附氢分子脱附行为的影响,以验证其在常温工作条件下的实用性。在 0.1 MPa 条件下,$Sc_6C_{24}N_{24}(N_4)$ 上的 $30H_2$ 在 160 K 时均能被吸附,270 K 时均能 100% 脱附。$Ti_6C_{24}N_{24}(N_4)$ 上的 $30H_2$ 在 130 K 时很容易被吸附,240 K 时 100% 脱附。压力越高对应脱附温度越高。对于含 6 个 Sc/Ti-C_4 单元的 $Ti_6C_{24}N_{24}(C_4)$ 和 $Ti_6C_{24}N_{24}(C_4)$,由于储氢过程中结构变形,不适合作为室温储氢材料。

综上所述,$Ti_6C_{24}N_{24}(N_4)$ 和 $Sc_6C_{24}N_{24}(N_4)$ 因其与氢分子的温和的相互作用能及较高的储氢容量,可以作为候选储氢材料。

7.2 Sc/Ti修饰的$B_{24}C_{24}$富勒烯的储氢性能[2]

7.2.1 引言

在碳材料中掺杂例如 B,N 等杂原子以及引入缺陷是调节其电子性能和解决大多数过渡金属团聚问题的解决办法。一方面,金属修饰杂原子掺杂的碳纳米结构的储氢性能已经在实验上进行研究[32-39]。Chen[37] 指出 B 和 N 掺杂石墨烯是储氢的潜在材料,$NiC_{59}B$ 和 $NiC_{59}N$ 的储氢量分别为 10.87% 和 10.85 wt%[38]。Tang[35] 指出,$Fe_{12}C_{48}B_{12}$、$Co_{12}C_{48}B_{12}$ 和 $Ni_{12}C_{48}B_{12}$ 分别吸附了 60、48 和 48 个氢分子,平均氢分子吸附能分别为 0.50、0.45 和 0.32 eV/H_2。Wu[39] 证明 Sc 修饰的共价有机骨架 $(C_6H_3)_2(B_2C_4H_4)_3Sc_6$ 可以吸附 24 个氢分子。吸附在二维 B_2C 材料上的单个 Ti 原子可以吸附 4 个氢分子,吸附能在 0.36-0.82 eV/H_2 之间[40]。Chaudhari 等人[41] 研究发现,B 取代提高了 Ti 修饰苯的储氢性能。密度泛函理论计算表明,在实际条件下轻金属 (Li、Na、K、Ca) 修饰的硼石墨烯纳米片[42] 的储氢量分别为 14.29、11.11、9.10 和 8.99 wt%。Simsek[43] 指出,B 取代可以显著提高纯碳空位石墨烯的储氢性能。B 掺杂后,Ru 修饰碳纳米管上氢分子的结合能增加到 1.15 eV/H_2[44]。在 Sc 修饰的 B 掺杂多孔石墨烯体系上,Sc 原子可以吸附 5 个氢分子,平均吸附能为 0.52 eV/H_2[45]。

另一方面,各种具有缺陷的碳纳米材料作为潜在储氢材料也被广泛研究[18,19,46-50]。Zhou[46] 指出,Li 掺杂的 B 取代缺陷石墨烯可以被认为是潜在的储氢材料。Guo 等人[19] 设计了 6 种基于 C_{60} 的 C_2 缺陷,并报道了非传统富勒烯笼 Ti$_6$C$_{48}$ 的储氢质量密度达到 7.7 wt%。Tang 等人[47]发现,Ti 修饰和 B 取代的 C$_{48}$ 可以吸附多达 6 个氢分子,平均氢分子吸附能为 0.24~0.55 eV。最多六个氢分子可以稳定地与缺陷石墨烯上的钙原子结合,平均氢分子吸附能为 0.17~0.39 eV[48]。Lu[49]研究表明,金属修饰 N 掺杂缺陷石墨烯是一种有前途的储氢材料。Yasareh[50]还指出,与氢气吸附在纯石墨烯上相比,缺陷和过渡金属原子修饰石墨烯有望实现理想的储氢。

　　在这些研究的启发下,本书计算了含六个 C$_2$ 缺陷的 Sc/Ti 修饰的 B 取代 C$_{60}$ 富勒烯的储氢性能。分析了它们的结构、电子和热力学性质,研究了它们的吸附 / 解吸氢分子行为。此外,还研究了另一个重要问题:由于 B、C 和 N 具有相似的电子结构和尺寸,因此 B 和 N 是碳纳米材料最常用的掺杂剂。那么,Ti/Sc 在哪些空腔上结合最强? C$_4$,B$_4$,还是 N$_4$? 哪种配位方式对应最佳的储氢性能? 为此,本书对 Sc 修饰的 B$_4$、C$_4$ 和 N$_4$ 配位的结构、电子性质和储氢性能进行了比较研究。

7.2.2　计算方法

本节计算细节同上节一致。

7.2.3　结果与讨论

7.2.3.1　Sc/Ti 修饰 B$_{24}$C$_{24}$ 富勒烯的结构

　　如图 7-7 所示,首先通过去除 C$_{60}$ 中六个红色圆圈中的 C$_2$ 二聚体来构建具有六个 C$_2$ 缺陷的 C$_{60}$ 富勒烯。B 取代不同的 C 位点后,有两种 B$_{24}$C$_{24}$ 富勒烯结构。具有 6 个 B$_2$C$_2$ 腔的 B$_{24}$C$_{24}$ 富勒烯比具有 6 个 B$_4$ 腔的 B$_{24}$C$_{24}$ 富勒烯能量低 0.24 eV。B$_{24}$C$_{24}$(B$_4$) 的空腔直径为 7.20 Å,此时富勒烯结构中有三种键,B-C、C-C、B-B 的键长分别为 1.56 Å,1.42 Å,1.73 Å。B$_{24}$C$_{24}$(B$_2$C$_2$) 的空腔直径为 7.21 Å,只有一种 B-C 键,键长为 1.56 Å。由于键种类的单一性和较高的对称性,B$_{24}$C$_{24}$(B$_2$C$_2$) 的轨道能量更局域化。

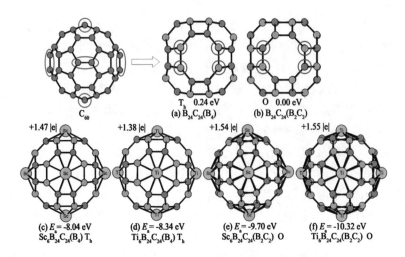

图 7-7　**$B_{24}C_{24}$、$Sc_6B_{24}C_{24}$ 和 $Ti_6B_{24}C_{24}$ 富勒烯的优化结构，每个 TM 原子的结合能 (E_a)、对称性和每个 TM 原子的 Bader 电荷 (|e|)（B 为粉色，C 为灰色，B_4 和 B_2C_2 代表了分别相邻 C_2 位点的蓝色圆圈中 B 取代 C 原子的方式）**

如表 7-4 所示，6 个过渡金属修饰在 B_2C_2 和 B_4 空腔后，空腔直径和 B-C 键几乎没有变化。在 $B_{24}C_{24}(B_4)$ 和 $B_{24}C_{24}(B_2C_2)$ 上，Sc 的平均结合能分别为 -8.04 和 -9.70 eV。它们是 Sc 的内聚能 -3.90 eV[51] 的两倍多，比 Sc 修饰 B_{40} 的结合能 -5.24 eV 大 [52]，这表明 Sc 与 $B_{24}C_{24}$ 具有很强的结合能。$Sc_6B_{24}C_{24}(B_4)$ 和 $Sc_6B_{24}C_{24}(B_2C_2)$ 中相邻 Sc 原子之间的距离分别为 5.55 Å 和 5.61 Å，远大于 Sc 二聚体的距离 2.56～2.65 Å。类似地，Ti 与 $B_{24}C_{24}(B_4)$ 和 $B_{24}C_{24}(B_2C_2)$ 的结合能分别为 -8.34 eV 和 -10.32 eV，近似为 Ti 的内聚能 -4.85 eV[51] 的两倍。这些结果表明，Sc/Ti 修饰的 $B_{24}C_{24}$ 富勒烯可以克服金属团聚问题。

表 7-4　**$B_{24}C_{24}$，$Sc_6B_{24}C_{24}$，和 $Ti_6B_{24}C_{24}$ 的结构参数和 Sc/Ti 修饰 $B_{24}C_{24}$ 的平均结合能**

体系	E_a/eV	孔径/Å	键长/Å		
			TM—B/C	B—C	C—C(B—B)
$B_{24}C_{24}(B_4)$		7.20	-	1.56	1.42/1.73
$Sc_6B_{24}C_{24}(B_4)$	−8.04	7.25	2.45/2.27	1.56	1.50/1.74
$Ti_6B_{24}C_{24}(B_4)$	−8.34	7.24	2.17/2.20	1.54	1.50/1.74
$B_{24}C_{24}(B_2C_2)$		7.21	-	1.56	-

体系	E_a/eV	孔径/Å	键长/Å		
			TM—B/C	B—C	C—C(B—B)
Sc$_6$B$_{24}$C$_{24}$(B$_2$C$_2$)	−9.70	7.21	2.34/2.18	1.57	-
Ti$_6$B$_{24}$C$_{24}$(B$_2$C$_2$)	−10.32	7.17	2.24/2.09	1.56	-

值得注意的是,TM 与 B$_{24}$C$_{24}$(B$_2$C$_2$) 的结合能 E$_a$ 高于 TM 与 B$_{24}$C$_{24}$(B$_4$) 的结合能。因此,Sc$_6$B$_{24}$C$_{24}$(B$_2$C$_2$) 的能量比 Sc$_6$B$_{24}$C$_{24}$(B$_4$) 低 9.93 eV。而 Ti$_6$B$_{24}$C$_{24}$(B$_2$C$_2$) 比 Ti$_6$B$_{24}$C$_{24}$(B$_4$) 结构更稳定,能量差为 11.88 eV。其中 Sc$_6$B$_{24}$C$_{24}$(B$_4$) 和 Ti$_6$B$_{24}$C$_{24}$(B$_4$) 的空腔直径分别为 7.25 Å 和 7.24 Å,比 B$_{24}$C$_{24}$(B$_4$) 的空腔直径略大 0.04~0.05 Å。其中,Sc$_6$B$_{24}$C$_{24}$(B$_2$C$_2$) 和 Ti$_6$B$_{24}$C$_{24}$(B$_2$C$_2$) 的空腔直径分别为 7.21 Å 和 7.17 Å,表明 Sc 修饰对空腔的尺寸没有影响,而 Ti 修饰使 B$_{24}$C$_{24}$(B$_2$C$_2$) 的空腔直径减小。这可能是由于 Ti 原子与 B$_2$C$_2$ 空腔之间相互作用较强引起的。

Sc/Ti 原子的 d 轨道与 B$_{24}$C$_{24}$ 的轨道在费米能级以下重叠,使得 B$_{24}$C$_{24}$ 系统的 DOS 峰明显向左移动。强的相互作用导致电荷从 TM 转移到 B$_{24}$C$_{24}$。Bader 电荷分析表明,Sc/Ti 原子带正电荷。特殊的稳定性、大的比表面积、均匀的金属分布和带正电荷的特点表明其具有储氢的可能性。

7.2.3.2　Sc$_6$B$_{24}$C$_{24}$ 的储氢性能

如图 7-8 所示,第一个氢分子吸附在 Sc$_6$B$_{24}$C$_{24}$(B$_4$) 的每个 Sc 原子的正上方,结合能为 –0.28 eV。Sc—H 键长在 2.26 到 2.34 Å 之间。吸附第二个氢分子后,Sc—H 键长在 2.33 到 2.59 Å 之间,略有拉长。随着氢分子的进一步吸附,平均 q 氢分子吸附能逐渐减小,Sc—H 平均键长也随之拉长。在 Sc$_6$B$_{24}$C$_{24}$(B$_4$) 中,每个 Sc 原子最多可以吸附 5 个氢分子,储氢量为 6.80 wt%,平均氢分子吸附能为 –0.11~–0.28 eV。所有 H—H 键长均在 0.76 Å 左右。氢饱和结构中,Sc—H 键最长为 3.90 Å。Sc$_6$B$_{24}$C$_{24}$(B$_4$) 吸附了 30 个氢分子后结构没有变形,其空腔直径 7.23~7.31 Å,在 7.25 Å 的原始值附近浮动。此外,除了吸附第三个氢分子的连续吸附能为正值 0.01 eV 外,表 7-5 中的连续吸附能均为负值。

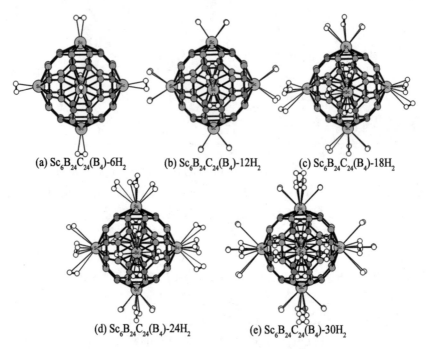

(a) $Sc_6B_{24}C_{24}(B_4)$-6H_2 (b) $Sc_6B_{24}C_{24}(B_4)$-12H_2 (c) $Sc_6B_{24}C_{24}(B_4)$-18H_2

(d) $Sc_6B_{24}C_{24}(B_4)$-24H_2 (e) $Sc_6B_{24}C_{24}(B_4)$-30H_2

图 7-8　$Sc_6B_{24}C_{24}(B_4)$-6nH_2 (n=1~5) 的优化结构

表 7-5　$Sc_6B_{24}C_{24}(B_4)$-6nH_2 和 $Sc_6B_{24}C_{24}(B_2C_2)$-6nH_2 的结构参数

$Sc_6B_{24}C_{24}$ (B_4)-6nH_2	E_b/eV	E_c/eV	TM-H/Å	孔径 /Å	电荷Q_{TM} (|e|)
1	−0.28	−0.28	2.26~2.34	7.31	1.44
2	−0.20	−0.13	2.33~2.59	7.25	1.46
3	−0.13	0.01	2.46~3.61	7.28	1.48
4	−0.11	−0.04	2.47~3.67	7.29	1.49
5	−0.16	−0.34	2.79~3.90	7.23	1.45
1	−0.27	−0.27	2.33~2.34	7.21	1.51
2	−0.19	−0.11	2.43~2.60	7.22	1.54
3	−0.14	−0.04	2.54~2.79	7.21	1.55
4	−0.11	−0.01	2.67~3.00	7.18	1.56
5	−0.07	0.08	2.80~3.45	7.18	1.56
6	−0.07	−0.08	2.31~4.30	7.20	1.56

如图 7-9 所示,在 $Sc_6B_{24}C_{24}(B_2C_2)$ 中,第一个氢分子也吸附在 Sc 原子正上方。平均氢分子吸附能为 -0.27 eV,Sc—H 键长为 2.33~2.34 Å。两个氢分子吸附后,平均氢分子吸附能为 -0.19 eV,Sc—H 键长为 2.43~2.60 Å。当每个 Sc 原子吸附 6 个氢分子时,Sc—H 键最长为 4.30 Å,平均氢吸附能降低到 -0.07 eV。$Sc_6B_{24}C_{24}(B_2C_2)$ 最多可以吸附 36 个氢分子,储氢量为 8.10 wt%。平均吸附能范围为 -0.07~-0.27 eV,所有 H—H 键长约为 0.76 Å。如图 7-9 和表 7-5 所示,$Sc_6B_{24}C_{24}(B_2C_2)$ 结构没有变形,空腔直径与原始值一样为 7.21 Å(7.18~7.22 Å)。吸附前四个氢分子,连续吸附能均为负值 (-0.01~0.27 eV),表明在低压环境中氢分子可以逐个自发吸附。第五个氢分子的连续吸附能为 0.08 eV。说明吸附过程需要较高的氢气压力。

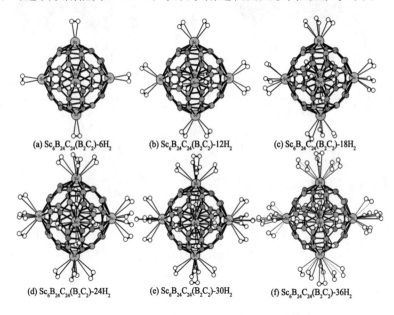

(a) $Sc_6B_{24}C_{24}(B_2C_2)$-6H_2 (b) $Sc_6B_{24}C_{24}(B_2C_2)$-12H_2 (c) $Sc_6B_{24}C_{24}(B_2C_2)$-18H_2

(d) $Sc_6B_{24}C_{24}(B_2C_2)$-24H_2 (e) $Sc_6B_{24}C_{24}(B_2C_2)$-30H_2 (f) $Sc_6B_{24}C_{24}(B_2C_2)$-36H_2

图 7-9 $Sc_6B_{24}C_{24}(B_2C_2)$-6nH_2(n=1~6) 的优化结构

图 7-10 中 $Sc_6B_{24}C_{24}(B_4)$-6H_2 的 DOS 表明,H 原子的 σ 轨道与 Sc 的 d 轨道在 -8.72 eV 处重叠。每个 Sc 原子的电荷从 +1.47 |e| 变化到 +1.44 |e|。H 原子对 Sc 有电子反馈。因此储氢机理主要是 Kubas 相互作用。当吸附 30 个氢分子时,氢原子的 σ 轨道和钪原子的 d 轨道的重叠范围扩大到 -8.00~-5.50 eV,表明结合能随吸附氢分子数的增加而降低。相似地,对于 $Sc_6B_{24}C_{24}(B_2C_2)$-6H_2,H 原子的 σ 轨道与 Sc 的 d 轨道在 -9.00~8.50 eV 之间重叠。每个 Sc 原子的电荷从 +1.54 |e| 变为 +1.51 |e|。对于 $Sc_6B_{24}C_{24}(B_2C_2)$-30H_2,重叠范围扩大到 -8.00~6.00 eV。

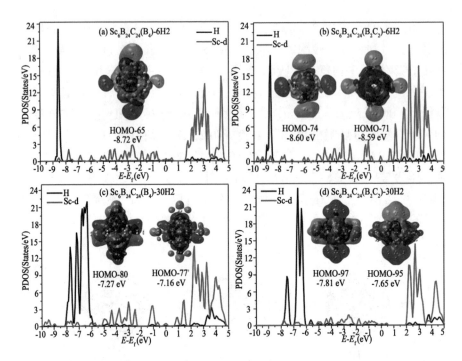

图 7-10　Sc$_6$B$_{24}$C$_{24}$(B$_4$/ B$_2$C$_2$) 吸附 6 个氢分子和 30 个氢分子的 DOS 图

7.2.3.3　Ti$_6$B$_{24}$C$_{24}$ 的储氢性能

第一个氢分子吸附在 Ti$_6$B$_{24}$C$_{24}$(B$_4$) 的 Ti 原子正上方, 平均结合能为 -0.38 eV。H—Ti 键最长为 2.02 Å。第二个氢分子的连续吸附能为 -0.02 eV, H—Ti 键长为 2.17~2.53 Å。Ti$_6$B$_{24}$C$_{24}$(B$_4$) 最多可以吸附 30 个氢分子, 平均吸附能为 -0.09~0.38 eV。前四个氢分子的连续吸附能为负值, 表明在低压下可以自发吸附。第五个氢分子的吸附能为 0.08 eV, 说明在常温常压下, 第五个氢分子不容易被吸附 (表 7-6)。

表 7-6　Ti$_6$B$_{24}$C$_{24}$(B$_4$)-6nH$_2$ 和 Ti$_6$B$_{24}$C$_{24}$(B$_2$C$_2$)-6nH$_2$ 的结构参数

Ti$_6$B$_{24}$C$_{24}$ (B$_4$)-6nH$_2$	E_b /eV	E_c /eV	TM—H /Å	孔径/Å	电荷Q_{TM} (|e|)
1	-0.38	-0.38	2.00~2.02	7.31	1.41
2	-0.20	-0.02	2.17~2.53	7.25	1.41
3	-0.19	-0.16	2.08~4.16	7.28	1.41
4	-0.14	-0.004	2.14~3.90	7.29	1.40
5	-0.10	0.09	2.76~3.90	7.23	1.43

续表

Ti$_6$B$_{24}$C$_{24}$ (B$_2$C$_2$)-6nH$_2$	E_b /eV	E_c /eV	TM-H /Å	孔径/Å	电荷Q_{TM} (|e|)
1	−0.45	−0.45	2.05	7.31	1.52
2	−0.23	−0.01	2.25~2.39	7.25	1.56
3	−0.17	−0.05	2.08~3.88	7.28	1.55
4	−0.09	0.15	2.68~3.00	7.29	1.58
5	−0.08	−0.04	2.94~4.47	7.23	1.57

Ti$_6$B$_{24}$C$_{24}$(B$_2$C$_2$) 中的每个 Ti 原子最多可以吸附 5 个氢分子,平均吸附能为 −0.08~−0.45 eV,储氢量为 6.67 wt%。吸附第一个氢分子的平均吸附能为 −0.45 eV,Ti—H 键长为 2.05 Å。除了吸附第四个氢分子为正值 0.15 eV 外,连续的氢分子吸附能均为负值,表明吸附第四个氢分子需要高压条件。如图 7-11 所示,对于 Ti$_6$B$_{24}$C$_{24}$(B$_4$)-6H$_2$,H 的 σ 轨道与 Ti 的 d 轨道在约 -9.00 eV 处重叠。每个 Ti 原子的电荷从 +1.38 \|e\| 变化到 +1.41 \|e\|。当 Ti$_6$B$_{24}$C$_{24}$(B$_4$) 吸附 30 个氢分子时,重叠范围扩大到 −8.50~6.00 eV,表明结合能随吸附氢分子数的增加而降低。对于 Ti$_6$B$_{24}$C$_{24}$(B$_2$C$_2$)-6H$_2$,H 的 σ 轨道与 Ti 的 d 轨道在约 −9.10 eV 处重叠。每个 Ti 原子的电荷从 +1.55 \|e\| 变化到 +1.52 \|e\|。当 Ti$_6$B$_{24}$C$_{24}$(B$_4$) 吸附 30 个氢分子时,重叠范围扩大到 −7.50~6.00 eV,表明结合能随吸附氢分子数的增加而降低。

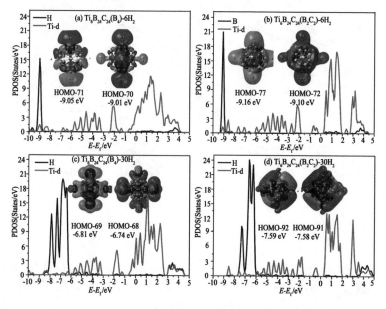

图 7-11　Sc$_6$B$_{24}$C$_{24}$(B$_4$/ B$_2$C$_2$) 吸附 6 个氢分子和 30 个氢分子的 DOS 图

7.2.3.4 温度和压力的影响

在讨论了 $TM_6B_{24}C_{24}$ 体系的吸氢性能后,本书估算了体系的热力学性质。压力 (P) 和温度 (T) 下的氢气吸附能 E_r 定义为:

$$E_r = \{E\,[TM_6B_{24}C_{24}\text{-}6nH_2] - E\,[TM_6B_{24}C_{24}] - 6nE[H_2] + \mu\,[H_2\,(T,P)]\}/6n$$

其中 $E[*]$ 表示对应体系总能量,氢气化学式 $(\mu[H_2(T,P)])$ 计算如下:

$$\mu\,[H_2\,(T,P)] = \Delta H - T\Delta S + k_BT\ln(P/P_0)$$

其中 k_B 为 Boltzmann 常数,P_0 表示 0.1 MPa,ΔH-$T\Delta S$ 可以通过文献[51]中得到。根据定义,E_r 为负值表明在给定的温度和压力下,有利于氢分子吸附。$E_r = 0$ eV 时的温度被定义为临界脱附温度。

对于 $Sc_6B_{24}C_{24}(B_4)$-$30H_2$,图 7-12a 中的所有 E_r 值在 0-190 K 时都是负值。当温度上升到 190 K 时,$Sc_6B_{24}C_{24}(B_4)$-$30H_2$ 中吸附的氢分子开始脱附。对于 $Sc_6B_{24}C_{24}(B_4)$-$6H_2$,临界脱附温度为 290 K,表明 $Sc_6B_{24}C_{24}(B_4)$-$30H_2$ 中的所有吸附氢分子在 290 K 时全部释放。对于 $Sc_6B_{24}(B_2C_2)$-$6nH_2(n=1\sim6)$(图 7-12b),吸附的氢分子在 120 K 时开始从 $Sc_6B_{24}C_{24}(B_2C_2)$-$36H_2$ 脱附,在 265 K 时全部释放。与 $Sc_6B_{24}C_{24}$ 体系相比,$Ti_6B_{24}C_{24}$ 体系可以更好地增强与氢分子的相互作用。同样,$Ti_6B_{24}C_{24}(B_4)$-$30H_2$ 和 $Ti_6B_{24}C_{24}(B_2C_2)$-$30H_2$ 的临界脱附温度分别为 350 K 和 380 K。即所有吸附氢分子在 350 K 和 380 K 时全部释放。

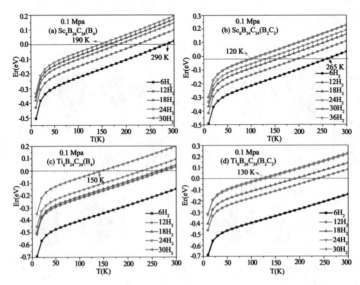

图 7-12　(a)$Sc_6B_{24}C_{24}(B_4)$-$6nH_2$ $(n=1\sim5)$;　(b)$Sc_6B_{24}C_{24}(B_2C_2)$-$6nH_2(n=1\sim6)$;　(c)$Ti_6B_{24}C_{24}(B_4)$-$6nH_2(n=1\sim5)$;　(d)$Ti_6B_{24}C_{24}(B_2C_2)$-$6nH_2$ $(n=1\sim5)$ 在不同温度和 **0.1 MPa** 时的 E_r 值

7.2.3.5　B₄、N₄ 和 C₄ 配位环境的比较

众所周知,引入杂原子 N 和 B 是增强金属与碳纳米材料相互作用的最佳途径[36,37,41]。Ti 原子与 $B_{24}C_{24}$、C_{48} 和 $C_{24}N_{24}$ 富勒烯的结合能分别为 8.58 eV、7.05 eV 和 8.14 eV。如图 7-13 所示,与 C_{48} 富勒烯相比 -4.27 eV,Sc 原子与 $B_{24}C_{24}$(-8.04 eV) 和 $C_{24}N_{24}$ 富勒烯 (-8.50 eV) 的相互作用更强。理论上,B 和 N 在周期表中都与 C 原子相邻。不同的是,B 的价电子比 C 少一个,而 N 的价电子比 C 多一个。Tang[36] 认为,B 取代碳纳米材料表面的修饰金属原子会转变为带电荷的金属正离子,使周围的氢分子发生强极化。N 取代的碳纳米材料是富含电子的配合物,它们的电子将转移到金属原子上,这导致金属原子没有足够的空轨道容纳氢分子提供的电子。然而,计算表明 Sc 原子在 $B_{24}C_{24}$、C_{48} 和 $C_{24}N_{24}$ 上的 Bader 电荷为 +1.47 |e|<+1.50 |e|<+1.61 |e|,这与 B、C、N 原子的电负性顺序一致。这表明,无论是 B₄、C₄ 还是 N₄ 配位环境,都会有电荷从富勒烯转移到金属原子上。Sc 到 $C_{24}N_{24}$ 转移的电子数比到 $B_{24}C_{24}$ 转移的电子数多。

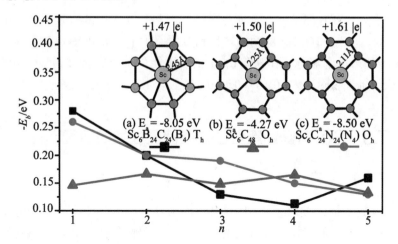

图 7-13　$|E_b|$ 随 Sc 修饰的 $B_{24}C_{24}$(B₄),C_{48} 和 $N_{24}C_{24}$(N₄) 上的吸附氢分子数的变化曲线

在 B₄、C₄ 或 N₄ 配位环境中,Sc-B/C/N 键长分别为 2.45 Å、2.25 Å 和 2.11 Å。对于第一个氢分子,吸附能的绝对值为:0.28 eV($Sc_6B_{24}C_{24}$)≈0.26 eV($Sc_6C_{24}N_{24}$)>0.14 eV(Sc_6C_{48})。然而,随着氢分子数量的增加,Sc 修饰的 B₄、C₄ 或 N₄ 配位中氢气吸附能随氢分子数的增加无明显规律。总之,在 Sc 修饰的 B₄、C₄ 或 N₄ 配位体系中发现类似的储氢性能,每个 Sc 原子能与 5 个氢分子结合,氢气吸附能为 -0.10~-0.30 eV。

7.2.4 结论

本章研究了四种新型的 Sc/Ti 掺杂的 B 取代的 C_{48} 富勒烯。其中包括六个 B_2C_2 腔和六个 B_4 腔的结构。通过 DFT 计算分析了它们的结构、电子、稳定性和储氢性能。

结果表明,在 $B_{24}C_{24}(B_4)$ 和 $B_{24}C_{24}(B_2C_2)$ 上,Sc/Ti 与 $B_{24}C_{24}(B_4)$ 和 $B_{24}C_{24}(B_2C_2)$ 平均结合能接近 Sc/Ti 内聚能的两倍,说明 Sc/Ti 修饰的 $B_{24}C_{24}$ 富勒烯可以克服金属团聚问题。其特殊的稳定性,较大的比表面积,均匀分布的金属和带正电荷特点为储氢提供了可能。在 $Sc_6B_{24}C_{24}(B_4)$ 中,每个 Sc 原子最多可以吸附 5 个氢分子,储氢量为 6.80 wt%,平均吸附能为 $-0.11\sim-0.28$ eV。当温度达到 190 K 时,$Sc_6B_{24}C_{24}(B_4)$-30H_2 中吸附的氢分子开始脱附。在 290 K 时,吸附的氢分子全部释放。$Sc_6B_{24}C_{24}(B_2C_2)$ 最多可以吸附 36 个氢分子,平均吸附能为 $-0.07\sim-0.27$ eV。与 $Sc_6B_{24}C_{24}$ 体系相比,$Ti_6B_{24}C_{24}$ 体系与氢分子的相互作用更强。对于 $Ti_6B_{24}C_{24}(B_4)$-30H_2 和 $Ti_6B_{24}C_{24}(B_2C_2)$-30H_2,所有吸附氢分子在 350 K 和 380 K 下全部释放。有趣的是,引入 N 或 B 都是增强金属与碳纳米材料相互作用的有效方法。电荷均从 $B_{24}C_{24}$,C_{48} 和 $C_{24}N_{24}$ 富勒烯转移到金属原子上。此外,B 取代和 N 取代均能增加第一个氢分子在缺陷 C_{60} 上的吸附能。每个 Sc 原子可以结合 5 个氢分子,氢气吸附能为 $-0.10\sim-0.30$ eV。

7.3 Sc/Ti修饰新型B₂₄N₂₄储氢性能的研究[3]

7.3.1 引言

BN 纳米结构类似于碳纳米结构,因为 B-N 对与 C-C 对[53]是等电子体系。除了结构稳定性外,B-N 键的极性和大比表面积使得大多数氮化硼纳米结构比碳基纳米结构表现出更好的性能,包括潜在的储氢应用[154,55]。随着合成和模拟技术的进步,许多新型氮化硼纳米结构已经被成功合成[56],有许多实验对其储氢能力也进行了探索[56-69]。遗憾的是,以前报道的基于氮化硼的储氢系统提供的容量相对较低,而且大多数系统没有达到美国能源部设定的目标[70]。

过渡金属修饰被认为是提高 BN 基多孔材料储氢性能的最佳途径[36,71-82]。例如,Na 修饰的 BN 石墨烯类似物的储氢容量可达到 5.84 wt%[75]。氮化硼纳米管上的 Ti/V 原子在室温下具有可逆储氢性能,可容纳多个氢分子。掺杂氮化硼纳米管的储氢容量达到了 4.2 wt %[76]。钪和钛修饰氮化硼类似物[2,2]-对杂环芳的储氢质量密度高达8.9和9.9 wt%[72]。高掺铝扶手椅和锯齿形氮化硼纳米管对氢的吸附量分别为9.4 wt%和8.6 wt%[64]。但由于金属与BN材料的结合能较弱,这些材料的储氢应用受到限制[73,74,83,84]。

在催化领域,大环钴配合物(含Co-N$_4$位点)是60多年前发现的潜在催化剂[85]。从那时起,人们致力于开发类似的TM-N-C (TM = Fe,Co,Mn,Cr,Rh)单位点催化剂[7-9,11-45,86]。TM-N$_4$配位环境可以认为是TM取代了石墨烯上两个碳原子并将周围C原子用N取代形成的结构。在这种结构中,单个TM原子被牢固地锚定。受此结构的影响,本书设计了具有更大的空腔结构的BN储氢纳米材料,分别是两种TM(TM=Sc,Ti)修饰的B$_{24}$N$_{24}$富勒烯。这些体系是具有六个TM-N$_4$单元或六个TM-B$_4$单元的富勒烯。六个N$_4$腔和B$_4$腔的直径分别为4.71 A和3.41 A,TM可以牢固地结合避免金属聚集问题。本书的新型TM$_6$B$_{24}$N$_{24}$富勒烯比Oku报道的TM修饰的B$_{24}$N$_{24}$更稳定[87]。考虑到TM$_6$B$_{24}$N$_{24}$(TM=Sc,Ti)体系特殊的结构特点和超稳定性,本书对两种新型TM$_6$B$_{24}$N$_{24}$体系的储氢容量进行了研究。本书采用密度泛函理论研究了四种新型TM$_6$B$_{24}$N$_{24}$(TM Sc,Ti)的稳定性、氢饱和结构、平均氢分子吸附能、连续氢分子吸附能和氢分子的临界脱附温度。

7.3.2　计算细节

本节计算细节同上一节一致。

本书对氢分子和Oku[134]提出的B$_{24}$N$_{24}$富勒烯的参数进行计算对比,以验证计算方法的准确性。氢分子的结合能和键长分别为4.54 eV和0.75 Å,与实验值4.53 eV和0.74 Å非常吻合[88]。合成的B$_{24}$N$_{24}$纳米团簇的结构包括8个对称的六边形、12个四边形和6个八边形。本书计算出三种不同B-N键的键长分别为[4,6](-1.50 Å) > [4,8](-1.47 Å) > [6,8](-1.42 Å)与文献[89,90,91]的结果基本一致:[4,6](-1.51 A) > [4,8] (-1.47 A) > [6,8](-1.42 A)。B$_{24}$N$_{24}$的能隙为6.42 eV,与文献[87]的6.45 eV和文献[92]的6.40 eV一致。

TM (TM=Sc,Ti)原子在B$_{24}$N$_{24}$上的平均吸附能:

$$E_b (TM) = (1/6) [E(B_{24}N_{24}) + 6E (TM) - E (TM_6B_{24}N_{24})]$$

TM$_6$B$_{24}$N$_{24}$上的平均氢分子吸附能定义:

$$E_a (H_2) = (1/6n) [E(TM_6B_{24}N_{24}) + 6nE (H_2) - E (TM_6B_{24}N_{24}-6nH_2)]$$

氢分子在TM$_6$B$_{24}$N$_{24}$上的连续吸附能定义:

$$E_c (H_2)= (1/6) [E (TM_6B_{24}N_{24}-6(n-1)H_2) + 6E (H_2) - E (TM_6B_{24}N_{24} -6nH_2)]$$

其中 n 为每个 TM 原子上吸附的氢分子数。其中 $E(B_{24}N_{24})$、$E(TM)$、$E(TM_6B_{24}N_{24})$ 分别为 $B_{24}N_{24}$、TM 原子和 $TM_6B_{24}N_{24}$ 完全弛豫后的总能量。

7.3.3 结果与讨论

7.3.3.1 $TM_6B_{24}N_{24}(TM = Sc, Ti)$ 富勒烯的结构

图 7-14 显示了从 C_{60} 构建 $TM_6B_{24}N_{24}(TM= Sc, Ti)$ 的示意图。首先，C_{60} 中红色椭圆所示的 12 个碳被 6 个 TM 原子取代。其次，用 24 个氮原子取代蓝色圆圈标记的 24 个碳原子形成 6 个 N_4 空腔。最后，用硼取代其他碳原子得到 $TM_6B_{24}N_{24}(B_4)$ 结构。同样，将 24 个碳换成 B 原子，其余 24 个 C 换成 N 原子，会产生 $TM_6B_{24}N_{24}(B_4)$ 结构。这两个新的 $B_{24}N_{24}$ 富勒烯由 8 个 B_3N_3 环通过 B-B 和 N-N 键连接而成。$TM_6B_{24}N_{24}(N_4)$ 的孔腔直径比 $TM_6B_{24}N_{24}(B_4)$ 的孔腔直径大，这是由于连接的 B-B 键长较长(见表 7-7)。

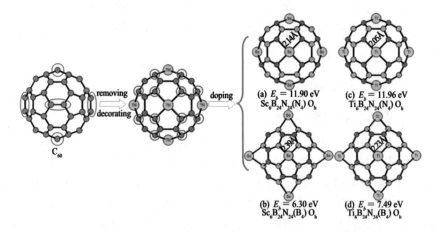

图 7-14　$TMB_{24}N_{24}(TM= Sc，Ti)$ 的优化几何构型、对称性以及 Sc/Ti 在 $B_{24}N_{24}$ 的平均吸附能 (eV)(灰球 :C 原子、粉球 :B 原子、蓝球 :N 原子)。

表 7-7　$Sc_6B_{24}N_{24}$ 和 $Ti_6B_{24}N_{24}$ 中 Sc/Ti 原子在 $B_{24}N_{24}$ 上的平均结合能、结构
参数和 Sc/Ti 原子的 Bader 电荷

体系	E_b/ eV	能隙/ eV	孔径/ Å	键长/Å			电荷/|e|
				TM-B/N	B-N	N-N(B-B)	
$B_{24}N_{24}(N_4)$		0.48	8.07	-	1.41	(1.73)	-
$B_{24}N_{24}(B_4)$		0.81	6.86	-	1.45	1.44	-
$Sc_6B_{24}N_{24}(N_4)$	11.90	0.32	7.76	2.14	1.44	(1.78)	+1.78
$Sc_6B_{24}N_{24}(B_4)$	6.30	0.08	6.91	2.39	1.46	1.42	+1.18
$Ti_6B_{24}N_{24}(N_4)$	11.96	0.31	7.57	2.05	1.46	(1.66)	+1.83
$Ti_6B_{24}N_{24}(B_4)$	7.49	0.09	7.01	2.23	1.46	1.43	+1.07

　　$Sc_6B_{24}N_{24}$ 和 $Ti_6B_{24}N_{24}$ 体系的优化结构如图 7-14 所示。6 个 Sc/Ti 原子位于 6 个 N$_4$ 环或 B$_4$ 环的空腔中心。$Sc_6B_{24}N_{24}(N_4)$ 和 $Sc_6B_{24}N_{24}(B_4)$ 中相邻 Sc 原子之间的距离分别为 5.36 Å 和 6.69 Å。它们比 Sc$_2$ 二聚体的 Sc-Sc 键 2.56-2.65 Å 大得多[93]。如表 7-7 所示，$B_{24}N_{24}$ 笼上每个 Sc 原子的平均吸附能分别为 11.90 eV 和 6.30 eV。这比相应的金属结合能 3.90 eV[94] 大了 2-3 倍，表明可以避免金属聚类问题。类似地，$Ti_6B_{24}N_{24}(N_4)$ 和 $Ti_6B_{24}N_{24}(B_4)$ 中的相邻 Ti-Ti 距离分别为 5.26 Å 和 6.33 Å，大于 Ti$_2$ 二聚体 Ti-Ti 键长 1.94 Å[95]。吸附在 $B_{24}N_{24}$ 笼上的每个 Ti 原子的平均吸附能分别为 11.96 eV 和 7.49 eV。这些都大于钛的内聚能 4.85 eV。此外，1000 K 下的分子动力学模拟进一步证实了这四个 Sc/ Ti 修饰的 $B_{24}N_{24}$ 配合物的热力学稳定性。Bader 电荷分析表明 Sc/Ti 原子带有正电荷 (表 7-7)，这表明电荷从 TM 原子转移到 $B_{24}N_{24}$。$Sc_6B_{24}N_{24}$ 和 $Ti_6B_{24}N_{24}$ 稳定的结构和 TM 的正电荷态为其优异的储氢性能提供了保证。图 7-15 的局域态密度图 (PDOS) 显示 Sc/Ti-3d 轨道与 $B_{24}N_{24}$ 轨道重叠范围在 TM$_6B_{24}N_{24}$(N$_4$)(–6.00 ~0.00 eV)。TM$_6B_{24}N_{24}$(B$_4$)Sc/Ti-3d 轨道与 $B_{24}N_{24}$ 轨道的重叠范围为 –4.00~0.00 eV，对应于从 TM 到 N 原子更多电荷转移。

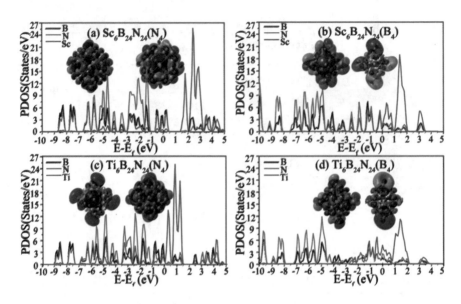

图 7-15　$Sc_6B_{24}N_{24}$ 和 $Ti_6B_{24}N_{24}$ 中 B、N 和 Sc/Ti 原子的 PDOS 和相应的
HOMO 和 LUMO

7.3.3.2　$Sc_6B_{24}N_{24}$ 的储氢量

　　每个 Sc 原子吸附 1-6 个氢分子的最稳定吸附构型如图 7-16 和图 7-17 所示。吸附在 $Sc_6B_{24}N_{24}(N_4)$ 和 $Sc_6B_{24}N_{24}(B_4)$ 上的氢分子均为分子形式，H—H 键长约 0.76 Å。通过平均氢分子吸附能和连续氢分子吸附能来估测 $Sc_6B_{24}N_{24}$ 与多个氢分子之间的相互作用。从表 7-8 可以看出，氢分子在 $Sc_6B_{24}N_{24}(N_4)$ 和 $Sc_6B_{24}N_{24}(B_4)$ 上的平均吸附能分别为 0.20~0.55 eV 和 0.25~0.32 eV，均在 0.1~0.8 eV。这符合 Puru[91] 提到的第三种储氢形式，结合强度介于物理吸附和化学吸附之间。因此，这两种新型 $Sc_6B_{24}N_{24}$ 在环境条件下的可逆储氢是可行的。连续氢分子吸附能 (E_c) 为正，表明即使在很低的氢气压力下，$Sc_6B_{24}N_{24}$ 结构上的氢分子也能自发吸附。因此，通过逐个添加氢分子，可以在 $Sc_6B_{24}N_{24}(N_4)$ 和 $Sc_6B_{24}N_{24}$ (B_4) 的每个 Sc 位点自发吸附多个氢分子。$Sc_6B_{24}N_{24}$ 体系的最大氢气质量密度为 7.74 wt%。

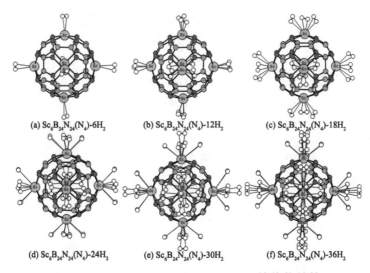

(a) Sc$_6$B$_{24}$N$_{24}$(N$_4$)-6H$_2$　　(b) Sc$_6$B$_{24}$N$_{24}$(N$_4$)-12H$_2$　　(c) Sc$_6$B$_{24}$N$_{24}$(N$_4$)-18H$_2$

(d) Sc$_6$B$_{24}$N$_{24}$(N$_4$)-24H$_2$　　(e) Sc$_6$B$_{24}$N$_{24}$(N$_4$)-30H$_2$　　(f) Sc$_6$B$_{24}$N$_{24}$(N$_4$)-36H$_2$

图 7-16　Sc$_6$B$_{24}$N$_{24}$(N$_4$)-6nH$_2$(n=1~6) 的优化结构

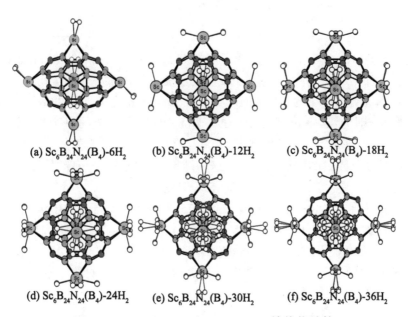

(a) Sc$_6$B$_{24}$N$_{24}$(B$_4$)-6H$_2$　　(b) Sc$_6$B$_{24}$N$_{24}$(B$_4$)-12H$_2$　　(c) Sc$_6$B$_{24}$N$_{24}$(B$_4$)-18H$_2$

(d) Sc$_6$B$_{24}$N$_{24}$(B$_4$)-24H$_2$　　(e) Sc$_6$B$_{24}$N$_{24}$(B$_4$)-30H$_2$　　(f) Sc$_6$B$_{24}$N$_{24}$(B$_4$)-36H$_2$

图 7-17　Sc$_6$B$_{24}$N$_{24}$(B$_4$)-6nH$_2$(n=1~6) 的优化结构

表 7-8　$Sc_6B_{24}N_{24}$ 上的平均氢分子吸附能 (E_a)、连续氢分子吸附能 (E_c) 和 Sc—H 键长

$Sc_6B_{24}N_{24}(N_4)$-$6nH_2$				$Sc_6B_{24}N_{24}(B_4)$-$6nH_2$		
	E_a/(eV/H$_2$)	E_c/(eV/H$_2$)	Sc—H 键长 (Å)		E_a/(eV/H$_2$)	E_c/(eV/H$_2$)	Sc—H 键长/Å
$n=1$	0.55	0.55	2.12~2.17	$n=1$	0.32	0.32	2.13~2.14
$n=2$	0.33	0.11	2.34~2.48	$n=2$	0.25	0.17	2.43~2.49
$n=3$	0.25	0.09	2.29~2.65	$n=3$	0.27	0.33	2.05~2.11
$n=4$	0.26	0.29	2.38~3.13	$n=4$	0.31	0.40	2.12
$n=5$	0.23	0.11	2.46~3.52	$n=5$	0.27	0.12	2.01~2.96
$n=6$	0.20	0.07	2.75~3.98	$n=6$	0.25	0.11	2.02~3.40

图 7-18 对 $Sc_6B_{24}N_{24}$ 的氢分子吸附机理进行了分析。根据 Kubas 机理[96]，氢的 σ/σ^* 轨道与金属的 d 轨道会发生轨道重叠。图 7-18a 显示了 $Sc_6B_{24}N_{24}(N_4)$-$6H_2$ 和 $Sc_6B_{24}N_{24}(B_4)$-$6H_2$ 的 Sc 原子 d 轨道与 H 的 σ 轨道的重叠，分别为 –8.60 eV 和 –9.10 eV。当 $Sc_6B_{24}N_{24}(N_4)$ 中的每个 Sc 原子吸附 6 个氢分子时，重叠区扩展至 –8.00~–5.00 eV。这说明氢分子的吸附能随着氢分子数量的增加而降低。这一结果也可以从 Sc—H 键长度的变化中看出来。单个氢分子被吸附时，Sc—H 键长为 2.12-2.17 Å。当 36 个氢分子被吸附时，Sc—H 键长增加到 2.75~3.98 Å。对于 $Sc_6B_{24}N_{24}(B_4)$，重叠区域扩展到 –10.00~–7.00 eV。峰向左移动，这与第三和第四氢分子的连续吸附能相一致。$Sc_6B_{24}N_{24}(B_4)$-$6H_2$ 的 Sc—H 键长为 2.13~2.14 Å，$Sc_6B_{24}N_{24}(B_4)$-$36H_2$ 的 Sc—H 键长为 2.02-3.40 Å，这也表明部分氢分子与 Sc 原子的相互作用增强。

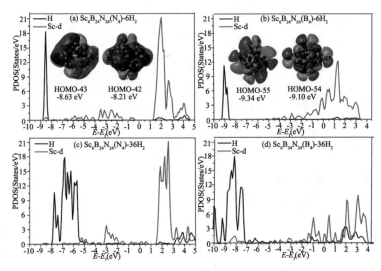

图 7-18　Sc$_6$B$_{24}$N$_{24}$-6nH$_2$(n=1~6) 上 Sc 和 H 原子的投影态密度及部分轨道

7.3.3.3　Ti$_6$B$_{24}$N$_{24}$储氢量

每个 Ti 原子可吸附 6 个氢分子。Ti$_6$B$_{24}$N$_{24}$ 的最大储氢质量分数为 7.50 wt%。Ti—H 键长分别为 2.10~3.54 Å 和 1.90~3.21 Å。所有 H—H 键约为 0.75~0.77 Å，被拉伸但不断裂。从表 7-9 可以看出，Ti$_6$B$_{24}$N$_{24}$(N$_4$) 和 Ti$_6$B$_{24}$N$_{24}$(B$_4$) 的平均氢分子吸附能分别在 0.18~0.43 eV 和 0.29~0.50 eV，也介于物理吸附和化学吸附之间。因此，这两个新的 Ti$_6$B$_{24}$N$_{24}$ 体系也有利于在环境条件下可逆储氢。Ti$_6$B$_{24}$N$_{24}$-6nH$_2$ 的 (E_c) 连续氢分子吸附能为正，这意味着通过逐个添加氢分子，可以在每个 Ti 位点自发吸附多个氢分子。

表 7-9　Ti$_6$B$_{24}$N$_{24}$ 的平均氢分子吸附能 (E_a)、连续氢分子吸附能 (E_c) 和 Ti—H 键长

Ti$_6$B$_{24}$N$_{24}$ (N$_4$)-6nH$_2$	E_a/eV	E_c/eV	Ti—H/Å	Ti$_6$B$_{24}$N$_{24}$ (B$_4$)-6nH$_2$	E_a/eV	E_c/eV	Ti—H/Å
n=1	0.43	0.43	2.10~2.11	n=1	0.49	0.49	1.90~2.11
n=2	0.25	0.07	2.24~2.25	n=2	0.50	0.50	1.93~1.93
n=3	0.18	0.03	2.26~2.61	n=3	0.37	0.13	1.94~1.93
n=4	0.19	0.21	2.19~2.61	n=4	0.41	0.51	1.91
n=5	0.19	0.19	2.23~3.26	n=5	0.34	0.09	1.90~3.14
n=6	0.18	0.17	2.23~3.54	n=6	0.29	0.06	1.90~3.21

$Ti_6B_{24}N_{24}(B_4)$-6nH_2(n=1,6) 上 Ti 的 d 轨道与 H 的 σ 轨道的重叠显示 $B_{24}N_{24}(N_4)$-6H_2 上 Ti 的 d 轨道与 H 的 σ 轨道的主要重叠发生在大约 –8.78 eV。$Ti_6B_{24}N_{24}(B_4)$-6H_2 上 Ti 的 d 轨道与 H 的 σ 轨道的主要重叠发生在大约 –8.00-9.50 eV。$Ti_6B_{24}N_{24}(N_4)$-36H_2 上 Ti 的 d 轨道与 H 的 σ 轨道的重叠区扩展为 –8.00~–5.50 eV。这表明随着氢分子数量的增加,氢分子的吸附能降低。$Ti_6B_{24}N_{24}(B_4)$-36H_2 中,Ti 的 d 轨道与氢分子的 σ 轨道的重叠区域扩展至 –10.00~–7.00 eV,这与 Ti—H 键长的扩展范围相对应。

7.3.3.4 脱附温度

一般来说,氢分子的脱附温度随吸附能的增加而升高。文献表明,Mg 纳米团簇氢分子吸附能为 0.10~0.14 eV,吸附的氢分子在 125~327 K 时脱附[97]。Ti 修饰的单壁碳纳米管平均氢分子吸附能为 0.54 eV,脱氢温度为 800 K[98]。本书利用范特霍夫方程对 $TM_6B_{24}N_{24}$ (TM Sc,Ti) 体系的脱附温度 (T_D) 进行了粗略估算:

$$T_D = (E_a / k_B)(\Delta S/R - \ln P)^{-1}$$

其中 E_a 为平均氢分子吸附能;k_B 为玻尔兹曼常数,1.38×10^{-23} JK^{-1},R 为气体常数,8.31 JK^{-1} mol^{-1};P 为 1 atm 的平衡压力,ΔS 为氢分子从气相到液相的熵变[99]。

$Sc_6B_{24}N_{24}(N_4)$ 的平均氢分子吸附能为 0.20~0.55 eV,对应的最高脱附温度为 700 K,最低脱附温度为 255 K。这意味着在 1 atm 时,$Sc_6B_{24}N_{24}(N_4)$ 吸附的所有 36 个分子氢分子在接近 255 K 时开始脱附,在接近 700 K 时 100% 释放。$Sc_6B_{24}N_{24}(B_4)$ 体系的平均吸附能为 0.25~0.32 eV,最高脱附温度为 408 K,最低脱附温度为 318 K。这表明 $Sc_6B_{24}N_{24}(B_4)$ 体系吸附的 36 个分子氢分子在 408 K 时全部脱附。$Ti_6B_{24}N_{24}(N_4)$ 体系的平均氢分子吸附能为 0.18~0.43 eV,对应的最高脱附温度为 548 K,最低脱附温度为 243 K。$Ti_6B_{24}N_{24}(B_4)$ 体系的平均氢分子吸附能为 0.29~0.50 eV,对应的最高和最低脱附温度分别为 637 K 和 408 K。温度范围表明新型 $TM_6B_{24}N_{24}$ 富勒烯可以可逆地吸附/脱附多个氢分子。

7.3.4 结论

虽然氮化硼纳米结构表现出了许多优点并成功合成,具有较好的化学稳定性和热稳定性,但由于金属与氮化硼材料结合能较弱,TM 修饰氮化硼纳米结构的储氢应用与碳纳米结构相比受到限制。受 TM-N$_4$ 单原子配位环境的启发,本书设计了两种具有六个 TM-N$_4$ 单元或者六个 TM-B$_4$ 单元的新型 TM 修饰 $B_{24}N_{24}$ (TM = Sc, Ti) 富勒烯,并对其储氢性能进行了研究。

分子动力学模拟证实了 $Sc_6B_{24}N_{24}(N_4)$ 和 $Sc_6B_{24}N_{24}(B_4)$ 的热力学稳定性。Sc 原子与 N_4/B_4 腔的结合能分别为 11.90 eV/Sc 和 6.30 eV/Sc。Ti 与 N_4/B_4 空腔的结合能分别为 11.96 eV 和 7.49 eV。因此，可以避免金属团聚问题。两种 $Sc_6B_{24}N_{24}$ 体系的最大储氢质量密度均为 7.74%。$Sc_6B_{24}N_{24}(N_4)$-36H_2 和 $Sc_6B_{24}N_{24}(B_4)$-36H_2 的平均氢分子吸附能分别在 0.20~0.55 eV 和 0.25~0.32 eV 之间。在常压下，$Sc_6B_{24}N_{24}(N_4)$-36H_2 和 $Sc_6B_{24}N_{24}(B_4)$-36H_2 的氢分子脱附温度分别为 255 K 和 318 K。$Ti_6B_{24}N_{24}$ 体系的最大储氢质量密度为 7.50 wt%。$Ti_6B_{24}N_{24}(N_4)$-36H_2 和 $Ti_6B_{24}N_{24}(B_4)$-36H_2 的平均氢分子吸附能分别在 0.18~0.43 eV 和 0.29~0.50 eV 之间。在常压下，$Ti_6B_{24}N_{24}(N_4)$-36H_2 和 $Ti_6B_{24}N_{24}(B_4)$-36H_2 的最低脱附温度分别为 243 K 和 408 K。综上所述，$Sc_6B_{24}N_{24}$ 和 $Ti_6B_{24}N_{24}$ 两种新型体系均能在 243 K 下吸附多个氢分子。因此，新型储氢材料 $Sc_6B_{24}N_{24}$ 和 $Ti_6B_{24}N_{24}$ 可作为常温储氢材料。

7.4　本章小结

(1)$Sc_6C_{24}N_{24}(N_4)$ 和 $Ti_6C_{24}N_{24}(N_4)$ 可以吸附 30 个氢分子，并保持原有结构不变。$Sc_6C_{24}N_{24}(N_4)$-6nH_2 (n=1~5) 的平均氢吸附能为 0.13~0.26 eV，$Ti_6C_{24}N_{24}(N_4)$-6nH_2 的平均氢吸附能为 0.09~0.23 eV，储氢量分别为 6.30 wt% 和 6.20 wt%。此外，在 0.1 MPa 下，30H_2 在 160 K 条件下很容易吸附在 $Sc_6C_{24}N_{24}(N_4)$ 上，270 K 条件下 100% 脱附。压力越高，脱附温度越高。$Sc_6C_{24}N_{24}(C_4)/Ti_6C_{24}N_{24}(C_4)$ 富勒烯的能量高于相应的 $Sc_6C_{24}N_{24}(N_4)/Ti_6C_{24}N_{24}(N_4)$。由于储氢过程中存在结构变形，不适合作为室温储氢材料。

(2)$Sc_6B_{24}C_{24}(B_4)$ 中的每个 Sc 原子最多可以吸附 5 个氢分子，储氢量为 6.80 wt%。$Sc_6B_{24}C_{24}(B_4)$-30H_2 中吸附的氢分子在 190 K 时开始脱附，在 290 K 时全部脱附。

(3)Sc/Ti 原子与 N_4/B_4 腔体的平均结合能为 6.30~11.96 eV。因此，可以避免金属团聚问题。在常压下，$B_{24}N_{24}$ (TM = Sc, Ti) 富勒烯的平均氢吸附能为 0.18~0.55 eV。$Sc_6B_{24}N_{24}(N_4)$-36H_2、$Sc_6B_{24}N_{24}$ (B$_4$)-36H_2、$Ti_6B_{24}N_{24}(N_4)$-36H_2 和 $Ti_6B_{24}N_{24}(B_4)$-36H_2 的最低脱氢温度分别为 255 K、318 K、243 K 和 408 K。$Sc_6B_{24}N_{24}$ 和 $Ti_6B_{24}N_{24}$ 体系的最大储氢量分别为 7.74 wt% 和 7.50 wt%。因此，$Sc_6B_{24}N_{24}$ 和 $Ti_6B_{24}N_{24}$ 在室温下可作为潜在的储氢材料。

参考文献

[1] Ma L J, Hao W S, Han T, et al. Sc/Ti decorated novel $C_{24}N_{24}$ cage: Promising hydrogen storage materials[J]. Int J Hydrogen Energy, 2021, 46(10):7390-7491.

[2] Ma L J, Hao W S, Wang J F, et al. Sc/Ti-decorated and B-substituted defective C_{60} as efficient materials for hydrogen storage[J]. Int J Hydrogen Energy, 2021, 46(27):14508-14519.

[3] Ma L J, R Y F, Hao W S, et al Investigation of hydrogen storage on Sc/Ti-decorated novel $B_{24}N_{24}$[J]. Int J Hydrogen Energy, 2020, 45(58):33740-33750.

[4] Nair A, Sundara R, Anitha N. Hydrogen storage performance of palladium nanoparticles decorated graphitic carbon nitride[J]. Int. J. Hydrogen Energy, 2015, 40(8):3259-3267.

[5] Panigrahi P, Kumar A, Karton A. Remarkable improvement in hydrogen storage capacities of two-dimensional carbon nitride (g-C_3N_4) nanosheets under selected transition metal doping[J]. Int. J. Hydrogen Energy, 2005, 45(4):3035-3045.

[6] Jia Y, Xiong X, Wang D, et al. Atomically dispersed Fe-N-4 modified with precisely located S for highly efficient oxygen reduction[J]. Nano-Micro Lett, 2020, 12(1):116.

[7] Chung H T, Cullen D A, Higgins D, et al. Direct atomic-level insight into the active sites of a high-performance PGM-free ORR catalyst[J]. Science, 2017, 357:479-484.

[8] Wan X, Liu X, Li Y, et al. Fe−N−C electrocatalyst with dense active sites and efficient mass transport for high-performance proton exchange membrane fuel cells[J]. Nat Catal, 2019, 2:259-268.

[9] Zitolo A, Ranjbar-Sahraie N, Mineva T, et al. Identification of catalytic sites in cobaltnitrogen-carbon materials for the oxygen reduction reaction[J]. Nat. Commun, 2017, 8(1):1-11.

[10] Ma M, Anuj K, Wang D, et al. Boosting the bifunctional oxygen electrocatalytic performance of atomically dispersed Fe site via atomic Ni neighboring[J]. Appl. Catal., B 2020, 274(5):119091.

[11] He Y, Hwang S, Cullen D A, et al. Highly active atomically dispersed CoN₄ fuel cell cathode catalysts derived from surfactant-assisted MOFs: carbon-shell confinement strategy[J]. Energ Environ. Sci, 2019, 12(1):250-260.

[12] Li J, Chen M, Cullen D A, et al. Atomically dispersed manganese catalysts for oxygen reduction in proton-exchange membrane fuel cells[J]. Nat. Catal, 2018, 1(12):935-945.

[13] Luo E, Zhang H, Wang X, et al. Single-Atom Cr-N₄ Sites Designed for Durable Oxygen Reduction Catalysis in Acid Media[J]. Angew. Chem., Int. Ed, 2019, 58(36):12469-12475.

[14] Xiao M, Gao L, Wang Y, et al. Engineering Energy Level of Metal Center: Ru Single-Atom Site for Efficient and Durable Oxygen Reduction Catalysis[J]. J. Am. Chem. Soc, 2019, 141(50):19800-19806.

[15] Yin P, Yao T, Wu Y, et al. Single Cobalt Atoms with Precise N-Coordination as Superior Oxygen Reduction Reaction Catalysts[J]. Angew. Chem., Int. Ed, 2016, 55(36):10800-10805.

[16] Lu B, Liu Q, Chen S. Electrocatalysis of Single Atom Sites: Impacts of Atomic Coordination[J]. ACS Catal, 2020, 10:7584-7618.

[17] Peng Y, Lu B, Chen S. Carbon - Supported Single Atom Catalysts for Electrochemical Energy Conversion and Storage[J]. Adv Mater, 2018, 30(48):1801995.

[18] Srinivasu K, Ghosh S. Transition Metal Decorated Porphyrin-like Porous Fullerene: Promising Materials for Molecular Hydrogen Adsorption[J]. J. Phys. Chem. C, 2012, 116(48):25184-25189.

[19] Guo J, Liu J, Liu Z, et al. High-capacity hydrogen storage medium: Ti doped fullerene[J]. Appl. Phys. Lett, 2011, 98(2):023107-023103.

[20] Hafner J. Ab - initio simulations of materials using VASP:Density - functional theory and beyond[J]. J. Comput. Chem, 2008, 29(13):2044-2078.

[21] Perdew J, Burke K, Ernzerhof M. Generalized Gradient Approximation Made Simple[J]. Phys. Rev. Lett, 1996, 77(18):3865.

[22] Blöchl P. Projector augmented-wave method. Phys. Rev. B: Condens[J]. Matter Mater. Phys, 1994, 50(24):17953.

[23] Grimme S, Antony J, Ehrlich S. A consistent and accurate ab initio parametrization of density functional dispersion correction (DFT-D) for the 94 elements H-Pu[J]. J. Chem. Phys, 2010, 132(15):154104.

[24] Grimme S, Ehrlich S, Goerigk L. Effect of the damping function in

dispersion corrected density functional theory[J]. J. Comput. Chem,2011, 32(7):1456-1465.

[25] Tang W,Sanville E,Henkelman G. A grid-based Bader analysis algorithm without lattice bias[J]. J. Phys. Condens. Matter,2009, 21(8):084204.

[26] Shakerzadeh E,Shabavi Z M,Anota E C. Enhanced electronic and nonlinear optical responses of $C_{24}N_{24}$ cavernous nitride fullerene by decoration with first row transition metals ; A computational investigation[J]. Appl. Organomet. Chem,2020,34:5694.

[27] Yoon M,Weitering H,Zhang Z. First-principles studies of hydrogen interaction with ultrathin Mg and Mg-based alloy films[J]. Phys. Rev. ,B, 2011,83(4):045413.

[28] Wang J,Du Y,Sun L. Ca-decorated novel boron sheet: A potential hydrogen storage medium[J]. Int. J. Hydrogen Energy,2016,41(10):5276-5283.

[29] Wang L,Chen X,Du H. First-principles investigation on hydrogen storage performance of Li,Na and K decorated borophene[J]. Appl. Surf. Sci, 2018,427:1030-1037.

[30] Antipina L Y,Avramov P V,Sakai S,et al. High hydrogen-adsorption-rate material based on graphane decorated with alkali metals[J]. Phys. Rev,B 2013,86(8):085435.

[31] Lias S G , Bartmess J E , Liebman J F ,et al. NIST chemistry webbook standard reference database number 69.2010.

[32] Gaboardi M,Amadé N,Aramini M,et al. Extending the hydrogen storage limit in fullerene[J]. Carbon,2017,120:77-82.

[33] Zhao Y,Kim Y,Dillon A. Hydrogen Storage in Novel Organometallic Buckyballs[J]. Phys. Rev. Lett,2005,94(15):155504.

[34]]Sun Q,Wang Q,Jena P. Functionalized heterofullerenes for hydrogen storage[J]. Appl. Phys. Lett,2009,94(1):013111.

[35] Tang C,Chen S,Zhu W. Doping the transition metal atom Fe,Co,Ni into C48B12 fullerene for enhancing H_2 capture: A theoretical study[J]. Int. J. Hydrogen Energy,2014,39(24):2741-12748.

[36] Priyanka T,Ajay C. Ti-doped B/N substituted benzene complexes for hydrogen storage: A comparison[J]. Mater. Lett. ,2019,244:104-107.

[37] Chen I,Wu S,Chen H. Hydrogen storage in N- and B-doped

graphene decorated by small platinum clusters: A computational study[J]. Appl. Surf. Sci,2018,441(31):607-612.

[38] Mahdy A,Taha H,Kamel M,et al. Density functional theory study of hydrogen storage on Ni-doped C$_{59}$X (X = B,N) heterofullerene[J]. Mol. Phys, 2016,114(9):1539-58.

[39] Zhao L,Xu B,Jia J,et al. A newly designed Sc-decorated covalent organic framework: A potential candidate for room-temperature hydrogen storage[J]. Comp. Mater. Sci,2017,137:107-112.

[40] Guo Y,Xu B,Xia Y,et al. First-principles study of hydrogen storage on Ti-decorated B$_2$C sheet[J]. J. Solid State Chem,2012,190:126-129.

[41] Tokarev A,Avdeenkov A,Langmi H,et al. Modeling hydrogen storage in boron-substituted graphene decorated with potassium metal atoms[J]. Int. J. Energy Res,2015,39(4):524-528.

[42] Wang N,Li X,Tu Z,et al. Synthesis and Electronic Structure of Boron-Graphdiyne with an sp-Hybridized Carbon Skeleton and Its Application in Sodium Storage. Angew[J]. Chem. Int. Ed,2018,57(15):3968-3973.

[43] Eroglu E,Aydin S,Simsek M. Effect of boron substitution on hydrogen storage in Ca/DCV graphene: A first-principle study[J]. Int J. Hydrogen Energy,2019,44(50):27511-27528.

[44] Liu P,Liang J,Xue R,et al. Ruthenium decorated boron-doped carbon nanotube for hydrogen storage: A first-principle study[J]. Int. J. Hydrogen Energy ,2019,44(51):27853-27861.

[45] Wang C,Chen S,Zhu W,et al. Transition metal Ti coated porous fullerene C$_{24}$B$_{24}$: Potential material for hydrogen storage[J]. Int. J. Hydrogen Energy,2015,40(46):16271-16277.

[46] Zhou Y,Chu W,Jing F,et al. Enhanced hydrogen storage on Li-doped defective graphene with B substitution: A DFT study[J]. Appl. Surf. Sci, 2017,410:166-176.

[47] Tang C,Chen S,Zhu W,et al. Transition metal Ti coated porous fullerene C$_{24}$B$_{24}$: Potential material for hydrogen storage[J]. Int. J. Hydrogen Energy,2015,40(37):16271-16277.

[48] Ma L,Zhang J,Xu K,et al. Hydrogen adsorption and storage of Ca-decorated graphene with topological defects: A first-principles study[J]. Physica E,2014,63:45-51.

[49] Rao D,Wang Y,Meng Z,et al. Theoretical study of H2 adsorption

on metal-doped graphene sheets with nitrogen-substituted defects[J]. Int. J. Hydrogen Energy,2015,40(41):14154-14162

[50] Yasareh F,Kazempour A,Ardakani R. The topology impact on hydrogen storage capacity of Sc-decorated ever-increasing porous graphene[J]. J. Mol. Model,2020,26(5):96

[51] Lias S,Bartmess J E,Liebman J F,et al. "Energetics Data" in NIST Chemistry WebBook. Linstrom PJ,Mallard WG(Eds.) [M]. NIST Standard Reference Database Number 69,National Institute of Standards and Technology,Gaithersburg,MD. 2013,20899.http://webbook.nist.gov.

[52] Tang C,Zhang X. The hydrogen storage capacity of Sc atoms decorated porous boron fullerene B40: A DFT study[J]. Int. J. Hydrogen Energy,2016,41(38):16992-16999.

[53] Ganguly G,Malakar T,Paul A. Pursuit of sustainable hydrogen storage with boronenitride fullerene as the storage medium[J]. ChemSusChem, 2016,9(12):1386-1391.

[54] Ganguly G,Halder D,Banerjee A,et al. Exploring the crucial role of solvation on the viability of sustainable hydrogen storage in BN-fullerene: a combined DFT and ab initio molecular dynamics investigation[J]. ACS Sustainable Chem. Eng,2019,7(11):9808-9821.

[55] Hussain T,Searles D J,Takahashi K. Reversible hydrogen uptake by BN and BC3 monolayers functionalized with small Fe clusters: a route to effective energy storage[J]. J. Phys. Chem. ,A 2016,120(12):2009-2013.

[56] Chopra N G,Luyken R J,Cherry K,et al. Boron nitride nanotubes[J]. Science,1995,269(5226):966-967.

[57] Banerjee P,Pathak B,Ahuja R. First principles design of Li functionalized hydrogenated h-BN nanosheet for hydrogen storage[J]. Int. J. Hydrogen Energy,2016,41(32):14437-14446.

[58] Matus M H,Anderson K D,Camaioni D M,et al. Reliable predictions of the thermochemistry of boronenitrogen hydrogen storage compounds: BxNxHy,x=2,3[J]. J. Phys. Chem. ,A 2007,111(20):4411-4421.

[59] Tokarev A,Kjeang E,Cannon M,et al. Theoretical limit of reversible hydrogen storage capacity for pristine and oxygenedoped boron nitride[J]. Int. J. Hydrogen Energy,2016,41(38):16984-16991.

[60] Tang C,Bando Y,Ding X,et al. Catalyzed collapse and enhanced hydrogen Storage of BN nanotubes[J]. J. Am. Chem. Soc,2002,

124(49):14550.

[61] Ma R,Bando Y,Zhu H,et al. Hydrogen uptakein boron nitride nanotubes at room temperature[J]. J. Am. Chem. Soc,2002,124(26):7672.

[62] Hamilton C W,Baker R T,Staubitz A,et al. BeN compounds for chemical hydrogen storage[J]. Chem. Soc. Rev,2009(1),38:279-293.

[63] Oku T,Kuno M,Narita I. Hydrogen storage in boron nitride nanomaterials studied by TG/DTA and cluster calculation[J]. J Phys Chem Solids,2004,65(2-3):549-552.

[64] Kinal A,Sayhan S. Accurate prediction of hydrogen storage capacity of small boron nitride nanocages by dispersion corrected semiempirical PM6-DH2 method[J]. Int J Hydrogen Energy,2016,41(5):392-400.

[65] Fu P,Wang J,Jia R,et al. Theoretical study on hydrogen storage capacity of expanded h-BN systems[J]. Comput Mater Sci,2017,139:335-340.

[66] Li J,Lin J,Xu X,et al. Porous boron nitride with a high surface area: hydrogen storage and water treatment[J]. Nanotechnology,2013, 24(15):155603.

[67] Weng Q,Wang X,Zhi C,et al. Boron nitride porous microbelts for hydrogen storage[J]. ACS Nano,2013,7(2):1558-1565.

[68] Muthu R N,Rajashabala S,Kannan R. Facile synthesis and characterization of A reduced graphene oxide/halloysite nanotubes/hexagonal boron nitride (RGO/HNT/HeBN) hybrid nanocomposite and its potential application in hydrogen storage[J]. RSC Adv,2016,6(82):79072-79084.

[69] Sun Q,Wang Q,Jena P. Storage of molecular hydrogen in B-N cage: energetics and thermal stability[J]. Nano Lett,2005,5(7):1273-1277.

[70] Thomas J,Edwards P,Dobson P,et al. Decarbonising energy: The developing international activity in hydrogen technologies and fuel cells[J]. Int. J. Hydrogen Energy,2020,51:404-415.

[71] Rafique M,Uqaili M A,Mirjat N H,et al. Ab-initio investigations on titanium (Ti) atom-doped divacancy monolayer h-BN system for hydrogen storage systems[J]. Phys. E (Amsterdam Neth),2019,109:169–178.

[72] Rohit Y S,Sandeep K,Thogluva J D K. BN-analogue of [2,2] paracyclophane functionalized with Sc and Ti for hydrogen storage[J]. Int. J. Hydrogen Energy,2019,44(13):6663-6673.

[73] Mananghaya M,Yu D,Santos G N. Hydrogen adsorption on boron nitride nanotubes functionalized with transition metals[J]. Int. J. Hydrogen

Energy,2016,41(31):13531-13539.

[74] Rad A S,Ayub K. Enhancement in hydrogen molecule adsorption on B12N12 nanoecluster by decoration of nickel[J]. Int J Hydrogen Energy,2016, 41(47):22182-22191.

[75] Liu Y,Liu W,Wang R,et al. Hydrogen storage using Na-decorated graphyne and its boron nitride analog[J]. Int J Hydrogen Energy,2014, 39(24):12757-12764.

[76] Mananghaya M,Rodulfo E,Santos G N,et al. Theoretical investigation on single-wall carbon nanotubes doped with nitrogen,pyridine-like nitrogen defects,and transition metal atoms[J]. J Nanomater,2012, 2012(62):104891-104905.

[77] Noura M,Rahdar A,Taimoory S M,et al. A theoretical first principles computational investigation into the potential of aluminum-doped boron nitride nanotubes for hydrogen storage[J]. Int J Hydrogen Energy,2020, 45(19):11176-11189.

[78] Tang C,Zhang X,Zhou X. Most effective way to improve the hydrogen storage abilities of Na-decorated BN sheets: applying external biaxial strain and an electric field[J]. PhysChem Chem Phys,2017,19(7):5570-5578.

[79] Shayeganfar F,Shahsavari R. Oxygen and lithium doped hybrid boron-nitride/carbon networks for hydrogen storage[J]. Langmuir,2016, 32(50):13313-13321.

[80] Ma Z,Zhang Y,Li F,et al. Comparative study of H_2 adsorption on $B_{24}N_{24}$,$Al_{24}N_{24}$ and $B_{12}Al_{12}N_{24}$ clusters[J]. Comput Mater Sci,2016,117:71-75.

[81] Chen I N,Wu S Y,Chen H T. Hydrogen storage in N- and B- doped graphene decorated by small platinum clusters: a computational study[J]. Appl Surf Sci,2018,441(31):607-612.

[82] Huang H W,Hsieh H J,Lin I H,et al. Hydrogen adsorption and storage in heteroatoms (B,N) modified carbon-based materials decorated with alkalimetals: a computational study[J]. J Phys Chem,C 2015,119(14):7662-7669.

[83] Bhattacharya S,Bhattacharya A,Das G P. Anti-kubas type interaction in hydrogen storage on a Li decorated BHNH sheet: a first-principles based study[J]. J Phys Chem ,C 2011,116(5):3840-3844.

[84] Chen M,Zhao Y J,Liao J H,et al. Transition-metal dispersion on carbon-doped boron nitride nanostructures:applications for high-capacity

hydrogen storage[J]. Phys Rev B, 2012, 86(4):045459.

[85] Jasinski R. A new fuel cell cathode catalyst[J]. Nature, 1964, 201(4925):1212-1213.

[86] Okada T, Gokita M, Yuasa M, et al. Oxygen reduction characteristics of heat-treated catalysts based on cobaltporphyrin ion complexes[J]. J Electrochem Soc , 1998, 145:815-822.

[87] Oku T, Nishiwaki A, Narita I, et al. Formation and structure of $B_{24}N_{24}$ clusters[J]. Chem Phys Lett , 2003, 380(5-6):620-623.

[88] Martyna G J, Klein M L, Tuckerman M E. NoseeHoover chains: the canonical ensemble via continuous dynamics[J]. J Chem Phys, 1992, 97(4):2635.

[89]]Abdalla A, Hossain S, Nisfindy O. Hydrogen production, storage, transportation and key challenges with applications: A review[J]. Energy Convers. Manage, 2018, 165:602-627.

[90] Barthelemy H, Weber M, Barbier F. Hydrogen storage: recent improvements and industrial perspectives[J]. Int. J. Hydrogen Energy, 2017, 42(11):7254-7262.

[91] Jena P. Materials for Hydrogen Storage: Past, Present, and Future[J]. J. Phys. Chem. Lett, 2011, 2(3):206-211.

[92] Rostami Z, Pashangpour M, Moradi R. DFT study on the chemical sensing properties of $B_{24}N_{24}$ nanocage toward formaldehyde[J]. J Mol Graph Model, 2017, 72:129-135.

[93] Kittel C. Introduction to solid state physics. 7th ed[M]. NewYork: Wiley, 1960.

[94] Barden C J, Rienstra-Kiracofe J C, Schaefer H F. Homonuclear 3d transition-metal diatomics: a systematic density functional theory study[J]. J Chem Phys, 2000, 113(2):690-700.

[95] Lombardi J R, Davis B. Periodic Properties of Force Constants of Small Transition-Metal and Lanthanide Clusters[J]. Chem Rev, 2002, 102(6):2431-2460.

[96] Kubas G J. Fundamentals of H_2 binding and reactivity on transition metals underlying hydrogenase function and H_2 production and storage[J]. Chem Rev, 2007, 107:4152-4205.

[97] Banerjee P, Chandrakumar K R S, Das G P. Exploring adsorption and desorption characteristics of molecular hydrogen on neutral and charged Mg

nanoclusters: a first principles study[J]. Chem Phys, 2016, 123:469-470.

[98] Yildirim T, Ciraci S. Titanium-decorated carbon nanotubes as a potential high-capacity hydrogen storage medium[J]. Phys Rev Lett, 2005, 94(17):175501.

[99] Lide D R. Handbook of organic solvents[M]. New York: CRC, 1994.

第 8 章 二维拓扑半金属Li$_2$CrN$_2$的储氢性能[1]

8.1 引言

自2016年诺贝尔物理学奖颁发以来,量子拓扑材料得到了广泛研究,包括拓扑绝缘子[2,3]、Dirac 半金属[4-6]、Weyl 半金属[7-9]、nodal-line 半金属[10]、和nodal-surface半金属[11]。最近,发表在《自然》杂志上的三项研究表明,超过27%的现有材料是拓扑材料[12-14]。例如,Weng 等人[12]研究了晶体数据库中39519种材料,发现其中多达8056种材料具有拓扑结构;Wan 等人[13]将230个空间群的对称指标应用于所有合适的非磁性化合物,找出了数千种潜在的拓扑材料。Bernevig 等人[14]对无机晶体结构进行了高通量搜索,提供了7385个拓扑相的电子能带结构。量子拓扑材料的存在如此广泛,那么它们有哪些潜在应用?最近研究表明量子拓扑材料可用于电池正极材料[15-20],热电材料[21],光电探测器材料[22],及二氧化碳转换催化剂[23]等。在能源应用方面,氢燃料的单位质量燃料热最高,还可以避免化石燃料产生的环境污染问题。当用于燃料电池发电时,唯一的产物就是水,不会像石油存在泄漏的危险,也不会产生温室气体。理想的电化学储氢电极应当能快速传导电子[24]。因此,选择储氢材料时,导电率是一个重要参数。众所周知,量子拓扑材料由于拓扑结构保护,最惊人的特点就是具有超强的导电性。然而,目前还没有使用量子拓扑材料进行储氢的研究报道。

本书第一次探索了二维 Li$_2$CrN$_2$ 材料的储氢性能,主要基于以下几个原因: (1)最近发现在层状 XN$_2$(X = Cr, Mo, W)中引入碱金属可以获得稳定的拓扑半金属材料[25]; (2)Li离子半径较小,具有较强的极化能力,因此锂被广泛引入到各种储氢材料中[26-28],而且 Li 原子质量轻,有利于存储高质量分数的氢气；(3)二维 Li_2CrN_2 材料上带正电荷的Li离子所产生的电场可以使 H_2 分子极化成准分子形式，这种极化既不太强，也不太弱。理想的储氢材料结合氢分子的强度介于 $0.1\sim0.8$ eV，可以很容易快速吸附并脱附氢气[29]。本书利用最新的方法证明了拓扑半金属 Li_2CrN_2 是一种很有前途的储氢介质。

8.2 计算方法

运用密度泛函理论方法，在 VASP[30] 程序下对二维 Li_2CrN_2 材料吸附氢分子的几何结构、吸附能和储氢容量进行计算。采用广义梯度近似（GGA）中的 PBE[31] 交换关联函数描述电子相互作用。分别采用无参数的 Tkatchenko-Scheffler（TS）方法[32]（记为PBE+TS）和 Grimme 经验修正方法即（DFT+D2）[33] 考虑长程范德华相互作用。文献 [34-44] 表明，这两种方法对计算 H_2 分子在不同基底中的吸附能是可靠的。使用投影缀加波（PAW）方法[45] 的平面波截断能量为 600 eV。为了忽略周期性结构之间的相互作用，真空层设置为 30 Å。文献 [25] 表明这一真空层足够大。所有构型都是在没有任何对称约束的条件下进行弛豫的。能量和力的收敛精度分别为 10^{-5} eV 和 0.01 eV/Å。

利用 Phonopy 程序[47] 中的密度泛函微扰理论(DFPT)[46]，采用 2×2 的超晶胞，计算了 Li_2CrN_2 二维材料的声子谱。平面波基组采用了 600 eV 的截断能。以 $2\times2\times1$ 为 k 点，G 为中心。通过 150 K 和 300 K 的温度下对 $2\times2\times1$ 超胞进行第一性原理分子动力学模拟来验证二维 Li_2CrN_2 材料的热稳定性。在每个温度下，NVT 系综的 MD 模拟持续 10 ps，时间步长为 2.0 fs，温度控制采用 nosé-Hoover 方法[48]。

Li_2CrN_2 表面的 H_2 分子平均吸附能(ΔE_n)定义为：

$$\Delta E_n = \{ E[Li_2CrN_2(H_2)_n] - E[Li_2CrN_2] - nE[H_2] \}/n$$

其中，n 表示 H_2 分子的数目，$E[Li_2CrN_2(H_2)_n]$ 是 Li_2CrN_2 上吸附 n 个 H_2 分子的总能量，$E[H_2]$ 是自由 H_2 分子的总能量。

8.3 结果与讨论

8.3.1 Li_2CrN_2 的结构与稳定性

Dirac 半金属 Li_2CrN_2 二维材料具有六边形空间群 $P6/m$ (no.175)。一

个晶胞中含有12个锂(Li)、6个铬（Cr）和12个氮(N)。基态 Li$_2$CrN$_2$ 的晶格常数为 $a=b=7.487$Å，Li—Cr键长为2.345 Å，Li—N键长为1.876 Å，与之前报道的数值非常吻合[25]。本书还通过声子谱计算确认 Li$_2$CrN$_2$ 二维材料的动力学稳定性。声子谱显示没有虚频(见图 8-1a)，Li原子以3.89 eV的结合能强烈地结合在 CrN$_2$ 纳米片上。此外，150 K 和 300 K 温度下，二维 Li$_2$CrN$_2$ 材料的结构保持良好，表明 Li$_2$CrN$_2$ 二维材料的热稳定性很好。

值得注意的是，Li$_2$CrN$_2$ 中六角形孔隙的直径为5.939 Å，明显大于石墨烯的孔径（2.840 Å）[49]。独特的大孔隙为氢气吸附提供了更大的空间。Bader电荷分析[50,51]表明，接近N原子的Li和Cr的呈正电荷，分别为 +0.785 |e| 和 +1.311~+1.317 |e|。带正电荷的Li离子和Cr离子有可能通过极化作用吸附周围的氢分子。

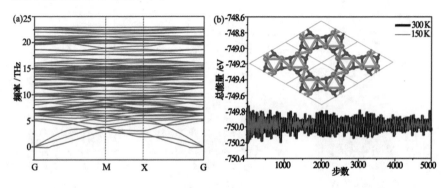

图 8-1 (a) Li$_2$CrN$_2$ 的声子谱；(b) 150 K 和 300 K 下 Li$_2$CrN$_2$ 二维材料 10 ps 的 MD 模拟

8.3.2　氢吸附性能

如表8-1和图8-2所示，本书共考虑了六个可能的氢吸附位置，包括表面Li的侧方、Li的顶部和Cr的侧面以及靠近Li、靠近Cr和孔上方的三个孔中心位置。结构优化后只得到三个稳定的吸附构型，吸附能分别为0.33 eV(孔中心靠近Li位置)、0.21 eV(孔中心Li原子上方)和0.16 eV(孔中心靠近Cr原子)。此外，PBE+D2的吸附能与PBE+TS的吸附能非常接近。孔中Li位的H—H键长为0.758 Å，大于自由 H$_2$ 分子的H—H键长(0.745 Å)，表明 H$_2$ 分子通过与基底的相互作用被活化。

表 8-1 **H₂ 在 Li₂CrN₂ 上不同吸附位的吸附能 △E(PBE+TS)/△E(PBE+D2)、结构参数和电荷。最稳定位置 (孔中心 Li 原子上方) 的吸附能设为参考值**

	Li 位	Li 上方	Cr位	孔中Li位	孔上方	孔中Cr位
能量差/eV	移动到孔中心Li位	移动到孔中心Li位	移动到孔中心Cr位	0.00	+0.12	+0.21
吸附能/eV				-0.33/-0.32	-0.21/-0.20	-0.16/-0.10
H—H键长/Å				0.758	0.754	0.747
Li—H键长/Å				2.821	2.987	3.048
Q(e)				0.06	0.07	0.05

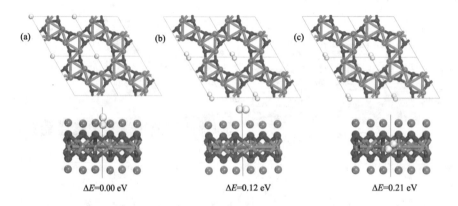

ΔE=0.00 eV   ΔE=0.12 eV   ΔE=0.21 eV

图 8-2 **一个 H₂ 分子在 Li₂CrN₂ 上的吸附构型 (a) 孔中 Li 位，(b) 孔上方，(c) 孔中 Cr 位。与最稳定的相对能量 (△E) 已标出**

正如表 8-2 所示，通过比较 PBE+D2 泛函下的吸附能，可以看出，二维 Li₂CrN₂ 材料的氢分子吸附能为 -0.32 eV，不仅高于 BN 层[35,36]、磷烯[38,39] 和 C₂N 层[40]，而且显著高于 Li 修饰这些材料的氢分子吸附能[34-40,42,43]。如表 8-2 所示，二维 Li₂CrN₂ 材料的氢分子吸附能还高于稀土基 AB₅ 型合金和金属有机骨架等[52,56]，而这些体系在储氢方面有较好的潜力。这说明拓扑半金属 Li₂CrN₂ 二维材料作为储氢材料具有一定的优势。

表 8-2　比较不同基底上 Li 原子的结合能 (E_{ad})、H_2 吸附能 (ΔE_1)、储氢量和吸附机理

体系	泛函	E_{ad} / eV	ΔE_1 / eV	H_2 数目 /Li	储氢量/ wt%	作用机理	文献
二维BHNH	PBE+D2		−0.04			范德华力	[35]
孔状 BN	PBE+D2		−0.077	4	5.10	范德华力	[36]
黑磷	PBE+D2		−0.06			范德华力	[38]
黑磷	PBE+D2		−0.07			范德华力	[39]
二维C₂N	PBE+D2		−0.12			范德华力	[40]
Li 修饰N/B掺杂石墨烯	PBE+D2	−2.04	−0.05	5		极化作用	[42]
Li 修饰二维 C₂N	PBE+D2	−0.24	−0.21~0.23	4	13.00	极化作用	[40]
Li 修饰黑磷	PBE+D2	−1.80	-0.16	3	8.11	共价作用和范德华力	[39]
Li-修饰BN原子链	PBE+D2	−3.8~4.9	−0.17~0.19	6	29.2	范德华力	[34]
Li修饰MoS₂	PBE+D2	−1.89	−0.23	5	4.40	极化作用	[37]
Li修饰黑磷	PBE+D2	−2.17	−0.25	3	4.40	共价作用	[38]
Li 修饰硼烯	PBE+D2	−2.36	−0.29	4	8.36 −13.96	极化作用	[43]
Li substituted BHNH sheet	PBE+D2	−1.92	−0.31	4	3.16	极化作用	[35]
Li₂CrN₂	PBE+TS	−3.89	−0.33	1	4.77	极化作用	Current work
Li₂CrN₂	PBE+D2	−3.87	−0.32	1	4.77	极化作用	Current work
La₄.₅Ce₀.₅Ni₄Co					1.54		[52]
La₀.₇Mg₀.₃Al₀.₃Mn₀.₄Cu₀.₅Ni₃.₈					1.48		[53]
0.5%Pd-LaNi₄.₂₅Al₀.₇₅					1.15		[54]
Pristine ZTC					2.38		[55]
Mg/ZIF-67					3.70		[56]

    尽管氢分子与 Li 离子的距离是 2.861 Å,但由于氢分子位于六元环的中心,它与六个 Li 离子同时相互作用,因此氢分子吸附能很强。此外,纳米带(标记为 1D)费米能附近的态密度比二维(2D)的 Li_2CrN_2 高 0.26~0.35 eV/原子,表明纳米带具有较高的吸附能和电导率。扶手椅型的界面几何结构如图 8-3 所示,与参考文献[25]中提到的相同,纳米带的相应宽度约为 11.604 Å。

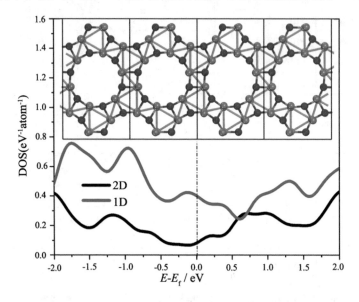

图 8-3　二维 Li_2CrN_2 和一维纳米带的态密度比较

    如前所述,Li_2CrN_2 中的 Cr 和 Li 离子都会以正电荷产生局部电场。为了分析 H_2 和 Li_2CrN_2 之间的电子相互作用,本书计算了电荷密度差 $\Delta\rho$

$$\Delta\rho = \rho[Li_2CrN_2(H_2)] - \rho(Li_2CrN_2) - \rho(H_2)$$

    其中,$\rho[Li_2CrN_2(H_2)]$、$\rho(Li_2CrN_2)$ 和 $\rho(H_2)$ 分别为 $Li_2CrN_2(H_2)$、Li_2CrN_2 和 H_2 的电荷密度。结果如图 8-4(a) ~ (c)所示,可以看出,吸附在孔中心 Li 原子附近的氢分子垂直于二维材料平面(图 8-4a),由于极化作用,氢分子下方表现为电子减少,上方表现为电荷增加。孔中心上方的氢分子与二维材料平行[图 8-4(b)],在 H_2 的末端有电子的积累,在 H—H 键中心周围有电子的减少,说明 H_2 活化,H—H 键拉伸。如图 8-4c 所示,孔中 Cr 原子附近的氢分子向二维材料倾斜。电子积聚和减少使氢分子的电子密度差分图形成特殊的纺锤形。Bader 分析表明,Li_2CrN_2 向 H_2 的电子转移分别约为 0.07 |e|,0.05 |e|,0.07 |e|。基于这些结果可以得出,H_2 在 Li_2CrN_2 上的吸附机制主要与诱导极化引起的静电吸引有关。

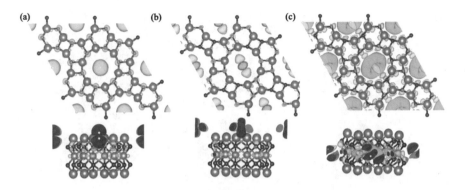

图 8-4　二维 Li$_2$CrN$_2$ 材料不同位置处吸附 H$_2$ 的电荷密度差分图，界面值为 2×10^{-3} e Å^{-3}(a) (a) 孔中 Li 位，(b) 孔上方，(c) 孔中 Cr 位。青色和黄色区域表示电荷减少和电荷增加。

接下来，本书计算了 Li$_2$CrN$_2$ 单侧的储氢性能。图 8-5 绘制了 H$_2$ 分子的最佳吸附构型。随着 H$_2$ 分子数的增加，由于空间位阻，吸附能逐渐减小，如图 8-6 所示。用 PBE+TS 泛函计算的前三个 H$_2$ 的吸附能分别为 –0.33 eV，–0.22 eV 和 –0.18 eV，与 PBE+D2 计算得到的 –0.32 eV，–0.20 eV 和 –0.16 eV 相当接近。一般认为杂化泛函更适合于静电相互作用占主导地位的体系。为了验证 PBE+D2 泛函的可靠性，本书进一步利用杂化泛函 B3LYP[57] 计算了前 3 个 H$_2$ 分子的吸附能；结果分别是 –0.28 eV，–0.23 eV 和 –0.17 eV，与 PBE+D2 泛函计算值相当吻合。随着 H$_2$ 分子数量的不断增加，吸附能达到一个平稳值（见图 8-6）。2 × 2 超胞中，7 个 H$_2$ 分子吸附在 Li$_2$CrN$_2$ 单侧。在吸附氢分子一侧，Li 原子的平均 Bader 电荷为 0.81 |e|。不吸附氢分子一侧的 Li 原子的平均 Bader 电荷为 0.79 |e|。二维 Li$_2$CrN$_2$ 的两侧可以吸附共 14 个 H$_2$ 分子。此时 Li$_2$CrN$_2$(H$_2$)$_{14}$ 中 Li 的平均 Bader 电荷为 0.80 |e|。平均氢分子吸附能为 –0.17 eV，满足在温和条件下可逆吸附/脱附氢分子的能量窗口 (–0.10~–0.80 eV/H$_2$)[29]，且比氢分子与孔状 BN 材料[35,36,44]、磷烯[39,40] 之间的范德华相互作用强 3~4 倍。

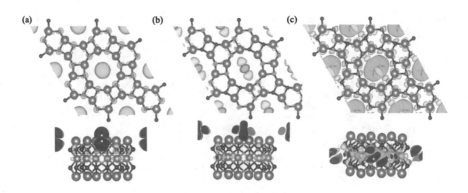

图 8-5　Li$_2$CrN$_2$ 单侧吸附氢分子的优化结构：(a) Li$_2$CrN$_2$(H$_2$)$_2$；
(b) Li$_2$CrN$_2$(H$_2$)$_3$；(c)Li$_2$CrN$_2$(H$_2$)$_4$；(d)Li$_2$CrN$_2$(H$_2$)$_5$；(e) Li$_2$CrN$_2$(H$_2$)$_6$；
(f) Li$_2$CrN$_2$(H$_2$)$_7$.

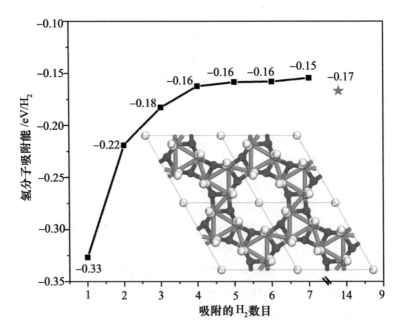

图 8-6　PBE+TS 方法下 Li$_2$CrN$_2$ 平均氢分子吸附能随氢分子数的变化及
Li$_2$CrN$_2$(H$_2$)$_{14}$ 的优化结构

　　Li$_2$CrN$_2$(H$_2$)$_{14}$ 的理论储氢密度为 4.77 wt%，达到美国能源部设定的 4.5 wt% 的储氢量目标[58]，并高于 Li 修饰的 MoS$_2$ 体系[37] 和磷烯[38] 体系。如图 8-7a 和 b 所示，Li$_2$CrN$_2$(H$_2$)$_{14}$ 的电荷密度差表明 H$_2$ 的一侧有电子聚集，另一侧有电子减少，表现出极化特征。此外，从图 8-7c 的 PDOS 中可以发现，当第一个 H$_2$ 被吸附时，Li-2p/2s 和 H-1s 之间的轨道重叠在 -8.00 eV 左右。

当14个 H_2 被吸附时，H_2 分子的PDOS峰仍然保持在-8.00 eV左右，这表明 $Li_2CrN_2(H_2)_1$ 和 $Li_2CrN_2(H_2)_{14}$ 中 H_2 与基底相互作用机制的相似性。对于 Li_2CrN_2，在 -6.50~-12.50 eV 的能量范围内，Li对电子态几乎没有贡献，再次证实了吸附主要是由极化作用引起的。

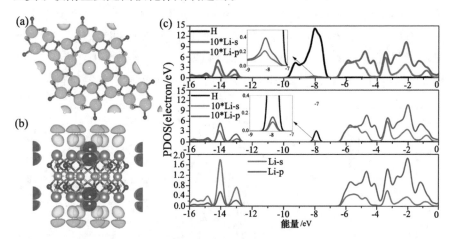

图 8-7　$Li_2CrN_2(H_2)_{14}$ 电荷差分密度图 (a) 俯视图，(b) 侧视图。等值面为 5×10^{-3} e Å⁻³。青色和黄色分别代表电荷减少区和电荷聚集区。(c)$Li_2CrN_2(H_2)_{14}$、$Li_2CrN_2(H_2)$ 和 Li_2CrN_2 的部分态密度 (PDOS)

8.3.3　脱附温度

实际应用中氢分子的可逆吸附/脱附应在环境条件下进行。之前一些工作报道了储存在纳米结构中的氢分子的脱附温度。例如，H_2 在 Mg 纳米团簇上的脱附温度为125~327 K[59]，H_2 在 Ti 修饰的单壁碳纳米管上的脱附温度为800 K[60]。为了研究氢分子在二维 Li_2CrN_2 的脱附行为，本书计算了结合能 E_r 随温度(T)和压力(P)的变化，定义公式为[61]：

$$E_r = \{E[Li_2CrN_2(H_2)_n] - E[Li_2CrN_2] - nE[H_2] + \mu[H_2(T,P)]\}/n$$

其中，$E[Li_2CrN_2(H_2)_n]$、$E[Li_2CrN_2]$ 和 $E[H_2]$ 分别表示 $Li_2CrN_2(H_2)_n$、Li_2CrN_2 和 H_2 的总能量。$\mu[H_2(T,P)]$ 是给定温度和压力下 H_2 的化学势，可以用该公式计算

$$\mu[H_2(T,P)] = \Delta H - T\Delta S + \kappa_B T \ln(P/P^0)$$

式中，P^0 表示标准大气压(0.1 MPa)，k_B 表示玻耳兹曼常数，ΔH 和 ΔS 表示焓变和熵变，$\Delta H - T\Delta S$ 可通过参考文献[62]中的热化学数据表获得。

根据定义，E_r 为负表示 H_2 的吸附更有利。图 8-8a 显示在标准大气压

下 $Li_2CrN_2(H_2)_n$ $(n = 1\sim7, 14)$ 的 E_r 随温度的变化。在 0~150 K 时,被吸附的氢分子均表现出负的 E_r。E_r 随温度升高逐渐变为零。当温度升高到 160 K 时,吸附的 H_2 分子开始从 $Li_2CrN_2(H_2)_{14}$ 上脱附。所有的 14 个 H_2 将在 270 K 时完全脱附。这说明在标准大气压下,$14H_2$ 在 160 K 下吸附,270 K 下脱附。Li_2CrN_2 能快速实现 4.77 wt% 吸氢和脱氢的转换。该工作温度高于 Li 修饰石墨烯[49]、Li 修饰 BHNH 片[63] 和 Li 修饰磷烯[39] 的储氢温度。图 8-8b 显示当氢气压力高达 45 MPa 时,二维 Li_2CrN_2 上氢分子的可逆储存在 200 K 时可以进行。综上表明,二维 Li_2CrN_2 是一种很有前途的储氢材料。

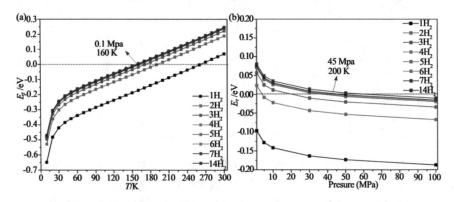

图 8-8　(a) 在标准大气压 0.1 MPa 下,Li_2CrN_2 吸附 nH_2 $(n = 1\sim7$,14) 的结合能 (E_r) 随着温度变化的曲线;(b) E_r 在 $T = 200$ K 时随压强变化的曲线

8.3.4　结论

在燃料电池中,设计一种电化学储氢的导电电极是非常重要的。基于拓扑量子材料的高导电性,本书首次用第一性原理方法对狄拉克半金属 Li_2CrN_2 进行了系统的储氢研究。计算结果显示 Li_2CrN_2 的氢分子吸附能在 0.16~0.33 eV 范围内变化,储氢质量分数可达 4.77%,在 0.1 MPa 下,14 个 H_2 在 160 K 下开始吸附,270 K 下完全脱附。这些发现不仅为质子电池储氢材料的研究提供了新的思路,而且拓展了量子拓扑材料的应用领域。

参考文献

[1] Ma L J, Sun Q. A topological semimetal Li$_2$CrN$_2$ sheet as a promising hydrogen storage material[J]. Nanoscale, 2020, 12:12106-12113.

[2] Slager R, Mesaros A, Juricic V, et al. The space group classification of topological band-insulators[J]. Nat. Phys, 2013, 9(2):98-102.

[3] Ando Y, Fu L. Topological crystalline insulators and topological superconductors: from concepts to materials[J]. Annu. Rev. Condens. Matter Phys, 2015, 6:361-381.

[4] Young S, Zaheer S, Teo J C Y, et al. Dirac semimetal in three dimensions[J]. Phys. Rev. Lett, 2012, 108:140405.

[5] Wang Z, Sun Y, Chen X, et al. Dirac semimetal and topological phase transitions in A$_3$Bi (A = Na, K, Rb)[J]. Phys. Rev. B: Condens. Matter Mater. Phys, 2012, 85(19):195320.

[6] Wang Z, Weng H, Wu Q, et al. Threedimensional Dirac semimetal and quantum transport in Cd$_3$As$_2$[J]. Phys. Rev. B: Condens. Matter Mater. Phys, 2013, 88:125427.

[7] Wan X, Turner A, Vishwanath M A, et al. Topological semimetal and Fermi-arc surface states in the electronic structure of pyrochlore iridates[J]. Phys. Rev. B:Condens. Matter Mater. Phys, 2011, 83(20):205101.

[8] Weng H, Fang C, Fang Z, et al. Weyl semimetal phase in noncentrosymmetric transition-metal monophosphides[J]. Phys. Rev, X 2015, 5(1):011029.

[9] Huang S M, Xu S Y, Belopolski I, et al. A Weyl fermion semimetal with surface Fermi arcs in the transition metal monopnictide TaAs class[J]. Nat. Commun, 2015, 6(1):7373.

[10] Burkov A A, Hook M D, Balents L. Topological nodal semimetals[J]. Phys. Rev. B: Condens. Matter Mater. Phys, 2011, 84(23):235126.

[11] Bzdušek T, Wu Q, Rüegg A, et al. Nodal-chain metals[J]. Nature, 2016, 538:75-78.

[12] Zhang T, Jiang Y, Song Z, et al. Catalogue of topological electronic materials[J]. Nature, 2019, 566:475-479.

[13] Tang F, Po H C, Vishwanath A, et al. Comprehensive search for topological materials using symmetry indicators[J]. Nature, 2015, 66:486-489.

[14] Vergniory M G, Elcoro L, Felser C, et al. A complete catalogue of highquality topological materials[J]. Nature, 2019, 566:480-485.

[15] Liu J, Wang S, Sun Q. All-carbon-based porous topological semimetal for Li-ion battery anode material[J]. Proc. Natl. Acad. Sci. U.S.A, 2017, 114(4):651-656.

[16] Liu J, Wang S, Qie Y, et al. High pressure-assisted design of porous topological semimetal carbon for Li-ion battery anode with high-rate performance[J]. Phys. Rev. Mater, 2018, 2(2):025403.

[17] Qie Y, Liu J, Li X Y, et al. Interpenetrating silicene networks: A topological nodal-line semimetal with potential as an anode material for sodium ion batteries[J]. Phys. Rev. Mater, 2018, 2(8):084201.

[18] Xie H H, Qie Y, Imran M, et al. Topological semimetal porous carbon as a high-performance anode for Li ion batteries[J]. J. Mater. Chem, A 2019, 7(23):14253-14259.

[19] Qie Y, Liu J, Wang S, et al. Tetragonal C_{24}:A topological nodal-surface semimetal with potential as an anode material for sodium ion batteries[J]. J. Mater. Chem, A 2019, 7(10):5733-5739.

[20] Li X, Liu J, Wang F Q, et al. Rational design of porous nodal-line semimetallic carbon for k-ion battery anode material[J]. J. Phys. Chem. Lett, 2019, 10(20):6360-6367.

[21] Chen Y L, Liu Z K, Analytis J G, et al. Single dirac cone topological surface state and unusual thermoelectric property of compounds from a new topological insulator family[J]. Phys. Rev. Lett, 2010, 105(26):266401.

[22] Zhang X, Wang J, Zhang S C. Topological insulators for high-performance terahertz to infrared applications. Phys. Rev. B: Condens. Matter Mater[J]. Phys, 2010, 82(24):245107.

[23] Tang M, Shen H, Qie Y, et al. Edge-StateEnhanced CO_2 electroreduction on topological nodal-line semimetal Cu_2Si Nanoribbons[J]. J. Phys. Chem, C 2019, 123(5):2837-2842.

[24] Oberoi A S, Andrews J. Metal hydride–nafion composite electrode with dual proton and electron conductivity[J]. Int. J. Smart Grid Clean Energy, 2014, 3:270-274.

[25] Ebrahimian A, Dadsetani M. Alkali-metal-induced topological nodal line semimetal in layered XN_2 (X = Cr, Mo, W)[J]. Front. Phys, 2018, 13:137309.

[26] Sun Q, Jena P, Wang Q, et al. First-principles study of hydrogen storage on $Li_{12}C_{60}$[J]. J. Am. Chem. Soc, 2006, 128(30):9741-9745.

[27] Sun Q, Wang Q, Jena P. Functionalized heterofullerenes for hydrogen storage[J]. Appl. Phys. Lett, 2009, 94(1):013111.

[28] Zhou J, Wang Q, Sun Q, et al. Enhanced hydrogen storage on Li functionalized BC_3 nanotube[J]. J. Phys. Chem, C 2011, 115(13):6136-6140.

[29] Jena P. Materials for hydrogen storage: past, present, and future[J]. J. Phys. Chem. Lett, 2011, 2(3):206-211.

[30] Kresse G, Furthmuller J. Efficient iterative schemes for Ab Initio total-energy calculations using a plane-wave basis set[J]. Phys. Rev. B: Condens. Matter Mater. Phys, 1996, 54(16):11169-11186.

[31] Perdew J P, Burke K, Ernzerhof M. Generalized gradient approximation made simple[J]. Phys. Rev. Lett, 1996, 77(18):3865-3868.

[32] Tkatchenko A, Scheffler M. Accurate molecular van der Waals interactions from ground-state electron density and free-atom reference data[J]. Phys. Rev. Lett, 2009, 102(7):073005.

[33] Grimme S. Semiempirical GGA-type density functional constructed with a long-range dispersion correction[J]. J. Comput. Chem, 2006, 27(15):1787-1799.

[34] Wang Y, Wang F, Xu B, et al. Theoretical prediction of hydrogen storage on Li-decorated boron nitride atomic chains[J]. J. Appl. Phys, 2013, 113(6):64309.

[35] Banerjee P, Pathak B, Ahuja R, et al. First principles design of Li functionalized hydrogenated h-BN nanosheet for hydrogen storage[J]. Int. J. Hydrogen Energy, 2016, 41(32):14437-14446.

[36] Zhang H, Tong C J, Zhang Y S, et al. Porous BN for hydrogen generation and storage[J]. J. Mater. Chem, A 2015, 3(18):9632-9637.

[37] Putungan D B, Lin S H, Wei C M, et al. Li adsorption, hydrogen storage and dissociation using monolayer MoS_2: an ab initio random structure searching approach[J]. Phys. Chem. Chem. Phys, 2015, 17(17):11367-11374.

[38] Yu Z Y, Wan N, Lei S Y. Enhanced hydrogen storage by using lithium decoration on phosphorene[J]. J. Appl. Phys, 2016, 120(2):024305.

[39] Li Q F, Wan X G, Duan C G, et al. Theoretical prediction of hydrogen storage on Li-decorated monolayer black phosphorus[J]. J. Phys. D: Appl. Phys, 2014, 47:465302.

[40] Hashmi A, Farooq M U, Khan I. Ultra-high capacity hydrogen storage in a Li decorated two-dimensional C_2N layer[J]. J. Mater. Chem, A 2017, 5(6):2821-2828.

[41] Hussain T, Kaewmaraya T, Chakraborty S. Functionalization of hydrogenated silicene with alkali and alkaline earth metals for efficient hydrogen storage[J]. Phys. Chem. Chem. Phys, 2013, 15(43):18900-18905.

[42] Long J, Li J Y, Nan F, et al. Tailoring the thermostability and hydrogen storage capacity of Li decorated carbon materials by heteroatom doping[J]. Appl. Surf. Sci, 2018, 435:1065-1071.

[43] Wang L, Chen X, Du H, et al. First principles investigation on hydrogen storage performance of Li, Na and K decorated borophene[J]. Appl. Surf. Sci, 2018, 427(A):1030-1037.

[44] Kumar E M, Sinthika S, Thapa R. First principles guide to tune h-BN nanostructures as superior lightelement-based hydrogen storage materials: role of the bond exchange spillover mechanism[J]. J. Mater. Chem. A, 2015, 3(1):304-313.

[45] Blööchl P E. Projector augmented-wave method[J]. Phys. Rev. B: Condens. Matter Mater. Phys, 1994, 50:17953-17979.

[46] Baroni S, Gironcoli S, Corso A. et al. Phonons and related crystal properties from density-functional perturbation theory[J]. Rev. Mod. Phys, 2001, 73(2):515-562.

[47] Togo A, Oba F, Tanaka I. First-principles calculations of the ferroelastic transition between rutile-type and $CaCl_2$ type SiO_2 at high pressures[J]. Phys. Rev. B: Condens. Matter Mater. Phys, 2008, 78(13):134106.

[48] Martyna G J, Klein M L, Tuckerman M E. Nosé–Hoover chains: The canonical ensemble via continuous dynamics[J]. J. Chem. Phys, 1992, 97(4):2635.

[49] Ataca C, Akturk E, Ciraci S. High-capacity hydrogen storage by metallized graphene[J]. Appl. Phys. Lett, 2008, 93(4):043123.

[50] Tang W, Sanville E, Henkelman G. A grid-based bader analysis algorithm without lattice bias[J]. J. Phys. Condens. Matter, 2009, 21(8):084204.

[51] Henkelman G, Arnaldsson A, Jonsson J. A fast and robust algorithm for bader decomposition of charge density[J]. Comput. Mater. Sci, 2006, 36(3):354-360.

[52] Zhu Z, Zhu S, Zhao X. Effects of Ce/Y on the cycle stability and anti-plateau splitting of La$_{5-x}$Ce$_x$Ni$_4$Co (x,= 0.4, 0.5) and La$_{5-y}$Y$_y$Ni$_4$Co (y =0.1, 0.2) hydrogen storage alloys[J]. Mater. Chem. Phys, 2019, 236:121725.

[53] Casini J, Silva F, Guo Z, et al. Effects of substituting Cu for Sn on the microstructure and hydrogen absorption properties of Co-free AB$_5$ alloys[J]. Int. J. Hydrogen Energy, 2016, 41(38):17022-17028.

[54]Zhao B, Liu L, Ye Y, et al. Enhanced hydrogen capacity and absorption rate of LaNi$_{4.25}$Al$_{0.75}$ alloy in impure hydrogen by a combined approach of fluorination and palladium deposition[J]. Int. J. Hydrogen Energy, 2016, 41(5):3465-3469.

[55] Molefe Y L, Musyoka N M, Ren J, et al. Polymer-Based Shaping Strategy for Zeolite Templated Carbons (ZTC) and Their Metal Organic Framework(MOF) Composites for Improved Hydrogen Storage Properties[J]. Front. Chem, 2019, 7:864.

[56] Wang Y, Lan Z, Huang H, et al. Study on catalytic effect and mechanism of MOF (MOF = ZIF-8, ZIF-67, MOF-74) on hydrogen storage properties of magnesium[J]. Int. J. Hydrogen Energy, 2019, 44(54):28863-28873.

[57] Becke A D. A new mixing of Hartree-Fock and local density-functional theories[J]. J. Chem. Phys, 1993, 98(2):1372-1377.

[58] DOE targets for onboard hydrogen storage systems for light-duty vehicles: http://www1.eere.energy.gov/hydroge-nandfuelcells/storage/pdfs/targets_onboard_hydro_storage.pdf.

[59]Paramita B, Chandrakumar K, Das G. Exploring adsorption and desorption characteristics of molecular hydrogen on neutral and charged Mg nanoclusters: A first principles study[J]. J. Chem. Phys, 2016, 469-470:123-131.

[60] Yildirim T, Ciraci S. Titanium-decorated carbon nanotubes as a potential high-capacity hydrogen storage medium[J]. Phys. Rev. Lett, 2005, 94(17):175501.

[61] Wang J, Du Y, Sun L. Ca-decorated novel boron sheet: a potential hydrogen storage medium[J]. Int. J. Hydrogen Energy, 2016, 41(10):5276-5283.

[62] Chase M. NIST-JANAF thermochemical tables[J]. J. Chase, Phys. Chem. Ref, Data, 1998, 1310.

[63] Bhattacharya S, Bhattacharya A, Das G. Anti-kubas type interaction in hydrogen storage on a Li decorated BHNH sheet: a first-principles based study[J]. J. Phys. Chem, C 2012, 116(5):3840-3844.